北京市高等教育自学考试用书

组合数学

屈婉玲 编

图书在版编目(CIP)数据

组合数学/屈婉玲编.—北京：北京大学出版社，1989.11
(2010.6 重印)
(北京市高等教育自学考试用书)
ISBN 978-7-301-00871-3

Ⅰ.组… Ⅱ.屈… Ⅲ.组合数学－高等教育－自学考试－自学参考资料 Ⅳ.O157

中国版本图书馆 CIP 数据核字(2007)第 019393 号

书　　　名：	组合数学
著作责任者：	屈婉玲　编
责 任 编 辑：	王　华
标 准 书 号：	ISBN 978-7-301-00871-3/O·0155
出 版 发 行：	北京大学出版社
地　　　址：	北京市海淀区成府路 205 号　100871
网　　　址：	http://www.pup.cn
电 子 邮 箱：	编辑部 lk1@pup.cn　总编室 zpup@pup.cn
电　　　话：	邮购部 010-62752015　发行部 010-62750672
	编辑部 010-62752038　出版部 010-62754962
印 　刷　 者：	北京虎彩文化传播有限公司
经 　销 　者：	新华书店
	850mm×1168mm　32 开本　8.75 印张　217.6 千字
	1989 年 11 月第 1 版　2023 年 10 月第 17 次印刷
定　　　价：	29.00 元

未经许可，不得以任何方式复制或抄袭本书之部分或全部内容。
版权所有，侵权必究
举报电话：(010)62752024　电子邮箱：fd@pup.cn

前　言

　　为了适应社会主义现代化建设的需要,我国实行了高等教育自学考试制度.它是个人自学、社会助学和国家考试相结合的一种新的教育形式,是我国社会主义高等教育体系的一个组成部分.实行这种高等教育自学考试制度,是实行宪法规定的"鼓励自学成才"的重要措施,也是造就和选拔人才的一种新途径.

　　本书是参照北京市计算机软件专业自学考试大纲编写的,它包括了组合数学和组合算法两部分内容.随着计算机的广泛使用,对计算机算法的研究变得日益重要.习惯上将计算机算法分成两大类.一类称为"计算方法",主要解决数值计算问题,如解方程组,求积分等,它的数学基础是高等数学.另一类称为"组合算法",解决搜索,排序,组合优化问题等,它的数学基础就是组合数学.在这本书中着重介绍了组合数学的基本理论和计数方法以及几种广泛使用的组合算法,包括以下内容:

　　组合数学(第1—第8章),主要研究组合计数的各种方法和技巧,有包含排斥原理和 Polya 定理的应用,递推关系和生成函数法等.这是分析算法复杂性的重要手段.

　　组合算法(第9—第11章),主要研究动态规划法,回溯法和广泛用于智能领域的启发式算法.

　　有关组合数学和组合算法的著作和论文十分丰富,编写本书所使用的主要参考资料已列在后面的参考书目中.作为一本入门的教材并考虑到自学考生的特点,在选材时本书侧重于计数理论的基本概念、方法以及设计算法的一般技巧.组合数学中有关区组设计及矩阵论的内容和已经独立出去的图论没有列入.组合算法中如搜索、排序、符号串匹配和图算法等具体算法在许多数据结构和算法分析的书中有过详细的介绍,本书不再涉及.和其它组合数学的书有所不同,本书把理论和应用结合在一起,选材比较精练,讲解较为详细,书中附有大量的例题和习题,书后附有部分习题的提示或解答,适合自学.书中一些打有 * 号的章节,其内容已超出大纲的基本要求,仅供参考.

  本书不仅可以作为计算机软件专业的自学教材,也可以作为高等院校有关专业的学生和科技工作者的参考书.

  本书的主要内容曾在北京大学计算机系作过多次讲授.由于编者水平有限,错误和疏漏在所难免,恳请读者指正.

编 者
1989 年 4 月于北京大学
2010 年 3 月修改于北京大学

目 录

第一章 引 言 …………………………………… (1)
　习题一 ………………………………………… (3)

第二章 鸽巢原理和 Ramsey 定理 ……………… (5)
　§1 鸽巢原理的简单形式及其应用 ………… (5)
　*§2 鸽巢原理的加强形式 …………………… (7)
　*§3 Ramsey 定理 …………………………… (9)
　§4 鸽巢原理与 Ramsey 定理的应用 ……… (16)
　习题二 ………………………………………… (20)

第三章 排列和组合 ……………………………… (23)
　§1 加法法则和乘法法则 …………………… (23)
　§2 集合的排列和组合 ……………………… (24)
　§3 多重集的排列和组合 …………………… (29)
　习题三 ………………………………………… (33)

第四章 二项式系数 ……………………………… (38)
　§1 二项式定理 ……………………………… (38)
　§2 组合恒等式 ……………………………… (41)
　§3 非降路径问题 …………………………… (47)
　§4 牛顿二项式定理 ………………………… (53)
　§5 多项式定理 ……………………………… (55)
　§6 基本组合计数的应用 …………………… (58)

习题四 ·· (62)

第五章 包含排斥原理 ·································· (65)
§1 包含排斥原理 ······································ (65)
§2 多重集的 r-组合数 ································· (70)
§3 错位排列 ·· (72)
§4 有限制条件的排列问题 ····························· (76)
§5 有禁区的排列问题 ································· (79)
习题五 ·· (86)

第六章 递推关系 ······································ (89)
§1 Fibonacci 数列 ····································· (89)
§2 常系数线性齐次递推关系的求解 ··················· (92)
§3 常系数线性非齐次递推关系的求解 ················ (100)
§4 用迭代和归纳法求解递推关系 ····················· (105)
§5 递推关系在算法分析中的应用 ····················· (109)
习题六 ·· (114)

第七章 生成函数 ····································· (119)
§1 生成函数的定义及性质 ···························· (119)
§2 多重集的 r-组合数 ································ (126)
*§3 用生成函数来求解递推关系 ······················· (129)
§4 正整数的剖分 ····································· (131)
§5 指数生成函数与多重集的排列问题 ················ (138)
§6 Catalan 数和 Stiring 数 ···························· (144)
习题七 ·· (156)

第八章 Polya 定理 ··································· (160)
§1 置换群中的共轭类与轨道 ·························· (160)

§2　Polya 定理的特殊形式及其应用 ……………… (165)
　　*§3　带权的 Polya 定理 ……………………………… (170)
　　习题八 …………………………………………………… (177)

第九章　动态规划 ……………………………………… (179)
　　§1　动态规划方法的基本思想 …………………… (179)
　　§2　背包问题 ……………………………………… (186)
　　*§3　最小代价的字母树 …………………………… (189)
　　习题九 …………………………………………………… (192)

第十章　回溯 ……………………………………………… (195)
　　§1　回溯算法的基本思想 ………………………… (195)
　　§2　改进回溯算法的一些途径 …………………… (199)
　　§3　估计回溯算法的效率 ………………………… (201)
　　§4　分支与界方法 ………………………………… (202)
　　*§5　游戏树与 α-β 裁剪技术 ………………………… (205)
　　习题十 …………………………………………………… (209)

第十一章　启发式算法 ………………………………… (212)
　　§1　贪心法 ………………………………………… (212)
　　§2　装箱问题 ……………………………………… (218)
　　§3　工作安排问题 ………………………………… (224)
　　§4　在树形约束下的工作安排问题 ……………… (230)
　　习题十一 ………………………………………………… (236)

部分习题的解答或提示 ………………………………… (238)
参考书目 ………………………………………………… (268)

第一章 引 言

组合数学也叫做组合学,它是一门古老的学科.在 1666 年,德国的莱伯尼兹发表了一篇"论组合数学"的文章,他预见到组合数学将会渗透到许多的学科并得到很大的发展.这篇文章开创了一门独立的学科——组合数学,但这并不是组合问题研究的开始,实际上的研究比这要早得多.

在欧洲曾经广泛流行过一种古老的数学游戏叫做幻方.给定 $1,2\cdots,n^2$ 这些数字,要求把它们排列成 $n\times n$ 的方阵,并使得每一行、每一列、每一条对角线上的 n 个数字之和都相等.我们把这样的方阵叫做 n 阶幻方,每一行数字的和叫做幻方的和.例如

$$\begin{bmatrix} 8 & 1 & 6 \\ 3 & 5 & 7 \\ 4 & 9 & 2 \end{bmatrix}$$

就是一个 3 阶幻方,它的和是 15.幻方最早起源于我国的洛书河图.宋朝著名的数学家杨辉称幻方为纵横图,他研究过 3 阶幻方,并给出了构造方法.

不难证明,n 阶幻方的所有数字之和是
$$1+2+\cdots+n^2=n^2(n^2+1)/2,$$
所以 n 阶幻方的和应该是 $n(n^2+1)/2$.人们很容易想到以下的问题:

1. 对任意的正整数 n,n 阶幻方是否存在?
2. 如果存在,那么应该有多少个不同的 n 阶幻方?
3. 怎样构造 n 阶幻方?

这些都是有趣的组合问题.组合数学就是研究按照一定的规则来安排一些离散个体的有关问题.首先要研究这样的安排是否

存在,这叫做存在性问题.问题 1 就是存在性问题.容易看到,并不是对任意的正整数 n 都有 n 阶幻方,2 阶幻方就不存在.如果这种安排存在,我们接着就可以研究这样的安排可以有多少种,这叫做组合计数问题.问题 2 就是这一类问题.再下去就可以研究怎样构造出所需要的安排方案,这叫做构造问题或枚举问题.除了这几类问题以外,组合数学还研究优化问题,就是在给定的优化条件下从所有的安排方案中找出最优的安排方案.当然,对于不同的组合问题是会有所侧重的.如果安排的原则带有技巧性或比较复杂,那么存在性问题就成为主要的问题,而在实际应用中更多的是计数问题和优化问题.

本书包含了这四方面的内容,但重点是讨论组合计数问题.在第二章给出了组合数学中最主要的存在性定理——鸽巢原理和 Ramsey 定理,从第三章到第八章着重讨论组合计数的各种方法和技巧,最后三章简单介绍一些生成所有的组合配置方案或找出最优配置方案的算法——组合算法.

学习组合数学并不需要高深的数学基础,但是组合学有它特有的技巧和方法,请看下面的例子.

例 1.1 有 101 名选手参加羽毛球比赛,如果采用单循环淘汰制,问要产生冠军需要进行多少场比赛?

通常可以采用下面的方法来计算:每两个选手一组,先进行第一轮比赛,要赛 50 场.得胜的 50 人与轮空的 1 人进入第二轮,第二轮要安排 25 场比赛.…照这样分析总共要进行
$$50+25+13+6+3+2+1=100$$
场比赛.

下面我们介绍一种新的方法.

解 因为每场比赛都要产生一个失败者,而每个失败者只能失败一次,所以比赛的场数与失败者的人数相等.又因为冠军是唯一的胜利者,其它 100 个人都失败过,所以要比赛 100 场.

例 1.2 有一个边长为 3 的立方体木块,要把它切割成 27 个

边长为1的小立方体. 如果在切割的过程中可以重新排列被切割木块的位置,问至少需要多少次才能完成整个切割?

设具有最少切割次数的方案是最优的,如果我们先列出所有可能的切割方案,然后从中找出最优的方案,这是相当麻烦的. 我们采用另一种解法.

解 首先可以看到 6 次是可以完成整个切割的. 图 1.1 就给出了这样的一种方案.

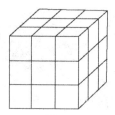

图 1.1 一种切割方法

其次,我们来证明少于 6 次是不能完成整个切割的. 因为在 27 个小立方体中有一个处在原来大立方体的中心,它的每一个面都是由切割而产生的. 又因为每切一次只能产生一个面,所以切割次数不能少于它的面数,因此至少要 6 次切割才能完成.

在以上两个例子里我们都使用了一种技巧,这就是在两个事物之间构造一一对应,从而把一个组合问题转化成另一个组合问题. 这是解决组合计数问题常用的技巧,希望大家在阅读本书时注意学习和掌握这种技巧和方法.

习 题 一

1.1 证明不存在 2 阶幻方.

1.2 设 n 为奇数,用下面的算法可以构造 n 阶幻方.

1) $a \leftarrow 1, x \leftarrow 1, y \leftarrow \dfrac{n+1}{2}$.

2) 若 $a = n^2 + 1$ 则算法结束,否则把 a 填入 (x, y) 的方格.

3) 若 $x = 1$ 且 $y = n$,则 $x \leftarrow x+1, a \leftarrow a+1$,转 2).

4) 若 $x=1$ 且 $y\neq n$,则 $x\leftarrow n, y\leftarrow y+1, a\leftarrow a+1$,转 2).

5) 若 $x\neq 1$ 且 $y=n$.则 $x\leftarrow x-1, y-1, a\leftarrow a+1$,转 2).

6) 若 $(x-1, y+1)$ 的方格为空,则 $x\leftarrow x-1, y\leftarrow y+1, a\leftarrow a+1$,转 2).

7) 若 $(x-1, y+1)$ 的方格不空,则 $x\leftarrow x+1, a\leftarrow a+1$,转 2).

本章给出的 3 阶幻方就是按照这个算法构造的.请按算法构造 5 阶幻方和 7 阶幻方.

第二章 鸽巢原理和 Ramsey 定理

§1 鸽巢原理的简单形式及其应用

鸽巢原理也叫做抽屉原理,是组合数学的基本原理.它的简单形式可以叙述如下:

定理 2.1(鸽巢原理) 把 $n+1$ 个物体放入 n 个盒子里,则至少有一个盒子里含有两个或两个以上的物体.

证明 假设每个盒子里至多含有一个物体,则 n 个盒子里的物体总数小于等于 n,与物体总数是 $n+1$ 矛盾.

下面举例说明这个定理的应用.

例 2.1 13 个人中至少有两个人是同一个月出生的.

例 2.2 在边长为 2 的正三角形中任意放 5 个点,证明至少有两个点之间的距离不大于 1.

证明 如图 2.1 所示,在三角形三条边的中点之间连线,把整个三角形划分成四个边长为 1 的小三角形. 由鸽巢原理,5 个点中至少有两个点落入同一个小三角形里,而这两个点之间的距离一定小于等于 1.

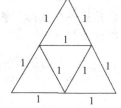

图 2.1 边长为 2 的正三角形

例 2.3 在 $n+1$ 个小于等于 $2n$ 的不相等的正整数中,一定存在两个数是互素的.

证明 先证明以下的事实:

任何两个相邻的正整数是互素的.

用反证法.假设 n 与 $n+1$ 有公因子 $q(q \geqslant 2)$,则有

$n = qp_1$, $n+1 = qp_2$, p_1, p_2 是整数.
因此得 $qp_1 + 1 = qp_2$，即 $q(p_2 - p_1) = 1$，这与 $q \geq 2, p_2 - p_1$ 是整数矛盾.

把 $1, 2, \cdots, 2n$ 分成以下 n 组：
$$\{1, 2\}, \{3, 4\}, \cdots, \{2n-1, 2n\},$$
从组中任取 $n+1$ 个不同的数，由鸽巢原理可知至少有两个数取自同一组，它们是相邻的数，所以它们是互素的.

例 2.4 设 $x_1, x_2, \cdots, x_n$ 是 n 个正整数，证明其中存在着连续的若干个数，其和是 n 的倍数.

证明 令 $S_i = x_1 + x_2 + \cdots + x_i, i = 1, 2, \cdots, n$. 我们把 S_i 除以 n 的余数记作 $r_i, 0 \leq r_i \leq n-1$.

如果存在 i，使得 $r_i = 0$，则 $x_1 + x_2 + \cdots + x_i$ 可以被 n 整除. 如果对于所有的 $i, i = 1, 2, \cdots, n$ 都有 $r_i \neq 0$，那么 n 个 r_i 只能有 $1, 2, \cdots, n-1$ 种可能的取值，由鸽巢原理可知必存在 j 和 k 满足 $r_j = r_k, j > k$. 因此有
$$S_j - S_k = x_{k+1} + x_{k+2} + \cdots + x_j$$
可以被 n 整除.

例 2.5 在 $1, 2, \cdots, 2n$ 中任取 $n+1$ 个不同的数，证明至少有一个数是另一个数的倍数.

证明 任何的正整数 n 都可以表成 $n = 2^\alpha \cdot \beta$ 的形式，其中 α 是自然数（包括 0），β 为奇数.

设选出的 $n+1$ 个数为 $a_1, a_2, \cdots, a_{n+1}$，把它们依次表为：$2^{\alpha_1} \cdot \beta_1, 2^{\alpha_2} \cdot \beta_2, \cdots, 2^{\alpha_{n+1}} \cdot \beta_{n+1}$，其中 $\beta_1, \beta_2, \cdots, \beta_{n+1}$ 是 $n+1$ 个奇数，它们的取值只有 n 种可能，即 $1, 3, \cdots, 2n-1$. 由鸽巢原理必存在 i 和 j 使得 $\beta_i = \beta_j$. 我们考虑 $a_i = 2^{\alpha_i} \cdot \beta_i$ 和 $a_j = 2^{\alpha_j} \cdot \beta_j$，不妨设 $a_i < a_j$，则有
$$\frac{a_j}{a_i} = \frac{2^{\alpha_j} \cdot \beta_j}{2^{\alpha_i} \cdot \beta_i} = 2^{\alpha_j - \alpha_i}.$$

这就证明了 a_j 是 a_i 的倍数.

例 2.5 中的 $n+1$ 是使得命题成立的最小的数,如果把已知条件改为"在 $1,2,\cdots,2n$ 中任取 n 个不同的数,$\cdots$",结论就不对了. 我们只要选取 $n+1,n+2,\cdots,2n$ 这 n 个数,那么其中任何一个数都不是别的数的倍数.

例 2.6 一个棋手为参加一次锦标赛将进行 77 天的练习,如果他每天至少下一盘棋,而每周至多下 12 盘棋,证明存在着一个正整数 n 使得他在这 77 天里有连续的 n 天共下了 21 盘棋.

证明 设 a_i 是从第 1 天到第 i 天下棋的总盘数,$i=1,2,\cdots,77$. 因为他每天至少下一盘棋,所以
$$1 \leqslant a_1 < a_2 < \cdots < a_{77}.$$
又因为每周至多下 12 盘棋,77 天中下棋的总数 a_{77} 不超过
$$12 \times \frac{77}{7} = 132,$$
做序列:
$$a_1+21, a_2+21, \cdots, a_{77}+21,$$
这个序列也是严格单调上升的,且有 $a_{77}+21 \leqslant 153$. 考察下面的序列:
$$a_1, a_2, \cdots, a_{77}, a_1+21, a_2+21, \cdots, a_{77}+21,$$
该序列有 154 个数,每个数都是小于等于 153 的正整数. 由鸽巢原理必存在 i 和 j 使得 $a_i = a_j + 21 (j < i)$. 令 $n = i - j$,则该棋手在第 $j+1, j+2, \cdots, j+n=i$ 的连续 n 天中下了 21 盘棋.

*§2 鸽巢原理的加强形式

定理 2.2(鸽巢原理的加强形式) 设 $q_1, q_2, \cdots, q_n$ 都是正整数,若 $q_1 + q_2 + \cdots + q_n - n + 1$ 个物体放入 n 个盒子里,则第一个盒子里至少含有 q_1 个物体,或者第二个盒子里至少含有 q_2 个物体,$\cdots$,或者第 n 个盒子里至少含有 q_n 个物体.

证明 对于 $i=1,2,\cdots,n$,假设第 i 个盒子里至多含有 $q_i - 1$

个物体,则 n 个盒子里物体数的总和不超过
$$q_1+q_2+\cdots+q_n-n,$$
与已知条件矛盾.

推论 1 若 $n(r-1)+1$ 个物体放入 n 个盒子里,则至少有一个盒子里含有 r 个或者更多的物体.

证明 在定理 2.2 中取 $q_1=q_2=\cdots=q_n=r$ 即可.

推论 2 设 n 个正整数 $m_1,m_2,\cdots,m_n$ 满足不等式
$$\frac{1}{n}(m_1+m_2+\cdots+m_n)>r-1,$$
证明 $m_1,m_2,\cdots,m_n$ 中至少有一个不小于 r.

证明 由 $\frac{1}{n}(m_1+m_2+\cdots+m_n)>r-1$ 得
$$m_1+m_2+\cdots+m_n\geqslant(r-1)n+1.$$
由推论 1 可知存在着 m_i 使得 $m_i\geqslant r$.

鸽巢原理的简单形式只是加强形式的一个特例. 如果在定理 2.2 的推论 1 中令 $r=2$,就可以得到鸽巢原理的简单形式了.

例 2.7 有大小两个圆盘,把它们各分成 200 个相等的扇形. 从大盘上任选 100 个扇形涂上红色,其余的涂上蓝色,而在小盘的每个小扇形中任意涂上红色或蓝色,然后把小盘放到大盘上,并使两个盘的圆心重合. 证明在旋转小盘时可以找到某个位置使得至少有 100 个小扇形落在同样颜色的大扇形内.

证明 任取一个小扇形,当它落入某个大扇形的内部以后,这两个扇形的颜色就构成一组颜色组合. 在小盘旋转一周的过程中,这个小扇形与大盘上所有的扇形共构成 200 组颜色组合,其中同色的有 100 组. 因为小盘上有 200 个不同的扇形,所有的小扇形与所有的大扇形构成的同色的颜色组合总共有 $100\times 200=20000$ 组,而小盘与大盘的相对位置有 200 种,每个位置平均具有 $20000/200=100$ 组同色的颜色组合,由定理 2.2 的推论 2,必存在着某个位置使得至少有 100 个小扇形落在同色的大扇形内.

例 2.8 设 $a_1,a_2,\cdots,a_{n^2+1}$ 是 n^2+1 个不同实数的序列,证明

一定可以从这个序列中选出 $n+1$ 个数的子序列 $a_{k_1},a_{k_2},\cdots,a_{k_{n+1}}$,使得这个子序列为递增序列或递减序列.例如序列 $10,4,13,8,21$ 中可以选出 3 个数的递增子序列 $10,13,21$ 或者 $4,8,21$.

证明 假设不存在长为 $n+1$ 的递增子序列,我们来证明必存在长为 $n+1$ 的递减子序列.

对每个 $k,k=1,2,\cdots,n^2+1$,令 m_k 表示从 a_k 开始的递增子序列的最大长度.由假设可知 $1\leqslant m_k\leqslant n$.考虑数 $m_1,m_2,\cdots,m_{n^2+1}$,这 n^2+1 个数的值只能是 $1,2,\cdots,n$.由定理 2.2 的推论 1 可知一定有 $\lceil (n^2+1)/n \rceil$①$=n+1$ 个 m_k 的取值相等,设 $m_{k_1}=m_{k_2}=\cdots=m_{k_{n+1}}=l$,其中 $1\leqslant k_1<k_2<\cdots<k_{n+1}\leqslant n^2+1$.如果存在着某个 i 使得 $a_{k_i}<a_{k_{i+1}}$,由于 $k_i<k_{i+1}$,在从 $a_{k_{i+1}}$ 开始的最长的递增子序列的前边加上 a_{k_i},就得到了长为 $l+1$ 的从 a_{k_i} 开始的递增子序列,与 $m_{k_i}=l$ 矛盾.因此对所有的 $i,i=1,2,\cdots,n,a_{k_i}>a_{k_{i+1}}$,即 $a_{k_1}>a_{k_2}>\cdots>a_{k_{n+1}}$.这 $n+1$ 个数构成了长为 $n+1$ 的递减子序列.

*§3 Ramsey 定理

Ramsey 定理是鸽巢原理的推广,它的一般形式比较复杂,已超出了本书的范围.本节只讨论某些特殊情况下的 Ramsey 定理及其应用.先看几个简单的例子.

定理 2.3 设 G 是具有 6 个顶点的完全图 K_6,如果我们对它的边任意涂以红色或蓝色,则 G 中一定包含一个红色的三角形,或者包含一个蓝色的三角形.

证明 请看图 2.2,我们以实线表示涂蓝色,虚线表示涂红色.任取一个顶点,我们把它记为 P_1,其它 5 个顶点与 P_1 的连线不是实线就是虚线,由鸽巢原理可知至少有 3 个顶点与 P_1 的连线是一样的.不妨设这 3 个顶点为 P_2,P_3,P_4,且它们与 P_1 的连线为

---

① $\lceil x \rceil$ 表示大于等于 x 的最小整数.

实线. 如果 P_2,P_3,P_4 之间的连线都是虚线,则 $P_2P_3P_4$ 构成一个虚线三角形;如果 P_2,P_3,P_4 之间的连线有一条实线,则这条实线的两个端点与 P_1 构成一个实线三角形的顶点.

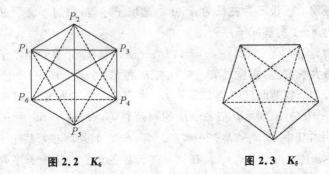

图 2.2 K_6 图 2.3 K_5

不难看出,对于 $K_n,n\geqslant 6$,上述结论也是正确的,但对于 K_3, K_4 和 K_5,上述结论就不成立了. 图 2.3 给出了 K_5 的一种涂色方案,其中既没有实线三角形,也没有虚线三角形,可见 6 是使得结论成立的图 G 的最少的顶点数.

定理 2.4 设 G 是具有 10 个顶点的完全图 K_{10},如果我们对它的边任意涂以红色或蓝色,则 G 中一定包含一个红色的三角形或者一个蓝色的完全四边形.

证明 任取 G 的一个顶点,我们把它记作 P_1. 如果其它的 9 个顶点中至少有 4 个和 P_1 以红线相连,我们把其中的 4 个顶点记作 P_2,P_3,P_4,P_5. 若这 4 个顶点之间的连线都是蓝线,刚 $P_2P_3P_4P_5$ 构成一个蓝色的完全四边形;若其中有一条连线是红线,则这红线的两个端点与 P_1 构成红三角形的顶点. 如果 $P_2,\cdots,$ P_{10} 这 9 个顶点之中至多有 3 个顶点和 P_1 以红线相连,则至少有 6 个顶点和 P_1 以蓝线相连. 这 6 个顶点的子图是 K_6,由定理 2.3 可知其中一定包含一个红三角形或蓝三角形. 若包含一个红三角形,则为所求;若包含一个蓝三角形,则这个三角形的 3 个顶点与 P_1 构成一个蓝色的完全四边形的顶点.

类似地可以证明以下的定理:

定理 2.5 设 G 是具有 10 个顶点的完全图 K_{10},对 G 的边任意涂以红色或蓝色,则在 G 中一定存在一个蓝色的三角形或红色的完全四边形.

定理 2.6 设 G 是具有 20 个顶点的完全图 K_{20},对 G 的边任意涂以红色或蓝色,则在 G 中一定存在一个蓝色的完全四边形或红色的完全四边形.

以上两个定理的证明留给读者完成.

设 G 是具有 r 个顶点的完全图 K_r,我们简称 G 为完全 r 边形.当使用红、蓝两色对 G 的边任意涂色的时候,要使得 G 中包含一个蓝色的完全 q_1 边形或红色的完全 q_2 边形,我们把满足这一条件的最小的正整数 r 记作 $R(q_1,q_2)$.这些数就是 Ramsey 数.

由定理 2.3 可知 $R(3,3) \leqslant 6$,由定理 2.4 可知 $R(4,3) \leqslant 10$,由定理 2.5 和 2.6 可知 $R(3,4) \leqslant 10, R(4,4) \leqslant 20$.这些定理只给出了几个 Ramsey 数的上界,并不一定是最好的结果.图 2.3 的涂色方案证明了 $R(3,3) > 5$,把这一结果与 $R(3,3)$ 的上界结合起来就得到 $R(3,3) = 6$.用类似的方法可以证明 $R(3,4) = 9, R(4,4) = 18$.

下面我们给出关于 Ramsey 数 $R(q_1,q_2)$ 的一些性质.

定理 2.7 (1) $R(q_1,q_2) = R(q_2,q_1)$;

(2) $R(q,2) = q$.

证明 (1) 由对称性得证.

(2) 设 G 是一个完全 q 边形,如果用红、蓝两色对 G 的边涂色,则 G 中或有两个顶点之间连红线,或者所有的连线都是蓝线.因此 $R(q,2) = q$.

定理 2.8 对任意的正整数 $q_1, q_2 \geqslant 2$,$R(q_1,q_2)$ 是有限数,且满足

$$R(q_1,q_2) \leqslant R(q_1-1,q_2) + R(q_1,q_2-1).$$

证明 只要证明以上的不等式成立,则 $R(q_1,q_2)$ 显然为有限

数. 设 G 是具有 $R(q_1-1,q_2)+R(q_1,q_2-1)$ 个顶点的完全图, 用红、蓝两色对 G 的边任意涂色, 然后在 G 中任取一个顶点 P_1. 可以断定, 与 P_1 连蓝线的顶点至少为 $R(q_1-1,q_2)$ 个或者与 P_1 连红线的顶点至少为 $R(q_1,q_2-1)$ 个. 否则与 P_1 连线的顶点总数是 $R(q_1-1,q_2)+R(q_1,q_2-1)-2$ 个, 与 G 中的顶点数矛盾.

若与 P_1 连蓝线的顶点为 $R(q_1-1,q_2)$ 个, 则这些顶点构成的完全子图中存在着蓝色的完全 q_1-1 边形或红色的完全 q_2 边形. 如是前者, 则这 q_1-1 个顶点与 P_1 构成 G 中的蓝色完全 q_1 边形; 如是后者, 这个红色的完全 q_2 边形也是 G 中的完全 q_2 边形.

对于与 P_1 连红线的顶点是 $R(q_1,q_2-1)$ 个的情况同样可以证明结论成立. 综上所述有
$$R(q_1,q_2) \leqslant R(q_1-1,q_2)+R(q_1,q_2-1).$$

由这个定理和定理 2.7 可以得到:
$$\begin{aligned}R(3,4) &\leqslant R(2,4)+R(3,3)\\ &\leqslant R(2,4)+R(2,3)+R(3,2)\\ &= 4+3+3=10,\\ R(4,4) &\leqslant R(3,4)+R(4,3)\\ &\leqslant R(3,4)+R(3,4)\\ &\leqslant 10+10=20.\end{aligned}$$

这恰好就是定理 2.4 和定理 2.6 的结果.

定理 2.8 所给出的上界不一定是最好的上界, 可以证明 $R(3,4) \leqslant 9$ 这一更好的结果(参考习题 2.15), 同时也可以举出反例证明在 K_8 中存在着一种涂色方案, 它既不包含蓝色的三角形, 也不包含红色的完全四边形, (参考习题 2.14), 总结这两方面的结果就可以得到 $R(3,4)=9$. 从而也可以证明 $R(4,4)=18$.

到目前为止, 关于 Ramsey 数 $R(q_1,q_2)$ 只求得下面的结果:
$$\begin{aligned}&R(3,3)=6, \quad R(3,4)=9, \quad R(3,5)=14,\\ &R(3,6)=18, \quad R(3,7)=23, \quad R(3,8)=28,\\ &R(3,9)=36, \quad R(4,4)=18, \quad R(4,5)=25.\end{aligned}$$

其它的 Ramsey 数 $R(q_1,q_2)$ 的值还有待于进一步的工作.

下面我们把 $R(q_1,q_2)$ 的概念加以推广.

设 G 是具有 r 个顶点的完全图 K_r,我们对 G 的边任意涂以 n 种颜色 $C_1,C_2,\cdots,C_n$. 要使 G 中包含着 C_1 色的完全 q_1 边形或 C_2 色的完全 q_2 边形…或 C_n 色的完全 q_n 边形,G 的顶点数 r 一定要大于等于某个正整数,我们把它叫做 Ramsey 数,记作 $R(q_1,q_2,\cdots,q_n)$. 不难看出,前面定义的 $R(q_1,q_2)$ 是 $n=2$ 的特殊情况.

定理 2.9 对所有大于 1 的整数 q_1,q_2,q_3 存在着 Ramsey 数 $R(q_1,q_2,q_3)$.

证明 令 C_1 为蓝色,C_2 为红色,C_3 为黄色. 设 $R(q_2,q_3)=P$,令 $R(q_1,P)=Q$. 下面我们证明 $R(q_1,q_2,q_3)\leqslant Q$.

在完全 Q 边形中,如果对它的边任意涂上蓝色或不涂色,则 Q 中一定含有一个蓝色的完全 q_1 边形或者一个无色的完全 P 边形. 若是前者,则这个蓝色的完全 q_1 边形即为所求;若是后者,我们再对这个完全 P 边形的边任意涂上红色或黄色,由于 $P=R(q_2,q_3)$,那么其中一定包含红色的完全 q_2 边形或黄色的完全 q_3 边形. 定理得证.

使用数学归纳法不难证明下面的定理.

定理 2.10 对任意的正整数 n 和 $q_1,q_2,\cdots,q_n,q_1,q_2,\cdots,q_n\geqslant 2$,存在着有限的 Ramsey 数 $R(q_1,q_2,\cdots,q_n)$.

对于 $n=3$ 的情况,目前只知道 $R(3,3,3)=17$.

我们继续推广有关 Ramsey 数的概念.

设 $m\geqslant R(q_1,q_2,\cdots,q_n)$,$S$ 是含有 m 个元素的集合. 对于任意的 $x,y\in S,x\neq y,\{x,y\}$ 是 S 的二元子集. 我们把所有的 S 的二元子集分别放到 n 个盒子里去,则或者有 q_1 个元素,它们构成的所有的二元子集都在第一个盒子里,或者有 q_2 个元素,它们构成的所有的二元子集都在第二个盒子里,$\cdots$,或者有 q_n 个元素,它们构成的所有的二元子集都在第 n 个盒子里.

这个结论的证明很简单. 我们把 S 中的元素看成图 G 的 m 个

顶点，n 个盒子看成 n 种颜色，那么 S 的一个二元子集就是 G 的一条边，把它放入第一个盒子就意味着被涂上 C_1 色，放入第二个盒子就意味着被涂上 C_2 色，$\cdots$，放入第 n 个盒子就意味着被涂上 C_n 色。如果 q_i 个元素的所有的二元子集被放入第 i 个盒子里，那么图 G 中就存在着一个 C_i 色的完全 q_i 边形。通过这种对应方式，这个问题就归结到前边所讨论的涂色问题。由 Ramsey 数 $R(q_1, q_2, \cdots, q_n)$ 的定义，结论得证。

再考虑一个类似的问题。如果我们把 S 的所有的单元集分别放到 n 个盒子里，使得有 q_1 个元素，它们的所有的单元集都在第一个盒子里，或者有 q_2 个元素，它们的所有的单元集都在第二个盒子里，$\cdots$，或者有 q_n 个元素，它们的所有的单元集都在第 n 个盒子里，那么 S 的元素个数必须大于等于某个正整数，我们把它记作 $R(q_1, q_2, \cdots, q_n; 1)$。

这个结论也是正确的。如果我们把 S 的单元集 $\{x\}$ 就记作 x，则上面的叙述就变成：当我们把 S 的所有的元素分别放到 n 个盒子里，使得第一个盒子含有 q_1 个元素，或者第二个盒子含有 q_2 个元素，$\cdots$，或者第 n 个盒子含有 q_n 个元素，那么由鸽巢原理，S 中的元素数不小于 $q_1 + q_2 + \cdots + q_n - n + 1$。这就是说

$$R(q_1, q_2, \cdots, q_n; 1) \leqslant q_1 + q_2 + \cdots + q_n - n + 1.$$

此外，不难证明，当 S 中含有 $q_1 + q_2 + \cdots + q_n - n$ 个元素时，存在着一种放法，使得对于任何的 $i, i = 1, 2, \cdots, n$，第 i 个盒子的元素数都小于 q_i。所以

$$R(q_1, q_2, \cdots, q_n; 1) > q_1 + q_2 + \cdots + q_n - n.$$

综合这两方面的结果得

$$R(q_1, q_2, \cdots, q_n; 1) = q_1 + q_2 + \cdots + q_n - n + 1,$$

这个数也是 Ramsey 数。

采用这个记法，关于二元子集的 Ramsey 数 $R(q_1, q_2, \cdots, q_n)$ 应该记作 $R(q_1, q_2, \cdots, q_n; 2)$。

上面的结果可以推广到任意的 t 元子集，这就得到一般形式

的 Ramsey 定理.

定理 2.11（Ramsey 定理） 设 $q_1,q_2,\cdots,q_n,t$ 是正整数,且满足 $q_i \geqslant t, i=1,2,\cdots,n$,则存在着一个最小的正整数 $R(q_1,q_2,\cdots,q_n;t)$,如果 $m \geqslant R(q_1,q_2,\cdots,q_n;t)$, S 是含有 m 个元素的集合,当把 S 的所有的 t 元子集放到 n 个盒子里的时候,一定有 q_1 个元素,它们的所有的 t 元子集都在第一个盒子里,或者有 q_2 个元素,它们的所有的 t 元子集都在第二个盒子里,…,或者有 q_n 个元素,它们的所有的 t 元子集都在第 n 个盒子里.

关于 Ramsey 定理的证明和更详细的讨论已超过本书的范围,有兴趣的读者可以参阅有关的书籍和文献.

表 2.1 给出了一关于小 Ramsey 数 $R(p,q)$ 的值或者上、下界的研究结果,相关信息来自著名的网站 mathworld（http://mathworld.wolfram.com）.

表 2.1 Ramsey 数的值或上、下界

p \ q	3	4	5	6	7	8	9	10	11	12	13	14	15
3	6	9	14	18	23	28	36	40 43	46 51	52 59	59 69	66 78	73 88
4		18	25	35 41	49 61	56 84	69 115	92 149	97 191	128 238	133 291	141 349	153 417
5			43 49	58 87	80 143	101 216	125 316	143 442	159 848	185 848	209 1461	235 1461	265 3059
6				102 165	113 298	127 495	169 780	179 1171	253 2566	262 2566	317 5033	317 5033	401 11627
7					205 540	216 1031	233 1713	289 2826	405 4553	416 6954	511 10581	511 15263	511 22116
8						282 1870	317 3583	377 6090	377 10630	377 16944	817 27490	817 41526	861 63620
9							565 6588	580 12677	22325	39025	64871	89203	
10								798 23556		81200			1265

Ramsey 定理是组合数学的一个重要的存在性定理. 它只是断定了对任意的正整数 $q_1, q_2, \cdots, q_n, t(q_i \geqslant t, i=1,2,\cdots,n)$, Ramsey 数 $R(q_1, q_2, \cdots, q_n; t)$ 是个有限数. 但实际求出来的 Ramsey 数还很少, 在这个问题上还有许多工作等待大家去完成.

§4 鸽巢原理与 Ramsey 定理的应用

鸽巢原理与 Ramsey 定理在许多实际问题中有着重要的应用. 下面给出几个简单的例子.

例 2.9 缆线连接问题.

某单位有 15 台终端设备与 10 台主机, 现在需要通过缆线把主机和终端设备连接起来. 假设每台主机可以为所有的终端设备提供相同的服务, 但是在同一时刻只能为一个终端设备所使用. 如果要求在任何时刻, 对任意一组不超过 10 台的终端设备, 其服务申请都能得到满足, 问如何设计缆线的连接方案, 以使得所使用的缆线条数最少?

设终端设备是 $s_1, s_2, \cdots, s_{15}$, 服务器是 $w_1, w_2, \cdots, w_{10}$. 如果缆线连接 s_i 和 w_j, 记作 t_{ij}. 先考虑一种可行的方案, 即把每台终端设备与每个服务器连接. 那么所有缆线的集合是

$$T_1 = \{t_{ij} \mid i=1,2,\cdots,15, \ j=1,2,\cdots,10\}$$

不难看出, 这种方案需要 150 条缆线, 可以满足服务要求.

考虑另一种方案. 先把前 10 台设备 ($i=1,2,\cdots,10$) 连接到相同标号的服务器 ($j=1,2,\cdots,10$), 然后把剩下的每台设备 ($i=11, 12,\cdots,15$) 连接到所有的服务器, 得到连线集

$$T_2 = \{t_{ii} \mid i=1,2,\cdots,10\} \cup \{t_{ij} \mid i=11,12,\cdots,15, \ j=1,2,\cdots,10\}.$$

设申请服务的设备标号是 $p_1, p_2, \cdots, p_k (k \leqslant 10)$, 如果这些标号不超过 10, 那么每台设备恰好由相同标号的服务器来提供服务. 如果有 $l(l>0)$ 台设备标号超过 10, 可以采用下面的分配方案: 对标号不超过 10 的 $k-l$ 台设备由相同标号的服务器服务, 恰

好占用 $k-l$ 台服务器;申请服务的设备数是 l,空闲的服务器数 $10-(k-l) \geqslant k-(k-l)=l$,而每台设备都与所有的服务器连通,因此存在一种分配方案.

这种方案用到的缆线数是:
$$10+5\times 10=60.$$
显然比前一种方案用的缆线条数少.

是否存在更好的连接方案? 没有. 我们来证明这个结果. 假设存在一种连接方案至多使用 59 条缆线,那么一定存在某个服务器 s_i 至多连接 $\lfloor 59/10 \rfloor =5$ 台设备,即至少还有 10 台设备都不与 s_i 连接. 如果其中有 10 台设备提出服务申请,而连通的服务器只有 9 台,根据鸽巢原理,必有 2 台设备被分配到同一台服务器,这与每个服务器同时只能为一台设备服务矛盾. 因此上述第二种方案是一种最优的方案.

例 2.10 噪音干扰问题.

通常环境下的通信信道存在着噪音干扰. 如果字符 a 和 b 经过传输后接收到的是相同的结果,就称 a 和 b 发生了混淆. 在设计字符编码集时希望其中任意两个字符都不发生混淆.

可以用一个混淆图来表示这个问题. 设图 $G=\langle V,E\rangle$,其中 E 是图的顶点集,每个顶点表示一个字符;如果字符 a 和 b 能够发生混淆,就在顶点 a 和 b 之间加一条连线,记作边 $\{a,b\}$,E 是 G 中所有的边的集合. 我们希望在 G 中选择一个最大的顶点集 A,使得 A 中任何两个顶点之间都没有边,即 G 的最大点独立集,其中的顶点数叫做 G 的点独立数,记做 $\beta_0(G)$.

当混淆图的点独立数较小,所生成的代码个数不能满足通信需要的时候,为了得到更大的不混淆的编码,往往采用字符串作为信息的代码. 比如,字符集 $V=\{a,b,c\}$ 至多可以构成 3 个代码,而 V 上长度为 2 的串有 aa,ab,ac,ba,bb,bc,ca,cb,cc,共 9 个代码. 我们关心的是:这样构造的不混淆的代码个数是否够用?

先定义字符串之间的混淆. 给定字符串 ab 和 cd,如果

1. a 与 c 混淆且 $b=d$;
2. b 与 d 混淆且 $a=c$;
3. a 与 c 混淆且 b 与 d 混淆.

满足以上三个条件中的任何一个,就称 ab 与 cd 发生混淆.

设字符集 V 的混淆图是 $G=\langle V,E\rangle$,G 的点独立数是 $\beta_0(G)$. 根据上述关于字符串的混淆概念可以建立关于字符串的混淆图 G',而不发生混淆的串的个数不会超过 G' 的点独立数 $\beta_0(G')$. 因此我们的任务就是:对 $\beta_0(G')$ 给出合理的估计.

可以证明下面的命题.

命题 $\beta_0(G')\leqslant R(\beta_0(G)+1,\beta_0(G)+1)-1$.

证 假设 $\beta_0(G')\geqslant R(\beta_0(G)+1,\beta_0(G)+1)=n$,令 A 是 G' 中大小为 n 的点独立集. 对任意 $ab,cd\in A$,必处于下面两种情况之一:

1. $a\neq c$,且 $\{a,c\}\notin E$;
2. $a=c$ 或 $\{a,c\}\in E$,但 $b\neq d$ 且 $\{b,d\}\notin E$.

用红、蓝两色对以 A 的 n 个顶点构成的完全 n 边形的边涂色. 如果 ab,cd 满足情况 1,则涂成蓝色;若满足情况 2,则涂成红色. 根据 Ramsey 定理,或者存在一个蓝色的完全 $\beta_0(G)+1$ 边形,或者存在一个红色的 $\beta_0(G)+1$. 若为前者,令

$$T=\{a\mid ab\text{ 是蓝色完全 }\beta_0(G)+1\text{ 边形的顶点}\},$$

则 T 是 G 中大小为 $\beta_0(G)+1$ 的点独立集,与 G 的点独立数为 $\beta_0(G)$ 矛盾. 若为后者,同理可证.

假设字符集 $V=\{a,b,c,d,e\}$,其中不混淆的字符有 3 个,即 $\beta_0(G)=3$. 那么,根据前面的结果,当取 V 上长度为 2 的字符串作为代码时,代码个数是 $5\times 5=25$ 个,但其中不混淆的代码至多有

$$R(3+1,3+1)-1=R(4,4)-1=18$$

个.

Ramsey 数在计算机科学中还有许多应用,A. C. Yao 利用 Ramsey 理论证明了无论采用什么样的表结构和搜索策略,二分搜

索对于大的键空间是最好的检索算法. S. Boyles 和 G. Exoo 在分组交换网的优化设计中也用到了 Ramsey 理论,有兴趣的读者可以参考相关的文献. 下面再给出一个几何应用的例子.

例 2.11 设 $m>2$ 是给定正整数,证明存在正整数 $N(m)$,当 $n\geqslant N(m)$ 时,任意给定平面上的 n 个点,如果其中无 3 点共线,那么其中必有 m 个点构成一个凸 m 边形的顶点.

证 为证明这个命题先给出两个引理.

引理 1 若平面内 5 个点中没有 3 点共线,则其中必有 4 个点是一个凸 4 边形的顶点.

证 取这 5 个点的一个子集 T,使得 T 中的顶点构成一个凸多边形的顶点,并且剩下的点都落在 T 内. 如果 $|T|=5$,这 5 个点本身构成凸 5 边形,其中任意 4 点都构成凸 4 边形. 若 $|T|=4$,这 4 点就构成凸 4 边形. 若 $|T|=3$,如图 2.4 所示,不在 T 中的 2 个点确定一条直线. 根据鸽巢原理 T 中 3 个点必有 2 点在这条直线的同侧,则这 2 点与直线上的 2 点构成一个凸 4 边形的顶点.

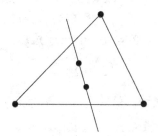

图 2.4 $|T|=3$ 的情况

引理 2 设平面有 m 个点,若没有 3 点共线且任意 4 点都是一个凸 4 边形的顶点,则这 m 个点是一个凸 m 边形的顶点.

证 用 $m(m-1)/2$ 直线将 m 个点彼此相连,假设其外周构成一个凸 q 边形,其顶点为 $v_1,v_2,\cdots,v_q$. 若 $q<m$,则其余 $m-q$ 个点落入 q 边形内. 任取其中一个点 v_x,它必落入图 2.5 中的一个三角形内,比如说 $v_1v_rv_{r+1}$ 内,则 v_x,v_1,v_r,v_{r+1} 构成一个凹 4 边形

的顶点,与已知矛盾.

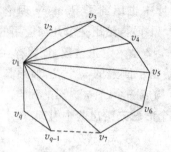

图 2.5 q 边形的三角形划分

下面证明例 2.11 的命题. 不妨设 $m>3$. 令 $n \geqslant R(5,m;4)$,S 为 n 元集. 将 S 的所有 4 元子集按照下面的方法分成两类: 若它们构成一个凹 4 边形的顶点,则属于第一类; 否则属于第二类. 根据 Ramsey 定理, 在这 n 个点中, 或者至少有 5 个点, 其所有的 4 子集全构成凹 4 边形的顶点; 或者至少有 m 个点, 其所有的 4 子集全构成凸 4 边形的顶点. 根据引理 1, 第一种情况是不可能成立的. 根据引理 2, 这 m 个点必构成一个凸 m 边形.

习 题 二

2.1　1) 在边长为 1 的等边三角形内任意放 10 个点, 证明一定存在两个点, 其距离不大于 $1/3$.

2) 确定正整数 m_n 的值, 使得在边长为 1 的等边三角形内任意放 m_n 个点, 其中必有两点的距离不大于 $1/n$.

2.2　证明在任意的 m 个连续的整数中存在着一个整数可以被 m 整除.

2.3　证明一个有理数的十进小数展开式自某一位后必是循环的.

2.4　证明对任意的整数 R 存在着 R 的一个倍数, 使得它仅由数字 0 和 7 组成(例如 $R=3$, 我们有 $3\times 259=777$; $R=4$, 有

$4\times1925=7700; R=5$,有 $5\times14=70,\cdots.$).

2.5 1) 证明在任意选取的 $n+1$ 个正整数中存在着两个正整数,其差能被 n 整除.

2) 证明在任意选取的 $n+2$ 个正整数中存在着两个正整数,其差能被 $2n$ 整除或者其和能被 $2n$ 整除.

2.6 某学生有 37 天的时间准备考试.根据她过去的经验至多需要复习 60 个小时,但每天至少要复习 1 小时.证明无论怎样安排都存在连续的若干天,使得她在这些天里恰好复习了 13 小时.

2.7 证明任何一组人中都存在两个人,他们在组内认识的人数恰好相等.

2.8 设三维空间有 9 个格点(各坐标均为整数的点),证明在所有两点间连线的中点之中至少有一个是格点.

2.9 一个 $2k\times2k$ 的方格棋盘被划分成左上、左下、右上、右下共 4 个 $k\times k$ 的部分棋盘,如果在左上和右下的部分分别放置 k 个棋子,证明必有两个棋子在同一行,或者在同一列,或者在同一条对角线上.

2.10 设 n 是大于等于 3 的奇整数,则集合
$$\{2-1, 2^2-1, 2^3-1, \cdots, 2^{n-1}-1\}$$
中存在一个数被 n 除尽.

2.11 设 M 是 8×8 的 0-1 矩阵,其元素之和为 51,证明 M 中必存在某一行和某一列,其元素之和至少是 13.

*2.12 把一个圆盘分成 36 个相等的扇形,然后把 $1,2,\cdots,$ 36 这些数任意填入 36 个扇形中,证明存在三个连接的扇形,其中的数字之和至少是 56.

*2.13 用归纳法证明
$$R(q_1, q_2) \leqslant \frac{(q_1+q_2-2)!}{(q_1-1)!\,(q_2-1)!}.$$

*2.14 用红和蓝两色涂色 K_8 的边,使得既没有蓝色的三角

21

形,也没有红色的完全四边形,从而证明 $R(3,4)>8$.

*2.15 把 K_9 的边涂上蓝色或红色,证明若有一个顶点至少连接着 4 条蓝边或者 6 条红边,那么这种涂色方案一定含有一个蓝三角形或者一个红完全四边形,从而证明 $R(3,4)\leqslant 9$.

第三章 排列和组合

§1 加法法则和乘法法则

加法法则 如果事件 A 有 p 种产生的方式,事件 B 有 q 种产生的方式,则事件"A 或 B"有 $p+q$ 种产生的方式.

例3.1 某学生从两门数学课程和四门计算机课程中任意选修一门课程的方法是 $2+4=6$ 种.

使用加法法则的时候要特别注意事件 A 和事件 B 产生的方式不能重叠,即一种产生的方式只能属于其中的一个事件而不能同时属于两个事件.

例3.2 有五个学生选学英语或德语,其中有四个人学英语,三个人学德语,那么选出一名学英语或德语的学生的方法数不是 $4+3=7$,而是 5. 这是因为选学英语的学生和选学德语的学生可能是同一个学生.

乘法法则 如果事件 A 有 p 种产生的方式,事件 B 有 q 种产生的方式,则事件"A 与 B"有 pq 种产生的方式.

例3.3 某学生从两门数学课程和四门计算机课程中选修一门数学和一门计算机课程的方法是 $2\times 4=8$ 种.

使用乘法法则的时候也要注意一个条件,即事件 A 与事件 B 要互相独立,就是说事件 A 的发生方式的选择不影响事件 B 的发生方式的选择,反之也对.

例3.4 从集合 $\{1,2,3\}$ 中选取数字构成不同数字的两位数,问有多少个?

这些两位数的十位或者个位可以取 1,2 或 3,各有三种选法.

但当十位的数字选定以后,由于数字不能重复,个位数字的选法就不再是三种而是两种了.这说明十位与个位数字的选法不互相独立,所以不同的两位数不是 $3 \times 3 = 9$ 个,而是 $3 \times 2 = 6$ 个.

加法法则与乘法法则可以推广,对有限个事件也同样适用.

§2 集合的排列和组合

先看下面的例子.

例 3.5 (1) 从 $\{1,2,\cdots,9\}$ 中选取数字构成四位数,如果要求每位数字都不相同,问有多少种选法?

(2) 从 $\{1,2,\cdots,9\}$ 中选取数字构成四位数,问有多少种选法?

我们的做法是先选千位的数字,然后依次选择百位、十位、个位的数字.对于某四个数字,如果选择的次序不同就会得到不同的四位数.所以这两个问题都是从某个集合中有序地选取若干个元素的问题,我们称之为排列问题.问题(1)和(2)的不同点仅在于(1)中的选取不允许重复而(2)中的选取允许重复.

例 3.6 (1) 从 5 种不同的球中每次取 3 个不同的球,问有多少种取法?

(2) 从 5 种不同的球中(每种球的个数至少为 3 个)每次取 3 个球,问有多少种取法?

这两个问题的取法仅与选取的是哪几个球有关而与球取出的次序无关.它们都是从某个集合中无序地选取若干个元素的问题,我们称之为组合问题.这两个问题的区别仅在于问题(1)的选取不允许重复,而问题(2)的选取允许重复.

在这一节里我们只考虑不允许重复的排列和组合问题,允许重复的排列和组合问题将在下一节讨论.

定义 3.1 从 n 个元素的集合 S 中有序选取的 r 个元素叫做 S 的一个 r-排列,不同排列的总数记作 $P(n,r)$.如果 $r=n$,则称这个排列为 S 的全排列,简称为 S 的排列.

显然当 $r>n$ 时,$P(n,r)=0$.

定理 3.1 对满足 $r\leqslant n$ 的正整数 n 和 r 有
$$P(n,r)=n(n-1)\cdots(n-r+1).$$

证明 这个问题相当于从 n 个不同的球中选取球放到 r 个不同的盒子里使得每个盒子只有一个球的放球问题. 在第一个盒子里的球有 n 种选法;放好了第一个球以后,第二个盒子的球只能选自剩下的 $n-1$ 个球,选法有 $n-1$ 种;…;最后一个盒子的球有 $n-(r-1)$ 种选法. 由乘法法则不同的放法数为 $n(n-1)\cdots(n-r+1)$ 种.

如果我们令 $n!=n(n-1)\cdot\cdots\cdot 2\cdot 1$,且规定 $0!=1$,则有
$$P(n,r)=\frac{n!}{(n-r)!}.$$

当 $n\geqslant 0$ 时,我们定义 $P(n,0)=1$,这恰与上式的计算结果相符. 当 $r=n$ 时有 $P(n,n)=n!$.

例 3.7 (1) 在 5 天内安排 3 次不同的考试,若每天至多安排一次考试,问有多少种排法?

(2) 同(1),若不限制每天考试的次数,问有多少种排法?

解 (1) 从 5 天中有序地选取 3 天,不许重复,其选法数为
$$N=P(5,3)=\frac{5!}{2!}=5\times 4\times 3=60.$$

(2) 每次考试可以有 5 种独立的选法,由乘法法则总的选法数为
$$N=5\times 5\times 5=125.$$

例 3.8 排列 26 个字母,使得在 a 和 b 之间正好有 7 个字母,问有多少种排法?

解 以 a 排头、b 结尾、中间恰含 7 个字母的排列有 $P(24,7)$ 种,同理,以 b 排头、a 结尾、中间恰含 7 个字母的排列也有 $P(24,7)$ 种. 由加法法则以 a,b 为端点的 9 个字母的排列有 $2P(24,7)$ 种. 把一个这样的排列看成一个整体再与剩下的 17 个字母进行全排列就得到所求的排列. 全排列的方法有 $18!$ 种,根据乘法法则,

所求的排列数是
$$N = 2P(24,7) \times 18! = 36 \times 24!.$$

以上讨论的排列确切地说应该叫做线形排列. 如果我们把集合的元素排成一个环, 那么排列数将会减少. 因为对于两个环排列, 如果其中的一个通过旋转可以变成另一个, 则认为它们是同样的环排列.

定理 3.2　一个 n 元集 S 的环形 r-排列数是
$$\frac{P(n,r)}{r} = \frac{n!}{r(n-r)!}.$$

如果 $r = n$, 则 S 的环排列数是 $(n-1)!$.

证明　我们把 S 的所有的线形 r-排列分成组, 使得同组的每个线形排列可以连接成同样的环形排列. 因为每组中恰含有 r 个线形排列, 所以 S 的环形 r-排列数 $N = P(n,r)/r$, 当 $r=n$ 时, S 的环排列数为 $P(n,n)/n = (n-1)!$.

例 3.9　(1) 10 个男孩和 5 个女孩站成一排. 如果没有两个女孩相邻, 问有多少种排法?

(2) 10 个男孩和 5 个女孩站成一个圆圈. 如果没有两个女孩相邻, 问有多少种排法?

解　把男孩看成格子的分界, 每两个男孩之间看成一个空格, 把女孩看作不同的球, 那么这个排列问题就对应于把不同的球放入空格并且每个格只能放一个球的放球问题.

(1) 男孩组成格子的方法是 $P(10,10)$ 种. 对于任何一种组法, 有 11 个位置可以放女孩, 故女孩排法数为 $P(11,5)$, 根据乘法法则所求的排法数为
$$N = P(10,10) \times P(11,5) = \frac{10! \times 11!}{6!}.$$

(2) 男孩组成格子的方法数是 10 个元素的环排列数为 $P(10,10)/10$, 而女孩放入 10 个格子的方法数是 $P(10,5)$. 由乘法法则总的排列数是

$$N = \frac{P(10,10)}{10} \times P(10,5) = \frac{10! \times 9!}{5!}.$$

定义 3.2 从 n 元集 S 中无序选取的 r 个元素叫做 S 的一个 r-组合,不同组合的总数记作 $C(n,r)$. 当 $n \geqslant 0$ 时,我们规定 $C(n,0)=1$.

由这个定义可以知道当 $r>n$ 时有 $C(n,r)=0$.

定理 3.3 对一切 $r \leqslant n$ 有 $P(n,r)=r! \, C(n,r)$,即

$$C(n,r) = \frac{n!}{r!\,(n-r)!}.$$

证明 这个问题相当于从 n 个不同的球中选取球放到 r 个相同的盒子里使得每个盒子只有一个球的放球问题. 对应于每一种放球方案,我们对 r 个盒子进行有序排列,就得到 $r!$ 个 r-排列. 用这种方法可以得到 n 个球的所有的 r-排列,因此有

$$P(n,r) = r! \, C(n,r),$$

即

$$C(n,r) = \frac{n!}{r!\,(n-r)!}.$$

例 3.10 在平面上给定 25 个点,其中任意三点都不在同一直线上. 过两个点可以做一条直线,以三个点为顶点可以做一个三角形,问这样的直线和三角形各有多少?

解 直线数 $N_1 = C(25,2) = \dfrac{25!}{2!\,23!} = 300$;

三角形数 $N_2 = C(25,3) = \dfrac{25!}{3!\,22!} = 2300.$

例 3.11 从 $1,2,\cdots,300$ 之中任取三个数使得它们的和能被 3 整除,问有多少种方法?

解 把 $1,2,\cdots,300$ 分成 A,B,C 三组.

$$A = \{x \mid x \equiv 1 \pmod 3\},$$
$$B = \{x \mid x \equiv 2 \pmod 3\},$$
$$C = \{x \mid x \equiv 0 \pmod 3\}.$$

设所取的三个数为 i,j,k,那么这种选取是无序的,且满足 $i+j+k=0 \pmod 3$. 我们将选法分成两类:

i,j,k 都取自同一组,方法数 $N_1=3C(100,3)$.

i,j,k 分别取自 A,B,C,方法数 $N_2=[C(100,1)]^3$.

由加法法则,总取法数

$$N=3C(100,3)+[C(100,1)]^3=1485100.$$

从定理 3.3 立即可以得到以下的推论:

推论 对一切 $r \leqslant n$ 有 $C(n,r)=C(n,n-r)$.

证明 $C(n,r)=\dfrac{n!}{r!\ (n-r)!}$

$$=\dfrac{n!}{[n-(n-r)]!\ (n-r)!}=C(n,n-r).$$

下面我们用组合分析的方法来证明这个推论. 从 n 元集 S 中任意选取 r 个元素,剩下的 $n-r$ 个元素恰好为 S 的一个 $(n-r)$-组合;反之,从 S 中任意选取 $n-r$ 个元素,剩下的元素恰好为 S 的一个 r 组合. 这两种组合构成了一一对应,所以 $C(n,r)=C(n,n-r)$.

定理 3.4 设 S 为 n 元集,则 S 的子集数是

$$2^n=C(n,0)+C(n,1)+\cdots+C(n,n).$$

证明 对于 $r=0,1,\cdots,n$, S 的每个 r 元子集就是 S 的一个 r-组合,因此 $C(n,r)$ 就是 S 的 r 元子集数. 根据加法法则,S 的子集数是

$$C(n,0)+C(n,1)+\cdots+C(n,n).$$

另一方面,我们在构成 S 的某个子集时可以对每个元素有两种选择,属于该子集或不属于该子集. 于是由乘法法则可得不同的子集总数是 2^n.

在以上证明中我们又使用了组合分析的方法,即在证明组合等式时不是进行代数推导,而是对等式所代表的组合意义进行分析,通过建立一一对应的方法说明等式两边恰好是对同一组合模型进行计数. 这种组合分析的方法是很有用的,请看下面的例子.

例 3.12　证明 $C(2n,2)=2C(n,2)+n^2$.

证明　等式左边表示从 $2n$ 个不同的球中选取两个球的方法数. 我们把这 $2n$ 个球平均分成 A,B 两组,选球的方法有以下两类:

取自同一组的选法数 $N_1=2C(n,2)$;

取自不同组的选法数 $N_2=[C(n,1)]^2=n^2$.

由加法法则,所求的选法数是 $2C(n,2)+n^2$.

例 3.13　证明 k 个连续正整数的乘积可以被 $k!$ 整除.

证明　设这 k 个连续正整数为 $n+1,n+2,\cdots,n+k$. 从 $n+k$ 个不同的球中选取 k 个球的方法数是 $C(n+k,k)$,即

$$N=\frac{(n+k)!}{n!\ k!}=\frac{(n+1)(n+2)\cdots(n+k)}{k!}.$$

显然 N 是正整数,所以 $k!$ 整除 $(n+1)(n+2)\cdots(n+k)$.

§3　多重集的排列和组合

我们先回顾一下多重集的概念. 多重集是元素可以多次出现的集合,我们把某个元素 a_i 出现的次数 $n_i(n_i=0,1,\cdots,\infty)$ 叫做该元素的重复数,通常把含有 k 种不同元素的多重集 S 记作 $\{n_1 \cdot a_1, n_2 \cdot a_2, \cdots, n_k \cdot a_k\}$. 使用多重集的概念可以处理允许重复的排列和组合问题.

定义 3.3　从一个多重集 S 中有序选取的 r 个元素叫做 S 的一个 r-排列. 当 $r=n(n=n_1+n_2+\cdots+n_k)$ 时也叫做 S 的一个排列.

例如 $S=\{2 \cdot a, 1 \cdot b, 3 \cdot c\}$, $acab,abcc$ 是 S 的 4-排列,而 $abccca$ 是 S 的排列.

定理 3.5　设多重集 $S=\{\infty \cdot a_1, \infty \cdot a_2, \cdots, \infty \cdot a_k\}$,则 S 的 r-排列数是 k^r.

证明　在构造 S 的一个 r-排列时,第一位有 k 种选法,第二位

也有 k 种选法,$\cdots$,第 r 位仍然有 k 种选法. 这是因为 S 中的每种元素都可以无限地重复,排列中每一位的选择都不依赖于以前各位的选择. 由乘法法则,不同的排列数是 k^r.

推论 设多重集 $S=\{n_1 \cdot a_1, n_2 \cdot a_2, \cdots, n_k \cdot a_k\}$,且对一切 $i=1,2,\cdots,k$ 有 $n_i \geqslant r$,则 S 的 r-排列数为 k^r.

例 3.14 求不多于四位的二进制数的个数.

解 这个问题相当于多重集 $\{\infty \cdot 0, \infty \cdot 1\}$ 的 4-排列问题,由定理 3.5,所求的二进制数的个数 $N=2^4=16$.

定理 3.6 设多重集 $S=\{n_1 \cdot a_1, n_2 \cdot a_2, \cdots, n_k \cdot a_k\}$,且 $n=n_1+n_2+\cdots+n_k$,则 S 的排列数等于

$$\frac{n!}{n_1! \cdot n_2! \cdot \cdots \cdot n_k!}.$$

我们把它简记作 $\begin{pmatrix} n \\ n_1 n_2 \cdots n_k \end{pmatrix}$.

证明 S 的一个排列就是它的 n 个元素的一个全排列. 因为 S 中有 n_1 个 a_1,在排列时要占据 n_1 个位置,这些位置的选法是 $C(n, n_1)$ 种. 接下去,我们在剩下的 $n-n_1$ 个位置中选择 n_2 个放 a_2,选法是 $C(n-n_1, n_2)$. 通过类似的分析可以得到,我们有 $C(n-n_1-n_2, n_3)$ 种方法放 a_3,$\cdots$,有 $C(n-n_1-n_2-\cdots-n_{k-1}, n_k)$ 种方法放 a_k. 根据乘法法则,S 的排列数

$$N = C(n, n_1) \cdot C(n-n_1, n_2) \cdot \cdots \cdot C(n-n_1-\cdots-n_{k-1}, n_k)$$

$$= \frac{n!}{n_1!(n-n_1)!} \cdot \frac{(n-n_1)!}{n_2!(n-n_1-n_2)!} \cdot \cdots \cdot \frac{(n-n_1-\cdots-n_{k-1})!}{n_k!0!}$$

$$= \frac{n!}{n_1! n_2! \cdots n_k!}.$$

例 3.15 用两面红旗,三面黄旗依次悬挂在一根旗杆上,问可以组成多少种不同的标志?

解 所求的标志数是多重集 $\{2 \cdot 红旗, 3 \cdot 黄旗\}$ 的排列数 N. 由定理 3.6 得

$$N = \frac{5!}{2!\ 3!} = 10.$$

如果多重集 S 只有两种元素 a_1 和 a_2,重复数分别为 n_1 和 n_2,则由定理 3.6,S 的排列数

$$N = \frac{n!}{n_1!\ n_2!} = C(n, n_1).$$

它正好代表了 n 元集的 n_1-组合数,这说明我们可以在这两个问题之间建立一一对应的关系,而定理 3.6 的证明过程就体现了这种一一对应.

关于多重集的排列问题可以小结如下.

设 $S = \{n_1 \cdot a_1, n_2 \cdot a_2, \cdots, n_k \cdot a_k\}$, $n = n_1 + n_2 + \cdots + n_k$. 则 S 的 r-排列数 N 满足:

(1) 若 $r > n$,则 $N = 0$;

(2) 若 $r = n$,则 $N = \dfrac{n!}{n_1!\ n_2!\ \cdots n_k!}$;

(3) 若 $r < n$ 且对一切 i, $i = 1, 2, \cdots, k$,有 $n_i \geqslant r$,则 $N = k^r$;

(4) 若 $r < n$ 且存在着某个 $n_i < r$,则对 N 没有一般的求解公式,具体的解法将在后面几章讨论.

定义 3.4 设 S 是多重集,S 的含有 r 个元素的子多重集就叫做 S 的 r-组合.

例如 $S = \{2 \cdot a, 1 \cdot b, 3 \cdot c\}$,$S$ 的 2-组合有五个,它们是 $\{a, a\}, \{a, b\}, \{a, c\}, \{b, c\}, \{c, c\}$.

不难看出,如果多重集 S 有 n 个元素(包括重复的元素),则 S 的 n-组合只有一个,就是 S 本身. 如果 S 有 k 种不同的元素,则 S 的 1-组合恰有 k 个.

定理 3.7 设多重集 $S = \{\infty \cdot a_1, \infty \cdot a_2, \cdots, \infty \cdot a_k\}$,则 S 的 r-组合数是 $C(k + r - 1, r)$.

证明 S 的任何一个 r-组合都具有以下的形式 $\{x_1 \cdot a_1, x_2 \cdot a_2, \cdots, x_k \cdot a_k\}$,其中 $x_1, x_2, \cdots, x_k$ 是非负整数,且满足

$$x_1 + x_2 + \cdots + x_k = r,$$

反之，对于每一组满足方程 $x_1+x_2+\cdots+x_k=r$ 的非负整数解 x_1, $x_2,\cdots,x_r,\{x_1\cdot a_1,x_2\cdot a_2,\cdots,x_k\cdot a_k\}$ 就是 S 的一个 r-组合. 所以多重集 S 的 r-组合数就等于方程 $x_1+x_2+\cdots+x_k=r$ 的非负整数解的个数. 下面我们将证明这种解的个数就等于多重集 $T=\{(k-1)\cdot 0,r\cdot 1\}$ 的排列数.

给定 T 的一个排列，在这个排列中 $k-1$ 个 0 把 r 个 1 分成 k 组. 从左边数起，我们把第一个 0 左边的 1 的个数记作 x_1，第一个 0 与第二个 0 之间的 1 的个数记作 $x_2,\cdots$，最后一个 0 右边的 1 的个数记作 x_k，则 $x_1,x_2,\cdots,x_k$ 都是非负整数，且它们的和是 r. 反之，给定方程 $x_1+x_2+\cdots+x_k=r$ 的一组非负整数解 $x_1,x_2,\cdots,x_k$，我们可以构造以下形式的排列：

$$\underbrace{1\cdots 1}_{x_1\text{个}1}0\underbrace{1\cdots 1}_{x_2\text{个}1}0\cdots 0\underbrace{1\cdots 1}_{x_k\text{个}1},$$
$$\quad\quad\uparrow\quad\quad\uparrow\quad\quad\quad\uparrow$$
$$\text{第一个}0\ \text{第二个}0\ \text{第}k-1\text{个}0$$

它就是多重集 $\{(k-1)\cdot 0,r\cdot 1\}$ 的一个排列. 这就证明了多重集 T 的排列数等于方程 $x_1+x_2+\cdots+x_k=r$ 的非负整数解的个数. 根据定理 3.6，T 的排列数

$$N=\frac{(k-1+r)!}{(k-1)!\ r!}=C(k+r-1,r).$$

推论 1 设多重集 $S=\{n_1\cdot a_1,n_2\cdot a_2,\cdots,n_k\cdot a_k\}$，且对一切 $i=1,2,\cdots,k$ 有 $n_i\geqslant r$，则 S 的 r-组合数为 $C(k+r-1,r)$.

推论 2 设多重集 $S=\{\infty\cdot a_1,\infty\cdot a_2,\cdots,\infty\cdot a_k\}$，$r\geqslant k$，则 S 中每个元素至少取一个的 r-组合数为 $C(r-1,k-1)$.

证明 任取一个所求的 r-组合，从中拿走元素 $a_1,a_2,\cdots,a_k$，就得到 S 的一个 $(r-k)$-组合；反之，对于 S 的一个 $(r-k)$-组合，加入元素 $a_1,a_2,\cdots,a_k$，就得到所求的组合，所以 S 中每个元素至少取一个的 r-组合数就是 S 的 $(r-k)$-组合数. 由定理 3.7 这个数

$$N=C(k+(r-k)-1,r-k)=C(r-1,r-k)$$

$$= C(r-1, k-1).$$

例 3.16 试确定多重集 $S=\{1 \cdot a_1, \infty \cdot a_2, \cdots, \infty \cdot a_k\}$ 的 r-组合数.

解 把 S 的 r-组合分成两类:

包含 a_1 的 r-组合: 这种组合数等于 $\{\infty \cdot a_2, \infty \cdot a_3, \cdots, \infty \cdot a_k\}$ 的 $(r-1)$-组合数,即

$$N_1 = C((k-1)+(r-1)-1, r-1)$$
$$= C(k+r-3, r-1).$$

不包含 a_1 的 r-组合: 这种组合数等于 $\{\infty \cdot a_2, \infty \cdot a_3, \cdots, \infty \cdot a_k\}$ 的 r-组合数,即

$$N_2 = C((k-1)+r-1, r) = C(k+r-2, r).$$

由加法法则,所求的 r-组合数

$$N = N_1 + N_2 = C(k+r-3, r-1) + C(k+r-2, r).$$

关于多重集的组合问题可以小结如下.

设多重集 $S=\{n_1 \cdot a_1, n_2 \cdot a_2, \cdots, n_k \cdot a_k\}$,$n=n_1+n_2+\cdots+n_k$,则 S 的 r-组合数 N 满足:

(1) 若 $r>n$,则 $N=0$;

(2) 若 $r=n$,则 $N=1$;

(3) 若 $r<n$,且对一切 $i=1,2,\cdots,k$ 有 $n_i \geq r$,则 $N=C(k+r-1, r)$;

(4) 若 $r<n$,且存在某个 $n_i<r$,则对 N 没有一般的求解公式,具体的解法将在后面几章讨论.

习 题 三

3.1 有颜色不同的四盏灯.

1) 把它们按不同的次序全部挂在灯杆上表示信号,共有多少种不同的信号?

2) 每次使用一盏、二盏、三盏或四盏按一定的次序挂在灯杆上表示信号,共有多少种不同的信号?

3) 在 2) 中如果信号与灯的次序无关,共有多少种不同的信号?

3.2 某产品的加工需要五道工序,问

1) 加工工序共有多少种排法?

2) 其中某一工序必须先加工,有多少种排法?

3) 其中某一工序不能放在最后加工,又有多少种排法?

3.3 从 5 种规格的晶体管中选 4 种且从 3 种规格的电阻中选 2 种组成一个电路,共有多少种选择的方法?

3.4 现有 100 件产品,从其中任意抽出 3 件.

1) 共有多少种不同的抽法?

2) 如果 100 件产品中有 2 件次品,抽出的产品中至少有 1 件是次品的抽法有多少种?

3) 如果 100 件产品中有 2 件次品,抽出的产品中恰好有 1 件是次品的抽法有多少种?

3.5 有 8 个演员分别扮演 8 个角色,其中生产组长、副组长、会计各 1 人,车间工人 3 人,一般群众演员 2 人,共有多少种安排角色的方法?

3.6 有纪念章 4 枚,纪念册 6 本,赠给 10 位同学,每人得一件,共有多少种不同的送法?

3.7 把 q 个负号和 p 个正号排在一条直线上,使得没有两个负号相邻,证明不同的排法有 $C(p+1,q)$ 种.

3.8 1) 从整数 $1,2,\cdots,100$ 中选出两个数,使得它们的差正好是 7,有多少种不同的选法?

2) 如果选出的两个数之差小于等于 7,又有多少种不同的选法?

3.9 从一个 8×8 的棋盘中选出两个相邻的方格,问有多少种选法? 在这里规定两个方格在同一行或同一列上相邻才是相邻的方格.

3.10 1) 把字母 a,b,c,d,e,f 进行排列,使得字母 b 总是紧

跟在字母 e 的左边，问有多少种排法？

2）若在排列中使得字母 b 总在字母 e 的左边，又有多少种排法？

3.11 一个教室有两排座位，每排 0 个．有 14 个学生，其中的 5 个人总坐在前一排，另外有 4 个人总坐在后一排，问有多少种排法？

3.12 书架上有 9 本不同的书，其中 4 本是红皮的，5 本是黑皮的．

1）9 本书的排列有多少种？

2）若黑皮的书都排在一起，这样的排列有多少种？

3）若黑皮的书排在一起，红皮的书也排在一起，这样的排列有多少种？

4）若黑皮的书与红皮的书必须相间，这样的排列又有多少种？

3.13 书架上有 24 卷百科全书，从其中选 5 卷使得任何 2 卷都不相继，这样的选法有多少种？

3.14 证明从 $\{1,2,\cdots,n\}$ 中任选 m 个数排成一个圆圈的方法数是 $\dfrac{n!}{m\cdot(n-m)!}$．

3.15 考虑集合 $\{1,2,\cdots,n+1\}$ 的非空子集．

1）证明最大元素恰好是 j 的子集数是 2^{j-1}．

2）利用 1）的结论证明
$$1+2+2^2+\cdots+2^m=2^{m+1}-1.$$

3.16 1）由两个英文字母后接四个数字来组成汽车牌照，问不同的牌照有多少种？

2）如果两个英文字母必须不同，组成的牌照又是多少种？

3.17 1）从 200 辆汽车中选取 30 辆作安全试验，同时选取 30 辆作防污染的试验，问有多少种选法？

2）有多少种选法使得正好有 5 辆汽车同时经受两种试验？

35

3.18　1) 15 名篮球运动员被分配到 A,B,C 三个组,使得每组有 5 名运动员,那么有多少种分法?

2) 15 名篮球运动员被分成三个组,使得每组有 5 名运动员,那么有多少种分法?

3.19　在三年级和四年级各有 50 名学生,其中有 25 名男生和 25 名女生.要选出 8 名代表使得其中有 4 名女生和 3 名低年级学生,这样的选法有多少种?

3.20　从整数 $1,2,\cdots,1000$ 中选取三个数使得它们的和正好被 4 整除,问有多少种选法?

3.21　有红球 4 个,黄球 3 个,白球 3 个,把它们排成一条直线,问有多少种排法?

3.22　从 $\{\infty\cdot 0,\infty\cdot 1,\infty\cdot 2\}$ 中取 n 个数作排列,若不允许相邻位置的数相同,问有多少种排法?

3.23　小于 10^n 且各位数字从左到右具有非降顺序的正整数有多少个?

3.24　把 22 本不同的书分给 5 名学生使得其中的 2 名学生各得 5 本,而另外的 3 名学生各得 4 本,这样的分法有多少种?

3.25　把 $2n$ 个人分成 n 组,每组 2 个人,问有多少种分法?

3.26　1) 把 r 只相同的球放到 n 个不同的盒子里($n \leqslant r$),没有空盒,证明放球的方法数是 $C(r-1,n-1)$.

2) 把 r 只相同的球放到 n 个不同的盒子里,每个盒子至少包含 q 只球,问有多少种方法?

3.27　一个学生在 5 天的时间里要安排 15 小时的学习时间.如果她每天至少学习 1 小时,有多少种排法?

3.28　r 只不同的球放到 n 个不同的盒子里,如果每个盒子中的球要有次序,证明这样的放法有 $(n+r-1)(n+r-2)\cdots(n+1)n$ 种.

3.29　把字母 a,b,c,d,e,f,g,h 进行排列,使得 a 在 b 的左边,b 在 c 的左边,问这样的排法有多少种?

3.30 设 $S=\{n_1 \cdot a_1, n_2 \cdot a_2, \cdots, n_k \cdot a_k\}$，其中 $n_1=1, n=n_2+\cdots+n_k$. 证明 S 的环排列数为 $\dfrac{n!}{n_2! \ n_3! \ \cdots n_k!}$.

3.31 给出多重集 $\{2 \cdot a, 1 \cdot b, 3 \cdot c\}$ 的所有的 3-组合和 4-组合.

3.32 设 $S=\{n_1 \cdot a_1, n_2 \cdot a_2, \cdots, n_k \cdot a_k\}$, 问 S 的大小不同的各种组合的总数是多少？

3.33 设 $i_1 i_2 \cdots i_n$ 是集合 $\{1, 2, \cdots, n\}$ 的一个排列，如果 $k<l$ 且 $i_k > i_l$，则称数对 (i_k, i_l) 为排列的一个逆序. 排列 $i_1 i_2 \cdots i_n$ 具有逆序的个数叫做它的逆序数. 例如 31524 有四个逆序，即 $(3,1)$, $(3,2)$, $(5,2)$, $(5,4)$, 所以 31524 的逆序数是 4. 问 $\{1,2,\cdots,n\}$ 的所有排列中逆序数最小的是哪个排列？逆序数最大的是哪个排列？它们的逆序数各是多少？

3.34 给定排列 $i_1 i_2 \cdots i_n$, 我们把排列中在 j 的前边且大于 j 的整数个数记作 b_j, 称数列 $b_1, b_2, \cdots, b_n$ 是排列 $i_1 i_2 \cdots i_n$ 的逆序序列. 例如 31524 的逆序序列是 1,2,0,1,0.

1) 确定 $\{1,2,\cdots,8\}$ 的排列 35168274 和 83476215 的逆序序列.

2) 证明对任意的 n 排列有 $0 \leqslant b_1 \leqslant n-1$, $0 \leqslant b_2 \leqslant n-2$, $\cdots$, $0 \leqslant b_{n-1} \leqslant 1$, $bn=0$.

3) 证明 n 排列的不同的逆序序列有 $n!$ 个.

4) 设计一种算法，对于给定的逆序序列 $b_1, \cdots, b_n$ 确定相应的排列 $i_1 i_2 \cdots i_n$, 使得它的逆序序列就是 $b_1, \cdots, b_n$.

5) 构造 $\{1,2,\cdots,8\}$ 的排列，使得它的逆序序列分别为 2,5,5,0,2,1,1,0 和 6,6,1,4,2,1,0,0.

3.35 $\{1,2,3,4,5,6\}$ 有多少个排列具有 15 个逆序？具有 14 个逆序？具有 13 个逆序？构造一个具有 13 个逆序的排列.

第四章 二项式系数

组合数 $C(n,k)$ 或者 $\binom{n}{k}$ 也叫做二项式系数,本章将讨论有关二项式系数的一些恒等式——组合恒等式.

§1 二项式定理

我们已经定义过组合数 $\binom{n}{k}$,并且知道对于任意的整数 n 和 k ($n,k \geqslant 0$) 有

$$\binom{n}{k} = \begin{cases} 0, & k>n, \\ \dfrac{n!}{k!\,(n-k)!}, & 0 \leqslant k \leqslant n. \end{cases}$$

我们也证明过有关组合数的一个等式

$$\binom{n}{k} = \binom{n}{n-k}. \tag{4.1}$$

利用这些知识不难得到下面的等式:

$$\binom{n}{k} = \frac{n}{k}\binom{n-1}{k-1}, \quad n,k \text{ 为正整数}. \tag{4.2}$$

$$\binom{n}{k} = \binom{n-1}{k} + \binom{n-1}{k-1}, \quad n,k \text{ 为正整数}. \tag{4.3}$$

这两个等式的证明很简单,只要把有关组合数的值代入就行了.等式(4.3)又叫做 Pascal 公式.它也可以用图 4.1 中的三角形来表示,这就是大家熟悉的杨辉三角形,也叫做 Pascal 三角形.

利用等式(4.3)可以证明二项式定理.

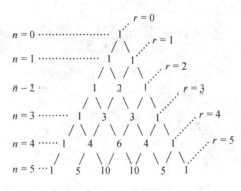

图 4.1 杨辉三角形

定理 4.1(二项式定理) 设 n 是正整数,对一切 x 和 y 有

$$(x+y)^n = \sum_{k=0}^{n}\binom{n}{k}x^k y^{n-k}.$$

证明 用数学归纳法.

当 $n=1$ 时有

$$左边 = (x+y)^1 = x+y,$$

$$右边 = \sum_{k=0}^{1}\binom{1}{k}x^k y^{1-k}$$

$$= \binom{1}{0}x^0 y^1 + \binom{1}{1}x^1 y^0$$

$$= y+x,$$

命题显然成立,假设等式对任意的正整数 n 都成立,则

$$(x+y)^{n+1} = (x+y)(x+y)^n$$

$$= y\left[\sum_{k=0}^{n}\binom{n}{k}x^k y^{n-k}\right] + x\left[\sum_{k=0}^{n}\binom{n}{k}x^k y^{n-k}\right]$$

$$= \binom{n}{0}y^{n+1} + \sum_{k=1}^{n}\binom{n}{k}x^k y^{n-k+1}$$

$$+ \sum_{k=0}^{n-1}\binom{n}{k}x^{k+1} y^{n-k} + \binom{n}{n}x^{n+1}$$

39

$$= \binom{n}{0}y^{n+1} + \sum_{k=1}^{n}\binom{n}{k}x^k y^{n-k+1} + \sum_{k=1}^{n}\binom{n}{k-1}x^k y^{n-k+1} + \binom{n}{n}x^{n+1}$$

$$= \binom{n+1}{0}y^{n+1} + \sum_{k=1}^{n}\left[\binom{n}{k}+\binom{n}{k-1}\right]x^k y^{n-k+1} + \binom{n+1}{n+1}x^{n+1}$$

$$= \binom{n+1}{0}y^{n+1} + \sum_{k=1}^{n}\binom{n+1}{k}x^k y^{n+1-k} + \binom{n+1}{n+1}x^{n+1}$$

$$= \sum_{k=0}^{n+1}\binom{n+1}{k}x^k y^{n+1-k}.$$

由归纳法可知定理对一切正整数 n 都成立.

组合数 $\binom{n}{k}$ 是二项式定理中的系数,我们也可以使用组合分析的方法来证明二项式定理. 等式左边是 n 个 $x+y$ 相乘,每个 $x+y$ 在相乘时有两种选择,贡献一个 x 或一个 y. 由乘法法则,乘积中应该有 2^n 个项(包括同类项),并且每项都是 $x^k y^{n-k}$ 的形式,$k=0,1,\cdots,n$. 对于项 $x^k y^{n-k}$,它是由 k 个 $x+y$ 贡献了 x,$n-k$ 个 $x+y$ 贡献了 y 而得到的,它在乘积中出现的次数就是从 n 个 $x+y$ 中选取 k 个的选法数 $\binom{n}{k}$,所以

$$(x+y)^n = \sum_{k=0}^{n}\binom{n}{k}x^k y^{n-k}.$$

二项式定理有以下的推论:

推论 1 设 n 是正整数,对一切 x 有

$$(1+x)^n = \sum_{k=0}^{n}\binom{n}{k}x^k.$$

证明 在二项式定理中令 $y=1$ 即可.

推论 2 对任何正整数 n 有

$$\binom{n}{0}+\binom{n}{1}+\cdots+\binom{n}{n}=2^n. \tag{4.4}$$

证明 在二项式定理中令 $x=y=1$ 即可.

推论3 对任何正整数 n 有
$$\binom{n}{0}-\binom{n}{1}+\binom{n}{2}-\cdots+(-1)^n\binom{n}{n}=0. \qquad (4.5)$$

证明 在二项式定理中令 $x=-1, y=1$ 即可.

让我们看看后两个推论的组合意义. 推论2是说, n 元集的所有子集个数是 2^n (参考上一章的定理3.4). 而推论3是说 n 元集 ($n\neq 0$) 的偶子集个数与奇子集个数相等. 只要我们将等式(4.5)左边所有带负号的项移到右边就得到:

$$\binom{n}{0}+\binom{n}{2}+\cdots=\binom{n}{1}+\binom{n}{3}+\cdots. \qquad (4.5)'$$

为了证明 S 的偶子集数与奇子集数相等, 我们任取 S 中的一个元集 x. 对 S 的任何一个偶子集 $A\subseteq S$, 如果 $x\in A$, 则令 $B=A-\{x\}$; 如果 $x\notin A$, 则令 $B=A\cup\{x\}$, B 显然是 S 的奇子集. 不难证明这是所有的偶子集与所有的奇子集之间的一一对应, 所以 S 的偶子集数与奇子集数相等.

§2 组合恒等式

本节将进一步讨论组合恒等式及其应用. 除了上节给出的等式(4.1)—(4.5)以外, 还有以下一些常见的组合恒等式:

1. $\sum_{k=1}^{n} k\binom{n}{k}=1\binom{n}{1}+2\binom{n}{2}+\cdots+n\binom{n}{n}=n2^{n-1},$ (4.6)

n 为正整数.

证法一 对任意的正整数 k 应用等式(4.2)有

$$k\binom{n}{k}=k\frac{n}{k}\binom{n-1}{k-1}=n\binom{n-1}{k-1}.$$

把它代入等式(4.6)的左边得

$$\sum_{k=1}^{n} k\binom{n}{k}=\sum_{k=1}^{n} n\binom{n-1}{k-1}=n\sum_{k=1}^{n}\binom{n-1}{k-1}$$

41

$$= n\sum_{k=0}^{n-1}\binom{n-1}{k} = n \cdot 2^{n-1}.$$

证法二 由二项式定理有

$$(1-x)^n = 1 + \sum_{k=1}^{n}\binom{n}{k}x^k,$$

对上式两边微商得

$$n(1+x)^{n-1} = \sum_{k=1}^{n} k\binom{n}{k}x^{k-1},$$

然后令 $x=1$ 得

$$n2^{n-1} = \sum_{k=1}^{n} k\binom{n}{k}.$$

2. $\sum_{k=1}^{n} k^2 \binom{n}{k} = n(n+1)2^{n-2}$, n 为正整数. (4.7)

等式(4.7)的证明类似于等式(4.6)的证法二,我们把它留给读者完成.

3. $\binom{n}{r}\binom{r}{k} = \binom{n}{k}\binom{n-k}{r-k}$, n,k,r 为正整数, $r \geqslant k$. (4.8)

证明 用组合分析的方法. 等式左边是从 n 个元素的集合中先选取 r 个元素,然后再从这 r 个元素选取 k 个元素的方法数. 这种选法与直接从 n 元集中选取 k 个元素的选法不同. 因为同样的 k 个元素可以多次出现. 例如 7 元集是 $\{a,b,c,d,e,k,l\}$,从中先选 5 个元素,比如说是 $\{a,b,c,d,e\}$ 和 $\{a,b,c,k,l\}$,它们都可以选出同样的 3 个元素 $\{a,b,c\}$. 不难看出,某 k 个元素可以重复出现的次数就是包含它们的 r 子集的个数. 而这种 r 元子集的其余 $r-k$ 个元素可以取自 n 元集的 $n-k$ 个元素,所以这种 r 子集有 $\binom{n-k}{r-k}$ 个. 综上所述,通过先选 r 个元素然后再选 k 个元素的选法应该有 $\binom{n}{k}\binom{n-k}{r-k}$ 种.

4. $\binom{m}{0}\binom{n}{r}+\binom{m}{1}\binom{n}{r-1}+\cdots+\binom{m}{r}\binom{n}{0}=\binom{m+n}{r},$

m,n,r 为正整数, $r \leqslant \min\{m,n\}$. (4.9)

证法一 由二项式定理有

$$(1+x)^m = \sum_{k=0}^{m}\binom{m}{k}x^k,$$

$$(1+x)^n = \sum_{l=0}^{n}\binom{n}{l}x^l,$$

$$(1+x)^{m+n} = (1+x)^m(1+x)^n$$

$$= \left[\sum_{k=0}^{m}\binom{m}{k}x^k\right]\left[\sum_{l=0}^{n}\binom{n}{l}x^l\right],$$

比较等式两边 x^r 的系数,左边是 $\binom{m+n}{r}$, 右边是

$$\binom{m}{0}\binom{n}{r}+\binom{m}{1}\binom{n}{r-1}+\cdots+\binom{m}{r}\binom{n}{0}.$$

所以等式成立.

证法二 用组合分析的方法,设 $S=\{a_1,a_2,\cdots,a_m,b_1,b_2,\cdots,b_n\}$, 等式左边表示从 S 中选取 r 个元素的方法数. 令 $S_1=\{a_1,\cdots,a_m\}$, $S_2=\{b_1,\cdots,b_n\}$, 我们把选法进行分类:

从 S_1 中不选,从 S_2 中选 r 个的方法数是 $\binom{m}{0}\binom{n}{r}$;

从 S_1 中选 1 个,从 S_2 中选 $r-1$ 个的方法数是 $\binom{m}{1}\binom{n}{r-1}$;

………;

从 S_1 中选 r 个,从 S_2 中不选的方法数是 $\binom{m}{r}\binom{n}{0}$.

由加法法则,总的选法数是

$$\binom{m}{0}\binom{n}{r}+\binom{m}{1}\binom{n}{r-1}+\cdots+\binom{m}{r}\binom{n}{0}.$$

由于 m 和 n 的对称性,把 m 和 n 的位置交换可得:
$$\binom{n}{0}\binom{m}{r}+\binom{n}{1}\binom{m}{r-1}+\cdots+\binom{n}{r}\binom{m}{0}=\binom{m+n}{r}. \quad (4.9)'$$
这个等式与等式(4.9)是等价的.

类似地我们可以证明等式(4.10)和(4.10)'.

5. $\displaystyle\binom{m}{0}\binom{n}{0}+\binom{m}{1}\binom{n}{1}+\cdots+\binom{m}{m}\binom{n}{m}=\binom{m+n}{m}, \quad (4.10)$

$$\binom{m}{0}\binom{n}{0}+\binom{m}{1}\binom{n}{1}+\cdots+\binom{m}{n}\binom{n}{n}=\binom{m+n}{n}. \quad (4.10)'$$

特别当 $m=n$ 时有
$$\binom{n}{0}^2+\binom{n}{1}^2+\cdots+\binom{n}{n}^2=\binom{2n}{n}.$$

6. $\displaystyle\binom{0}{k}+\binom{1}{k}+\cdots+\binom{n}{k}=\binom{n+1}{k+1}$,$n,k$ 为整数,$n,k\geqslant 0$.

$$(4.11)$$

证明 使用组合分析的方法. 令 $S=\{a_1,a_2,\cdots,a_{n+1}\}$,要从 S 中选取 $k+1$ 元子集,我们把这些子集分类:

含 a_1 的子集是 $\binom{n}{k}$ 个;

不含 a_1 而含 a_2 的子集是 $\binom{n-1}{k}$ 个;

不含 a_1 和 a_2 而含 a_3 的子集是 $\binom{n-2}{k}$ 个;

$\cdots\cdots\cdots$;

不含 $a_1,\cdots,a_n$ 而含 a_{n+1} 的子集是 $\binom{0}{k}$ 个.

由加法法则,等式(4.11)成立.

用类似的方法不难证明下面的等式:

7. $\binom{n}{0}+\binom{n+1}{1}+\binom{n+2}{2}+\cdots+\binom{n+k}{k}=\binom{n+k+1}{k}$,

(4.12)

n,k 为整数,$n,k \geqslant 0$.

通过对这 12 个组合恒等式的证明过程不难看到所用的方法主要是以下几种：

使用代数方法，通过代入组合数的值或者已知的组合恒等式后进行计算或化简，使得等式两边相等。

使用二项式定理，可以比较展开式中 x^r 的系数，可以在展开式中令 x 和 y 为某个特定的值，还可以利用幂级数的微商或积分等数学分析的方法来求得所需要的结果。

使用数学归纳法。

使用组合分析的方法，说明等式两边都是对同一组合问题的计数。

下面是应用组合恒等式的几个例子.

例 4.1 证明 $\binom{r}{r}+\binom{r+1}{r}+\cdots+\binom{n-1}{r}=\binom{n}{r+1}$,

r,n 为正整数，$r<n$.

证明 $\binom{r}{r}+\binom{r+1}{r}+\cdots+\binom{n-1}{r}$

$$=\binom{r+1}{r+1}+\left[\binom{r+2}{r+1}-\binom{r+1}{r+1}\right]$$

$$+\cdots+\left[\binom{n}{r+1}-\binom{n-1}{r+1}\right]$$

$$=\binom{n}{r+1}.$$

在上面的等式中用 $n+r$ 代替 n 得

$$\binom{r}{r}+\binom{r+1}{r}+\cdots+\binom{r+n-1}{r}=\binom{r+n}{r+1}. \quad (4.13)$$

如果令 $r=1$ 就得到
$$1+2+\cdots+n=\binom{n+1}{2}=\frac{n(n+1)}{2}.$$
这是等差级数的求和公式. 如果令 $r=2$ 则有
$$1+\binom{3}{2}+\binom{4}{2}+\cdots+\binom{n+1}{2}$$
$$=\binom{n+2}{3}=\frac{n(n+1)(n+2)}{6}.$$
在这个等式中每相邻两项之差就是等差级数的项,我们把这个等式叫做二阶等差级数的求和公式. 如果令 $r=3$ 则有
$$1+\binom{4}{3}+\binom{5}{3}+\cdots+\binom{n+2}{3}=\binom{n+3}{4},$$
其中每相邻两项之差就是二阶等差级数的项,我们把这个等式叫做三阶等差级数的求和公式.

例 4.2 计算
$$1^2+2^2+\cdots+n^2,\quad 1^3+2^3+\cdots+n^3.$$

解 对任何正整数 k 有
$$k^2=2\binom{k}{2}+\binom{k}{1},\quad k^3=6\binom{k}{3}+6\binom{k}{2}+\binom{k}{1}.$$
所以有
$$1^2+2^2+\cdots+n^2$$
$$=2\left[\binom{1}{2}+\binom{2}{2}+\cdots+\binom{n}{2}\right]+\left[\binom{1}{1}+\binom{2}{1}+\cdots+\binom{n}{1}\right]$$
$$=2\times\frac{1}{6}(n+1)n(n-1)+\frac{1}{2}(n+1)n$$
$$=\frac{1}{6}n(n+1)(2n+1),$$
$$1^3+2^3+\cdots+n^3$$
$$=6\left[\binom{1}{3}+\binom{2}{3}+\cdots+\binom{n}{3}\right]$$

$$+ 6\left[\binom{1}{2}+\binom{2}{2}+\cdots+\binom{n}{2}\right]+\left[\binom{1}{1}+\binom{2}{1}+\cdots+\binom{n}{1}\right]$$

$$= 6\binom{n+1}{1}+6\binom{n+1}{3}+\binom{n+1}{2}$$

$$= \left[\frac{1}{2}n(n+1)\right]^2.$$

例 4.3 证明若 p 是不等于 2 的素数,则当 $\binom{2p}{p}$ 被 p 除时余数是 2.

证明 在等式(4.10)中令 $m=n=p$ 得

$$\binom{2p}{p}=\binom{p}{0}^2+\binom{p}{1}^2+\cdots+\binom{p}{p}^2. \quad (4.14)$$

可以证明,如果 p 为素数且 $0<k<p$,则 $p\,\Big|\,\binom{p}{k}$. 因为

$$\binom{p}{k}=\frac{p!}{k!\,(p-k)!}=\frac{p(p-1)\cdots(p-k+1)}{k!},$$

所以 $k!$ 整除 $p(p-1)\cdots(p-k+1)$. 又由于 p 是素数且 $k<p$,若 $k>1$,则 $k!\,|\,(p-1)\cdots(p-k+1)$;若 $k=1$ 也有 $k!\,|\,(p-1)\cdots(p-k+1)$. 所以 $\binom{p}{k}$ 是 p 的倍数.

在等式(4.14)中,$\binom{p}{1}^2+\binom{p}{2}^2+\cdots+\binom{p}{p-1}^2$ 一定是 p 的倍数. 而 $\binom{p}{0}^2+\binom{p}{p}^2=1+1=2$,故当 $p>2$ 时,$\binom{2p}{p}$ 除以 p 的余数是 2.

§3 非降路径问题

请看图 4.2,从 $(0,0)$ 点开始,水平向右走一步为 x,垂直向上

走一步为 y，则走到 (m,n) 点水平向右要走 m 步，垂直向上要走 n 步. 所以一条从 $(0,0)$ 点到 (m,n) 点的非降路径就是 m 个 x 和 n 个 y 的一个排列. 例如图 4.2 中的路径就对应了排列 $xyxyyxxxyxxyyxxxy$. 反之, 给了 m 个 x 和 n 个 y 的一个排列就唯一地确定了一条从 $(0,0)$ 点到 (m,n) 点的非降路径. 所以从 $(0,0)$ 点到 (m,n) 点的非降路径数等于 m 个 x，n 个 y 的排列数, 即 $\binom{m+n}{m}$.

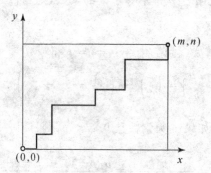

图 4.2 从 $(0,0)$ 点到 (m,n) 点的非降路径

如果把组合数 $\binom{m+n}{m}$ 理解成从 $(0,0)$ 点到 (m,n) 点的非降路径数, 那么我们再看看所学过的一些恒等式的组合意义.

等式 (4.1) 可以写作

$$\binom{m+n}{m}=\binom{m+n}{n}.$$

这说明从 $(0,0)$ 点到 (m,n) 点的非降路径数等于从 $(0,0)$ 点到 (n,m) 点的非降路径数. 事实上对任何一条从 $(0,0)$ 点到 (m,n) 点的非降路径, 以直线 $y=x$ 为轴, 我们可以做一条与之对称的非降路径 (参照图 4.3). 这条路径正是一条从 $(0,0)$ 点到 (n,m) 点的非降路径. 显然这种对应是一一的. 这就证明了

$$\binom{m+n}{m}=\binom{m+n}{n}.$$

等式(4.3)可以写作

$$\binom{m+n}{n} = \binom{m+n-1}{n-1} + \binom{m+n-1}{n}.$$

公式左边是从$(0,0)$点到(m,n)点的非降路径数. 由于这些路径不是经过$(m-1,n)$点就是经过$(m,n-1)$点到达(m,n)点,(参照图 4.4). 经过$(m-1,n)$点的路径数是$\binom{m+n-1}{n}$,经过$(m,n-1)$点的路径数是$\binom{m+n-1}{n-1}$. 由加法法则,等式成立.

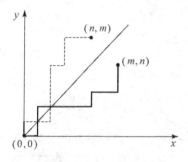

图 4.3 非降路径的对称

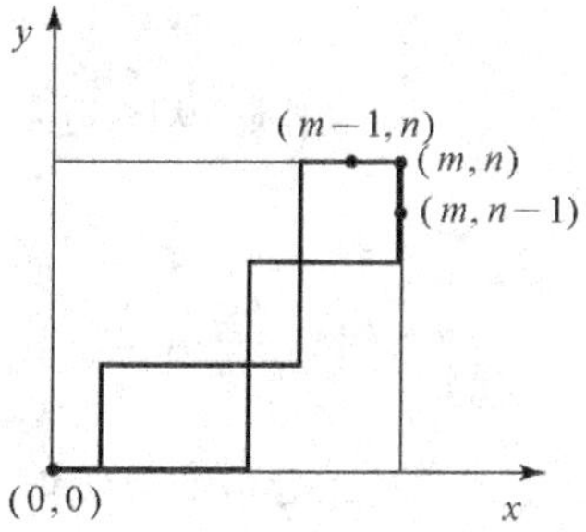

图 4.4 从$(0,0)$点到(m,n)点的非降路径经过$(m,n-1)$点或$(m-1,n)$点

等式(4.4)是

$$\binom{n}{0} + \binom{n}{1} + \cdots + \binom{n}{n} = 2^n.$$

先看等式左边,$\binom{n}{0}$是从$(0,0)$点到$(0,n)$点的非降路径数,$\binom{n}{1}$是从$(0,0)$点到$(1,n-1)$点的非降路径数,$\cdots$,$\binom{n}{n-1}$是从$(0,0)$点到$(n-1,1)$点的非降路径数,$\binom{n}{n}$是从$(0,0)$点到$(n,0)$点的非降路径数(参看图 4.5). 而这所有的非降路径数之和就是从$(0,0)$点到斜边上的点的非降路径数. 另一方面,从$(0,0)$点到斜边上任何

一点的非降路径都是 n 步长,每一步是 x 或是 y,有两种选择,由乘法法则,n 步的不同选择方法的总数为 2^n. 所以等式成立.

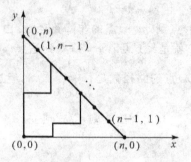

图4.5 从 $(0,0)$ 点到斜边上的点的非降路径

等式(4.9)是

$$\binom{m}{0}\binom{n}{r}+\binom{m}{1}\binom{n}{r-1}+\cdots+\binom{m}{r}\binom{n}{0}=\binom{m+n}{r}.$$

上式右边表示从 $(0,0)$ 点到 $(m+n-r,r)$ 点的非降路径数. 任何一条这样的非降路径一定经过图 4.6 中斜线上的点,我们按所经过点的不同将路径分类. 从 $(0,0)$ 点到 $(m-k,k)$ 点的非降路径是 $\binom{m}{k}$ 条,从 $(m-k,k)$ 点到 $(m+n-r,r)$ 点的非降路径是

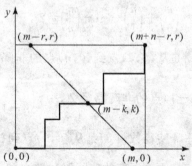

图4.6 从 $(0,0)$ 点到 $(m+n-r,r)$ 点的非降路径经过斜线上的点

$\binom{n}{r-k}$ 条,由乘法法则,从 $(0,0)$ 点经过 $(m-k,k)$ 点的非降路径是 $\binom{m}{k} \cdot \binom{n}{r-k}$ 条. 再对 $k=0,1,\cdots,r$ 求和就得到所有的从 $(0,0)$ 点到 $(m+n-r,r)$ 点的非降路径数. 所以等式成立.

非降路径问题是一个典型的组合问题,许多组合问题都可以化成这种问题来求解.

例 4.4 求从 $(0,0)$ 点到 (n,n) 点的除端点外不接触直线 $y=x$ 的非降路径数.

解 先考虑对角线下方的路径. 这种路径都是从 $(0,0)$ 点出发经过 $(1,0)$ 点及 $(n,n-1)$ 点到达 (n,n) 点的. 我们可以把它看作是从 $(1,0)$ 点出发到达 $(n,n-1)$ 点的不接触对角线的非降路径.

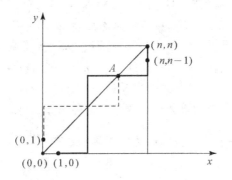

图 4.7 非降路径的反射

从 $(1,0)$ 点到 $(n,n-1)$ 点的所有的非降路径数是 $\binom{2n-2}{n-1}$,对其中任意一条接触对角线的路径,我们可以把它从最后离开对角线的点(图 4.7 中的 A 点)到 $(1,0)$ 点之间的部分关于对角线作一个反射,就得到一条从 $(0,1)$ 点出发经过 A 点到达 $(n,n-1)$ 点的非降路径. 反之,任何一条从 $(0,1)$ 点出发,穿过对角线而到达 $(n,n-1)$ 点的非降路径,也可以通过这样的反射对应到一条从 $(1,0)$ 点出发接触到对角线而到达 $(n,n-1)$ 点的非降路径. 从 $(0,1)$ 点到

达 $(n, n-1)$ 点的非降路径数是 $\binom{2n-2}{n}$，从而在对角线下方的路径数是 $\binom{2n-2}{n-1} - \binom{2n-2}{n}$。由对称性可知，所求的路径数是

$$2\left[\binom{2n-2}{n-1} - \binom{2n-2}{n}\right] = \frac{2}{n}\binom{2n-2}{n-1} = \frac{1}{2n-1}\binom{2n}{n}.$$

例 4.5 求集合 $\{1, 2, \cdots, n\}$ 上的单调递增函数的个数。

解 任给集合 $\{1, 2, \cdots, n\}$ 上的一个单调递增函数，我们可以作一条对应的折线（参看图 4.8）。以横坐标代表 x，纵坐标代表 $f(x)$，在图中可以得到 n 个格点：$(1, f(1)), (2, f(2)), \cdots, (n, f(n))$。从 $(1, 1)$ 点出发向上做连线到 $(1, f(1))$ 点。如果 $f(2) = f(1)$，则继续向右连线到 $(2, f(2))$ 点；如果 $f(2) > f(1)$，则由 $(1, f(1))$ 点向右经过 $(2, f(1))$ 点再向上连线到 $(2, f(2))$ 点。按照这种方法一直将折线连到 $(n, f(n))$ 点。若 $f(n) = n$，就将折线向右连到 $(n+1, n)$ 点，若 $f(n) < n$，则向右经 $(n+1, f(n))$ 点再向上连线到 $(n+1, n)$ 点。这样就得到一条从 $(1, 1)$ 点到 $(n+1, n)$ 点的非降路径。不难看出，所求的单调递增函数与这种非降路径之间存在着一一对应，因此集合 $\{1, 2, \cdots, n\}$ 上的单调函数有 $\binom{2n-1}{n}$ 个。

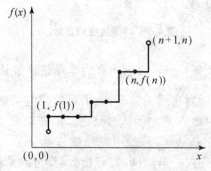

图 4.8 一个单调递增函数

§4 牛顿二项式定理

牛顿二项式定理是二项式定理的推广. 为了给出牛顿二项式定理, 我们先定义符号 $\binom{r}{k}$.

定义 4.1 对于任何实数 r 和整数 k 有

$$\binom{r}{k}=\begin{cases}0, & k<0 \\ 1, & k=0, \\ \dfrac{r(r-1)\cdots(r-k+1)}{k!}, & k>0.\end{cases}$$

例如

$$\binom{\frac{7}{2}}{5}=\frac{\frac{7}{2}\times\frac{5}{2}\times\frac{3}{2}\times\frac{1}{2}\times\left(-\frac{1}{2}\right)}{5\times4\times3\times2\times1}=-\frac{7}{256},$$

$$\binom{-\frac{1}{2}}{0}=1, \quad \binom{\frac{7}{6}}{-1}=0.$$

这样定义的 $\binom{r}{k}$ 已失去了组合意义, 只是一个记号. 对于它也有一些恒等式成立, 下面给出一些例子.

$$\binom{r}{k}=\frac{r}{k}\binom{r-1}{k-1} \quad (k \text{ 为整数}, k\neq0, r \text{ 为实数}), \tag{4.15}$$

$$\binom{r}{k}=\binom{r-1}{k}+\binom{r-1}{k-1} \quad (k \text{ 为整数}, r \text{ 为实数}), \tag{4.16}$$

$$\binom{r}{m}\binom{m}{k}=\binom{r}{k}\binom{r-k}{m-k} \quad (k,m \text{ 为整数}, r \text{ 为实数}), \tag{4.17}$$

$$\binom{r}{0}+\binom{r+1}{1}+\cdots+\binom{r+k}{k}=\binom{r+k+1}{k} \tag{4.18}$$

$(k \text{ 为整数}, k\geqslant0, r \text{ 为实数}).$

定理 4.2(牛顿二项式定理) 设 α 是一个实数,则对一切 x 和 y 满足 $\left|\dfrac{x}{y}\right|<1$ 有

$$(x+y)^\alpha = \sum_{k=0}^{\infty} \binom{\alpha}{k} x^k y^{\alpha-k},$$

其中

$$\binom{\alpha}{k} = \frac{\alpha(\alpha-1)\cdots(\alpha-k+1)}{k!}.$$

牛顿二项式定理的证明在一般的数学分析书中都可以找到,这里不再赘述.下面仅对牛顿二项式定理做些简单的说明.

当 $\alpha=n$(正整数)时,如果 $k>n$,则 $\binom{n}{k}=0$,这时牛顿二项式定理就变成下面的形式:

$$(x+y)^n = \sum_{k=0}^{n} \binom{n}{k} x^k y^{n-k},$$

这就是二项式定理,所以二项式定理是牛顿二项式定理的特例.

当 $\alpha=-n$(负整数)时有

$$\begin{aligned}\binom{\alpha}{k} = \binom{-n}{k} &= \frac{(-n)(-n-1)\cdots(-n-k+1)}{k!}\\ &= \frac{(-1)^k n(n+1)\cdots(n+k-1)}{k!}\\ &= (-1)^k \binom{n+k-1}{k},\end{aligned}$$

所以有

$$\begin{aligned}(1+z)^{-n} &= \frac{1}{(1+z)^n}\\ &= \sum_{k=0}^{\infty} (-1)^k \binom{n+k-1}{k} z^k, \quad |z|<1. \quad (4.19)\end{aligned}$$

在上式中令 $n=1$ 就得到

$$\frac{1}{1+z} = \sum_{k=0}^{\infty}(-1)^k z^k = 1 - z + z^2 - z^3 + \cdots, \quad (4.20)$$

令 $-z$ 代替 z 则有

$$\frac{1}{1-z} = \sum_{k=0}^{\infty}(-1)^k z^k (-1)^k = \sum_{k=0}^{\infty} z^k = 1 + z + z^2 + \cdots,$$
(4.21)

当 α 为分数时, 例如 $\alpha = 1/2$, 则

$$\begin{pmatrix} \frac{1}{2} \\ k \end{pmatrix} = \frac{\frac{1}{2}\left(\frac{1}{2}-1\right)\cdots\left(\frac{1}{2}-k+1\right)}{k!}$$

$$= \frac{(-1)^{k-1} 1 \cdot 3 \cdot 5 \cdot \cdots \cdot (2k-3)}{2^k \cdot k!}$$

$$= \frac{(-1)^{k-1}(2k-2)!}{2^k \cdot k! \cdot 2^{k-1} \cdot (k-1)!}$$

$$= \frac{(-1)^{k-1}}{2^{2k-1} \cdot k}\binom{2k-2}{k-1},$$

所以有

$$(1+z)^{\frac{1}{2}} = 1 + \sum_{k=1}^{\infty}\frac{(-1)^{k-1}}{k \cdot 2^{2k-1}}\binom{2k-2}{k-1}z^k, \quad |z| < 1.$$
(4.22)

§5 多项式定理

多项式定理也是二项式定理的推广.

定理 4.3 (多项式定理) 设 n 是正整数, 则对一切实数 $x_1, x_2, \cdots, x_t$ 有

$$(x_1 + x_2 + \cdots + x_t)^n = \sum \binom{n}{n_1 n_2 \cdots n_t} x_1^{n_1} x_2^{n_2} \cdots x_t^{n_t},$$

其中求和是对满足方程 $n_1 + n_2 + \cdots n_t = n$ 的一切非负整数解 $n_1, n_2, \cdots, n_t$ 来求.

证明 $(x_1+\cdots+x_t)^n$ 是 n 个因式 $(x_1+\cdots+x_t)$ 相乘. 每个因式相乘时可以分别贡献 x_1, 或 $x_2,\cdots$, 或 x_t, 有 t 种选择. 所以乘积展开式中共有 t^n 个项(包括同类项), 且每一项都是 $x_1^{n_1}x_2^{n_2}\cdots x_t^{n_t}$ 的形式, 其中 $n_1,n_2,\cdots,n_t$ 为非负整数并且满足 $\sum_{i=1}^{t}n_i=n$. 我们在 n 个因式 $(x_1+\cdots+x_t)$ 中选取 n_1 个贡献 x_1, 在剩下的 $n-n_1$ 个因式 $(x_1+\cdots+x_t)$ 中选取 n_t 个贡献 $x_2,\cdots$, 在 $(n-n_1-\cdots-n_{t-1})$ 个因式 $(x_1+\cdots+x_t)$ 中选取 n_t 个贡献 x_t. 所以项 $x_1^{n_1}x_2^{n_2}\cdots x_t^{n_t}$ 出现的次数为

$$\binom{n}{n_1}\binom{n-n_1}{n_2}\cdots\binom{n-n_1-\cdots-n_{t-1}}{n_t}$$

$$=\frac{n!}{n_1!(n-n_1)!}\cdot\frac{(n-n_1)!}{n_2!(n-n_1-n_2)!}$$

$$\cdot\cdots\cdot\frac{(n-n_1-\cdots-n_{t-1})!}{n_t!(n-n_1-\cdots-n_t)!}$$

$$=\frac{n!}{n_1!n_2!\cdots n_t!}$$

$$=\binom{n}{n_1\ n_2\ \cdots\ n_t}.$$

推论 1 $(x_1+\cdots+x_t)^n$ 的展开式在合并同类项以后不同的项数是 $\binom{n+t-1}{n}$.

证明 $(x_1+\cdots+x_t)^n$ 的展开式中任何一项都是 $x_1^{n_1}x_2^{n_2}\cdots x_t^{n_t}$ 的形式, 其中 $n_1+n_2+\cdots+n_t=n$. 每一项对应于方程 $n_1+n_2+\cdots+n_t=n$ 的一组非负整数解, 所以合并同类项后不同的项数等于这个方程的非负整数解的个数 $\binom{n+t-1}{n}$.

推论 2 $\sum\binom{n}{n_1\ n_2\ \cdots\ n_t}=t^n$, 其中求和是对方程 $n_1+n_2+\cdots$

$+n_t=n$ 的一切非负整数解来求.

证明 在多项式定理中令 $x_1=x_2=\cdots=x_t=1$ 即可.

在多项式定理中如果取 $t=2$,就得到

$$(x_1+x_2)^n = \sum' \binom{n}{n_1 n_2} x_1^{n_1} x_2^{n_2} = \sum \binom{n}{n_1} x_1^{n_1} x_2^{n-n_1},$$

这就是普通的二项式定理.

多项式定理中的系数 $\binom{n}{n_1 n_2 \cdots n_t}$ 叫做多项式系数. 下面我们进一步分析它的组合意义.

$\binom{n}{n_1 n_2 \cdots n_t}$ 是多项式 $(x_1+\cdots+x_t)^n$ 中 $x_1^{n_1} x_2^{n_2} \cdots x_t^{n_t}$ 项的系数.

$\binom{n}{n_1 n_2 \cdots n_t}$ 是多重集 $S=\{n_1 \cdot a_1, n_2 \cdot a_2, \cdots, n_t \cdot a_t\}$ 的排列数(参看定理 3.6).

如果我们把 n 个不同的球放到 t 个不同的盒子里并且使得第一个盒子里有 n_1 个球,第二个盒子里有 n_2 个球,$\cdots$,第 t 个盒子里有 n_t 个球,那么放球的方案数是 $\binom{n}{n_1 n_2 \cdots n_t}$.

下面请看几个例子.

例 4.6 求 $(2x_1-3x_2+5x_3)^6$ 中 $x_1^3 x_2 x_3^2$ 项的系数.

解 $\binom{6}{312} \times 2^3 \times (-3) \times 5^2 = \frac{6!}{3!\,2!} \times 8 \times (-3) \times 25 = -36000.$

例 4.7 证明下面的等式成立:

$$\binom{n}{r_1 r_2 \cdots r_k} = \binom{n-1}{r_1-1\, r_2 \cdots r_k} + \binom{n-1}{r_1\, r_2-1 \cdots r_k}$$
$$+ \cdots + \binom{n-1}{r_1\, r_2 \cdots r_k-1}.$$

证明 左边是把 n 个不同的球放到 k 个不同的盒子里且使得第一个盒子有 r_1 个球,第二个盒子有 r_2 个球,$\cdots$,第 k 个盒子有 r_k 个球的方法数. 任取一个球 a_1,然后把放球的方法进行分类:

a_1 放到第一个盒子的放法数是 $\binom{n-1}{r_1-1\ r_2\cdots r_k}$;

a_1 放到第二个盒子的放法数是 $\binom{n-1}{r_1\ r_2-1\cdots r_k}$;

$\cdots\cdots$

a_1 放到第 k 个盒子的放法数是 $\binom{n-1}{r_1\ r_2\cdots r_k-1}$.

由加法法则等式得证.

§6 基本组合计数的应用

在计算机科学中有许多组合计数问题. 下面给出几个例子.

例 4.8 Ipv4 协议的网址计数.

Ipv4 协议是 Internet 网络中的一个重要协议. 根据这个协议,接入 Internet 中的网络和主机都需要一个标识. 协议根据规模将通常的网络分成 3 类:大的网络、中等的网络和较小的网络. 接入这三类网络的主机网络地址分别对应于 A、B、C 三种类型,此外,还有 D 类网络地址用于多路广播,E 类网络地址作为备用. 我们的问题是:通常使用的 A、B、C 三类网络地址的总数是多少? 是否能够满足日益增长的需求?

根据协议规定,每类网络地址都是 32 位的二进制字符串. 如图 4.9 所示,A 类地址由一个 0 开始,后面跟着 7 位长的网络标识(不允许 7 位全为 1),然后是 24 位长的主机标识(不允许 24 位全 0 或全 1);B 类地址由 10 开始,后面跟着 14 位长的网络标识,然后是 16 位长的主机标识(不允许 24 位全 0 或全 1);C 类地址由 110 开始,后面跟着 21 位长的网络标识,然后是 8 位长的主机标识(不允许 24 位全 0 或全 1).

A	0	网络标识 （7 位）		主机标识 （24 位）			
B	1	0	网络标识（14 位）		主机标识(16 位)		
C	1	1	0	网络标识（21 位）		主机标识(8 位)	
D	1	1	1	0	(28 位)		
E	1	1	1	1	0	(27 位)	

图 4.9　Ipv4 协议的网址设计

下面我们来计数不同地址的数目,先看 A 类. 由于网络标识中的每位有 0 和 1 两种选择,其中 7 位全 1 不符合条件,因此总计有 2^7-1 个网络标识. 接着,通过类似的分析可以知道,有 $2^{24}-2$ 个不同的主机标识. 根据乘法法则,A 类地址有

$$(2^7-1)\times(2^{24}-2)=2130706178$$

个. B 类和 C 类地址也可以同样计算,分别是

$$2^{14}\times(2^{16}-2)=1073709056$$

$$2^{21}\times(2^8-2)=532676608$$

总计 Ipv4 协议下的地址总数是

$$2130706178+1073709056+532676608=3737091842$$

个. 不难看出,这样多的地址显然不能满足网络飞速发展的需求,新的 Ipv6 协议中的网络地址是 128 位.

例 4.9　在计算机算法的设计中,栈是一种很重要的数据结构. 下面考虑一个涉及到栈输出的计数问题. 设有正整数 $1,2,\cdots,n$,从小到大排成一个队列. 将这些整数按照排列的次序依次压入一个栈(即后进先出栈). 栈的操作分成"压入"和"弹出"两种;压入就是把一个元素输入栈,放在顶部;弹出就是把栈顶的元素输出. 当栈充满元素的时候不能进行压入操作,当栈为空时不能进行弹出操作. 给定输入序列 $1,2,\cdots,n$,从 1 开始,要求对每个数做 1 次进栈和 1 次出栈操作,且较小的数必须在较大的数之前进栈,而出栈顺序不限. 依先后次序将所有出栈的数排列起来,就

得到栈的一个输出.不难看出,针对这个输入可能有多种不同的输出序列.例如整数 1,2,3 入栈,输出序列可以是 1,2,3;对应的操作是:1 进栈,1 出栈,2 进栈,2 出栈,3 进栈,3 出栈.输出也可能是 1,3,2;对应的操作是:1 进栈,1 出栈,2 进栈,3 进栈,3 出栈,2 出栈,该操作过程如图 4.10 所示.假设栈的大小至少是 n,输入是 $1,2,\cdots,n$,问可能有多少种不同的输出序列?

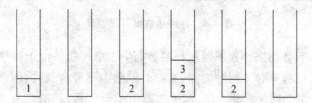

图 4.10 栈在输出为 1,3,2 时的操作过程

采用一一对应的方法和基本的组合计数公式可以求解这个问题. 将进栈、出栈分别记作 x,y,一个输出对应了 n 个 x,n 个 y 的排列,且排列的任何前缀中的 x 个数不少于 y 的个数. 考虑非降路径的模型,从 $(0,0)$ 点出发,将排列中的 x 看作向右走一步,y 看作向上走一步,就可以得到一条从 $(0,0)$ 点到 (n,n) 点的不穿过对角线的非降路径.

因为这种路径具有"不穿过对角线"的限制条件,不能直接使用前面关于降路径的计数公式. 我们采用分类处理的办法. 将所有从 $(0,0)$ 点到 (n,n) 点的非降路径分成两类:穿过对角线的与不穿过对角线的. 只要我们求出了穿过对角线的路径条数 N_1,那么从总数中减去 N_1 就得到所求的路径条数. 下面要解决的是如何确定 N_1 的问题,使用的技巧仍旧是一一对应.

如图 4.11 所示,任何一条从 $(0,0)$ 点到 (n,n) 点穿过对角线的路径一定要接触直线 $y=x+1$,有可能接触多次,但最后会离开这条直线上的一点 P,沿直线 $y=x+1$ 下方的一条非降路径到达 (n,n) 点. 把这条路径的前半段,即 $(0,0)$ 点到 P 点的部分,以直线 y

$=x+1$ 为轴进行翻转,生成一段新的从 $(-1,1)$ 点到 P 点的部分非降路径(图中虚线表示的路径). 用这段新路径替换原来路径的

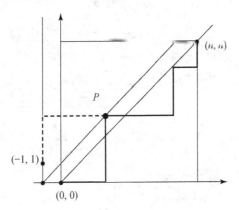

图 4.11 非降路径模型

前半段,就得到一条从从 $(-1,1)$ 点到 (n,n) 点的非降路径. 容易看出这种路径与从 $(0,0)$ 点到 (n,n) 点中间穿过对角线的非降路径之间存在一一对应. 因此,从 $(0,0)$ 点到 (n,n) 点穿过对角线的非降路径数 $N_1 = \binom{2n}{n-1}$. 从 $(0,0)$ 点到 (n,n) 点的非降路径总数为 $\binom{2n}{n}$ 条,从而得到不同的输出序列个数是

$$N = \binom{2n}{n} - \binom{2n}{n-1} = \frac{(2n)!}{n!n!} - \frac{(2n)!}{(n-1)!(n+1)!}$$
$$= \frac{1}{n+1}\binom{2n}{n}.$$

当 $n=3$ 时, $N = \frac{1}{4}\binom{6}{3} = \frac{1}{4} \cdot \frac{6 \times 5 \times 4}{3 \times 2 \times 1} = 5$, 1,2,3 的输出序列恰好有 5 种,即:1,2,3;1,3,2;2,1,3;2,3,1;3,2,1.

这个问题也可以使用生成函数的方法求解,有关生成函数的

概念将在第七章给出.

习 题 四

4.1 用二项式定理展开$(x+y)^5$和$(x+y)^6$.

4.2 用二项式定理展开$(2x-y)^7$.

4.3 $(3x-2y)^{18}$的展开式中x^5y^{13}的系数是什么？x^8y^9的系数是什么？

4.4 1) 用二项式定理证明 $3^n = \sum_{k=0}^{n} \binom{n}{k} 2^k$.

2) 对任意的实数r求和 $\sum_{k=0}^{n} \binom{n}{k} r^k$.

4.5 用二项式定理证明 $2^n = \sum_{k=0}^{n} (-1)^k \binom{n}{k} 3^{n-k}$.

4.6 证明等式(4.7)和(4.12).

4.7 证明 $\binom{n}{1} - 2\binom{n}{2} + 3\binom{n}{3} - \cdots + (-1)^{n-1} n \binom{n}{n} = 0$.

4.8 证明 $1 + \frac{1}{2}\binom{n}{1} + \frac{1}{3}\binom{n}{2} + \cdots + \frac{1}{n+1}\binom{n}{n} = \frac{2^{n+1} - 1}{n+1}$.

4.9 计算下面的和：

1) $1 - \frac{1}{2}\binom{n}{1} + \frac{1}{3}\binom{n}{2} - \cdots + (-1)^n \frac{1}{n+1}\binom{n}{n}$;

2) $\binom{2n}{n} + \binom{2n-1}{n-1} + \binom{2n-2}{n-2} + \cdots + \binom{n}{0}$.

4.10 证明

1) 当n为偶数时有 $\binom{n}{1} + \binom{n}{3} + \cdots + \binom{n}{n-1} = 2^{n-1}$;

2) 当n为奇数时有 $\binom{n}{1} + \binom{n}{3} + \cdots + \binom{n}{n} = 2^{n-1}$.

4.11 证明 $\binom{n}{0}+2\binom{n}{1}+\cdots+(n+1)\binom{n}{n}=2^{n-1}(n+2)$.

4.12 证明 $2\binom{n}{0}+\frac{2^2}{2}\binom{n}{1}+\cdots+\frac{2^{n+1}}{n+1}\binom{n}{n}=\frac{3^{n+1}-1}{n+1}$.

4.13 证明 $\binom{n}{1}-\frac{1}{2}\binom{n}{2}+\cdots+(-1)^{n-1}\frac{1}{n}\binom{n}{n}$
$=1+\frac{1}{2}+\cdots+\frac{1}{n}$.

4.14 证明 $\frac{1}{m+1}\binom{n}{0}-\frac{1}{m+2}\binom{n}{1}+\cdots+\frac{(-1)^n}{m+n+1}\binom{n}{n}$
$=\frac{n!\ m!}{(n+m+1)!}$.

4.15 证明 $\binom{n}{0}\binom{n}{1}+\binom{n}{1}\binom{n}{2}+\cdots+\binom{n}{n-1}\binom{n}{n}$
$=\frac{(2n)!}{(n-1)!\ (n+1)!}$.

4.16 证明 $\sum_{k=1}^{n}\frac{(-1)^{k-1}}{k+1}\binom{n}{k}=\frac{n}{n+1}$.

4.17 证明 $\sum_{k=2}^{n-1}(n-k)^2\binom{n-1}{n-k}=n(n-1)2^{n-3}-(n-1)^2$.

4.18 求和:

1) $\sum_{k=0}^{m}\binom{n-k}{m-k}$;   2) $\sum_{k=0}^{m}\binom{u}{k}\binom{v}{m-k}$.

4.19 写出 n 个字母的各种大小的组合,问在这些组合中每个字母出现多少次?

4.20 证明对一切实数 r 和整数 k 有
$$\binom{-r}{k}=(-1)^k\binom{r+k-1}{k}.$$

4.21 证明对一切实数 r 和整数 k,m 有

$$\binom{r}{m}\binom{m}{k} = \binom{r}{k}\binom{r-k}{m-k}.$$

4.22 用多项式定理展开$(x_1+x_2+x_3)^4$.

4.23 确定在$(x_1+x_2+x_3+x_4+x_5)^{10}$的展开式中$x_1^3 x_2 x_3^4 x_5^2$项的系数.

4.24 确定在$(x_1-x_2+2x_3-2x_4)^8$的展开式中$x_1^2 x_2^3 x_3 x_4^2$项的系数.

4.25 证明一个n元集划分成t个有序子集使得第一个子集含n_1个元素,第二个子集含n_2个元素,$\cdots$,第t个子集含n_t个元素的方法数是$\binom{n}{n_1 n_2 \cdots n_t}$.

4.26 用非降路径的方法证明等式(4.11)和(4.12).

4.27 用非降路径的方法证明以下组合恒等式:
$$\binom{n}{m}\binom{r}{0} + \binom{n-1}{m-1}\binom{r+1}{1} + \cdots + \binom{n-m}{0}\binom{r+m}{m}$$
$$= \binom{n+r+1}{m}.$$

4.28 计数从$(0,0)$点到(n,n)点的不穿过直线$y=x$的非降路径数.

第五章 包含排斥原理

包含排斥原理是组合数学的一个基本的计数原理.本章主要介绍包含排斥原理及其应用,先看一个简单的例子.

例 5.1 求在 $1,2,\cdots,600$ 中不能被 6 整除的数的个数.

解 我们先求在 1 和 600 之间可以被 6 整除的数的个数由 $600 \div 6 = 100$ 可知这样的数有 100 个,那么不能被 6 整除的数有 $600 - 100 = 500$ 个.

在解决这个问题的过程中,我们实际上使用了下面的法则:

如果 A 是集合 S 的子集,则在 A 中的元素个数等于 S 的元素个数减去不在 A 中的元素个数.

设 S 是一个集合,$A \subseteq S$,我们把 A 相对于 S 的补集记作 $\overline{A}$,则上述法则可以写成 $|A| = |S| - |\overline{A}|$.这就是包含排斥原理的一种最简单的形式.

§1 包含排斥原理

设 S 是有穷集,P_1 和 P_2 分别表示两种性质.对于 S 中的任何一个元素 x,x 具有性质 P_1 或者 x 不具有性质 P_1 这两者只能有一个成立,对于性质 P_2 也是这样.下面我们来计算 S 中既不具有性质 P_1 也不具有性质 P_2 的元素个数.从 S 的元素总数中先减去具有性质 P_1 的元素数,再减去具有性质 P_2 的元素数,由于同时具有 P_1 和 P_2 两种性质的元素被减了两次,所以还得再加上具有 P_1 和 P_2 两种性质的元素数才能得到所求的元素数.如果令 A_1 表示 S 中具有性质 P_1 的元素组成的子集,A_2 表示 S 中具有性质 P_2 的元素组成的子集.则 $\overline{A_1} \cap \overline{A_2}$ 的元素就是既不具有性质 P_1 也不具

有性质 P_2 的元素. 根据上边的分析有

$$|\overline{A}_1 \cap \overline{A}_2| = |S| - |A_1| - |A_2| + |A_1 \cap A_2|.$$

一般说来,设 S 是有穷集,$P_1, P_2, \cdots, P_m$ 是 m 个性质. S 中的任何一个元素 x 对于性质 $P_i (i=1,2,\cdots,m)$ 具有或不具有,两者必居其一. 令 A_i 表示 S 中具有性质 P_i 的元素构成的子集. 这时包含排斥原理可叙述为:

定理 5.1 S 中不具有性质 $P_1, P_2, \cdots$ 和 P_m 的元素数是

$$|\overline{A}_1 \cap \overline{A}_2 \cap \cdots \cap \overline{A}_m| = |S| - \sum_{i=1}^{m} |A_i| + \sum_{1 \leq i < j \leq m} |A_i \cap A_j|$$
$$- \sum_{1 \leq i < j < k \leq m} |A_i \cap A_j \cap A_k| + \cdots + (-1)^m |A_1 \cap A_2 \cap \cdots \cap A_m|$$

证明 等式左边是 S 中不具有性质 $P_1, P_2, \cdots, P_m$ 的元素数. 我们将要证明,对 S 的任何一个元素 x,如果 x 不具有性质 $P_1, P_2, \cdots, P_m$,则对等式右边的贡献为 1;如果 x 至少具有其中的一条性质,则对等式右边的贡献为 0.

设 x 不具有性质 $P_1, P_2, \cdots, P_m$,所以 $x \notin A_i, i=1,2,\cdots,m$. 令 $T=\{1,2,\cdots,m\}$. 对 T 的所有的 2-组合 $\{i,j\}$ 都有 $x \notin A_i \cap A_j$,对 T 所有的 3-组合 $\{i,j,k\}$ 都有 $x \notin A_i \cap A_j \cap A_k$,$\cdots$,直到 $x \notin A_1 \cap A_2 \cap \cdots \cap A_m$. 但 $x \in S$,所以它对等式右边的贡献是

$$1 - 0 + 0 - 0 + \cdots + (-1)^m 0 = 1.$$

设 x 具有 n 条性质,$n \geq 1$. 则 x 对 $|S|$ 的贡献为 1,对 $\sum_{i=1}^{m} |A_i|$ 的贡献为 $n = \binom{n}{1}$,对 $\sum_{1 \leq i < j \leq m} |A_i \cap A_j|$ 的贡献为 $\binom{n}{2}$,$\cdots$,对 $|A_1 \cap A_2 \cap \cdots \cap A_m|$ 的贡献为 $\binom{n}{m}$. 所以 x 对等式右边的总贡献是:

$$\binom{n}{0} - \binom{n}{1} + \binom{n}{2} - \cdots + (-1)^m \binom{n}{m} \quad (n \leq m)$$

$$= \binom{n}{0} - \binom{n}{1} + \binom{n}{2} - \cdots + (-1)^n \binom{n}{n} = 0.$$

推论 在 S 中至少具有一条性质的元素数是

$$|A_1 \cup A_2 \cup \cdots \cup A_m| = \sum_{i=1}^{m} |A_i| - \sum_{1 \leqslant i < j \leqslant m} |A_i \cap A_j|$$
$$+ \sum_{1 \leqslant i < j < k \leqslant m} |A_i \cap A_j \cap A_k|$$
$$- \cdots + (-1)^{m+1} |A_1 \cap A_2 \cap \cdots \cap A_m|.$$

证明 $|A_1 \cup A_2 \cup \cdots \cup A_m|$
$= |S| - |\overline{A_1 \cup A_2 \cup \cdots \cup A_m}|$
$= |S| - |\overline{A}_1 \cap \overline{A}_2 \cap \cdots \cap \overline{A}_m|$
$= \sum_{i=1}^{m} |A_i| - \sum_{1 \leqslant i < j \leqslant m} |A_i \cap A_j| + \sum_{1 \leqslant i < j < k \leqslant m} |A_i \cap A_j \cap A_k|$
$- \cdots + (-1)^{m+1} |A_1 \cap A_2 \cap \cdots \cap A_m|.$

例 5.2 求在 1 和 1000 之间不能被 5, 6 和 8 整除的数的个数.

解 令 P_1, P_2, P_3 分别表示一个整数能被 5, 6 或 8 整除的性质. 设

$$S = \{x \mid x \text{ 是整数} \wedge 1 \leqslant x \leqslant 1000\},$$
$$A_i = \{x \mid x \in S \wedge x \text{ 具有性质 } P_i\}, \quad i = 1, 2, 3.$$

则有下面的结果:

$|A_1| = \lfloor 1000/5 \rfloor^{①} = 200,$
$|A_2| = \lfloor 1000/6 \rfloor = 166,$
$|A_3| = \lfloor 1000/8 \rfloor = 125,$
$|A_1 \cap A_2| = \lfloor 1000/[5,6] \rfloor^{②} = \lfloor 1000/30 \rfloor = 33,$
$|A_1 \cap A_3| = \lfloor 1000/[5,8] \rfloor = \lfloor 1000/40 \rfloor = 25,$

---

① $\lfloor x \rfloor$ 表示小于等于 x 的最大整数.
② $[x, y]$ 表示 x 和 y 的最小公倍数.

$$|A_2 \cap A_3| = \lfloor 1000/[6,8] \rfloor = \lfloor 1000/24 \rfloor = 41,$$
$$|A_1 \cap A_2 \cap A_3| = \lfloor 1000/[5,6,8] \rfloor = \lfloor 1000/120 \rfloor = 8.$$

由定理 5.1 得
$$|\overline{A}_1 \cap \overline{A}_2 \cap \overline{A}_3| = 1000 - (200 + 166 + 125)$$
$$+ (33 + 25 + 41) - 8 = 600.$$

例 5.3 $\{1,2,\cdots,9\}$ 中取 7 个不同的数字构成七位数,如果不允许 5 和 6 相邻,问有多少种方法?

解 先求 5 和 6 相邻的七位数的个数 N_1.
$$N_1 = 2 \times 6! \times C(7,5) = 2 \times 6! \times \frac{7 \times 6}{2} = 30240,$$

不同数字的七位数有 $P(9,7)$ 个,由定理 5.1,所求的七位数的个数
$$N = P(9,7) - N_1 = 151200.$$

例 5.4 设 n 是正整数,$n \geqslant 2$,欧拉函数 $\phi(n)$ 表示小于 n 且与 n 互质的正整数个数. 求 $\phi(n)$ 的表达式.

解 任何大于等于 2 的正整数都有如下的分解式:
$$n = p_1^{\alpha_1} p_2^{\alpha_2} \cdots p_k^{\alpha_k},$$

其中 $p_1, p_2, \cdots, p_k$ 为素数. 令
$$S = \{x \mid x \text{ 是小于等于 } n \text{ 的正整数}\},$$
$$A_i = \{x \mid x \in S \wedge P_i \text{ 整除 } x\}, \quad i = 1, 2, \cdots, k.$$

则有下面的结果:
$$|S| = n,$$
$$|A_i| = \lfloor n/p_i \rfloor = \frac{n}{p_i} \quad (i = 1, 2 \cdots, k),$$
$$|A_i \cap A_j| = \lfloor n/[p_i, p_j] \rfloor = \frac{n}{p_i p_j} \quad (1 \leqslant i < j \leqslant k),$$
$$\cdots\cdots\cdots\cdots\cdots\cdots\cdots\cdots\cdots\cdots\cdots\cdots\cdots\cdots\cdots\cdots$$
$$|A_1 \cap A_2 \cap \cdots \cap A_k| = \lfloor n/[p_1, p_2, \cdots, p_k] \rfloor = \frac{n}{p_1 p_2 \cdots p_k}.$$

由定理 5.1 得

$$\phi(n) = |\overline{A}_1 \cap \overline{A}_2 \cap \cdots \cap \overline{A}_k|$$

$$= n - \sum_{i=1}^{k} \frac{n}{p_i} + \sum_{1 \leqslant i < j \leqslant k} \frac{n}{p_i p_j} - \cdots + (-1)^k \frac{n}{p_1 p_2 \cdots p_k}$$

$$= n - n\left(\frac{1}{p_1} + \frac{1}{p_2} + \cdots + \frac{1}{p_k}\right) + n\left(\frac{1}{p_1 p_2} + \cdots + \frac{1}{p_{k-1} p_k}\right)$$

$$- \cdots + (-1)^k n \frac{1}{p_1 p_1 \cdots p_k}$$

$$= n\left(1 - \frac{1}{p_1}\right)\left(1 - \frac{1}{p_2}\right) \cdots \left(1 - \frac{1}{p_k}\right).$$

例如 $30 = 2 \times 3 \times 5$，则

$$\phi(30) = 30 \times \left(1 - \frac{1}{2}\right) \times \left(1 - \frac{1}{3}\right) \times \left(1 - \frac{1}{5}\right) = 8,$$

与 30 互质的正整数有 8 个，即 $1, 7, 11, 13, 17, 19, 23, 29$。

例 5.5 证明以下等式：

$$\binom{n-m}{r-m} = \binom{m}{0}\binom{n}{r} - \binom{m}{1}\binom{n-1}{r} + \cdots + (-1)^m \binom{m}{m}\binom{n-m}{r},$$

其中 n, r, m 为正整数，$m \leqslant r \leqslant n$。

证明 令 $S = \{1, 2, \cdots, n\}$，$A = \{1, 2, \cdots, m\}$，等式左边表示从 S 中选取包含着 A 的 r-子集的方法数 N。设 P_j 表示在 S 的 r-子集中不包含 j 的性质，A_j 是具有性质 P_j 的 S 的 r-子集的集合。那么有

$$|A_j| = \binom{n-1}{r} \quad (1 \leqslant j \leqslant m),$$

$$|A_i \cap A_j| = \binom{n-2}{r} \quad (1 \leqslant i < j \leqslant m),$$

$$\cdots\cdots\cdots\cdots\cdots\cdots\cdots\cdots$$

$$|A_1 \cap A_2 \cap \cdots \cap A_m| = \binom{n-m}{r}.$$

由定理 5.1 得
$$N = |\overline{A}_1 \cap \overline{A}_2 \cap \cdots \cap \overline{A}_m|$$
$$= \binom{n}{r} - \binom{m}{1}\binom{n-1}{r} + \binom{m}{2}\binom{n-2}{r}$$
$$- \cdots + (-1)^m \binom{m}{m}\binom{n-m}{r}$$
$$= \binom{m}{0}\binom{n}{r} - \binom{m}{1}\binom{n-1}{r} + \binom{m}{2}\binom{n-2}{r}$$
$$- \cdots + (-1)^m \binom{m}{m}\binom{n-m}{r}.$$

§2 多重集的 r-组合数

设有多重集 $S = \{n_1 \cdot a_1, n_2 \cdot a_2, \cdots, n_k \cdot a_k\}$,我们要求 S 的 r-组合数. 如果某个 $n_i > r$,我们可以用 r 来代替 n_i 得到多重集 S'. 不难看出 S' 的 r-组合数就是 S 的 r-组合数,所以不妨假设所有的 $n_i \leqslant r, i = 1, 2, \cdots k$. 下面举例说明怎样用包含排斥原理来求 S 的 r-组合数.

例 5.6 确定多重集 $S = \{3 \cdot a, 4 \cdot b, 5 \cdot c\}$ 的 10-组合数.

解 令 $T = \{\infty \cdot a, \infty \cdot b, \infty \cdot c\}$,$T$ 的所有的 10-组合构成集合 W,则由定理 3.7 得
$$|W| = \binom{3+10-1}{10} = \binom{12}{10} = \binom{12}{2} = 66.$$

任取 T 的一个 10-组合,如果其中的 a 多于 3 个,则称它具有性质 P_1;如果其中的 b 多于 4 个,则称它具有性质 P_2;如果其中的 C 多于 5 个,则称它具有性质 P_3. 不难看出所求的 10-组合数就是 W 中不具有性质 P_1, P_2 和 P_3 的元素个数. 令
$$A_i = \{x \mid x \in W \wedge x \text{ 具有性质 } P_i\}, \quad i = 1, 2, 3.$$
先计算 $|A_1|, |A_2|$ 和 $|A_3|$.

A_1 中的每个 10-组合至少含有 4 个 a, 把这 4 个 a 拿走就得到 T 的一个 6-组合. 反之, 对 T 的任意一个 6-组合加上 4 个 a 就得到 A_1 中的一个 10-组合. 所以 $|A_1|$ 就是 T 的 6-组合数, 即

$$|A_1| = \binom{3+6-1}{6} = \binom{8}{6} = \binom{8}{2} = 28,$$

同理可得

$$|A_2| = \binom{3+5-1}{5} = \binom{7}{5} = \binom{7}{2} = 21,$$

$$|A_3| = \binom{3+4-1}{4} = \binom{6}{4} = \binom{6}{2} = 15.$$

用类似的方法可以计算 $|A_1 \cap A_2|$, $|A_1 \cap A_3|$, $|A_2 \cap A_3|$ 和 $|A_1 \cap A_2 \cap A_3|$, 所得的结果是:

$$|A_1 \cap A_2| = \binom{3+1-1}{1} = 3,$$

$$|A_1 \cap A_3| = \binom{3+0-1}{0} = 1,$$

$$|A_2 \cap A_3| = 0, \quad |A_1 \cap A_2 \cap A_3| = 0.$$

因此所求的 10-组合数

$$|\overline{A_1} \cap \overline{A_2} \cap \overline{A_3}| = 66 - (28 + 21 + 15) + (3 + 1 + 0) - 0 = 6.$$

列出这 6 个 10-组合如下:

$\{1 \cdot a, 4 \cdot b, 5 \cdot c\}, \quad \{2 \cdot a, 3 \cdot b, 5 \cdot c\}, \quad \{2 \cdot a, 4 \cdot b, 4 \cdot c\},$
$\{3 \cdot a, 2 \cdot b, 5 \cdot c\}, \quad (3 \cdot a, 3 \cdot b, 4 \cdot c), \quad \{3 \cdot a, 4 \cdot b, 3 \cdot c\}.$

在第三章 §3, 我们已经指出多重集 $S = \{n_1 \cdot a_1, n_2 \cdot a_2, \cdots, n_k \cdot a_k\}$ 的 r-组合数等于方程 $x_1 + x_2 + \cdots + x_k = r$ 的非负整数解的个数. 用包含排斥原理也可以确定这个方程的非负整数解的个数.

例 5.7 确定方程

$$x_1 + x_2 + x_3 = 5 \quad (0 \leqslant x_1 \leqslant 2, 0 \leqslant x_2 \leqslant 2, 1 \leqslant x_3 \leqslant 5)$$

的整数解的个数.

解 令 $x_3' = x_3 - 1$,则有 $0 \leqslant x_3' \leqslant 4$,用 $x_3' + 1$ 代替 x_3 得
$$x_1 + x_2 + x_3' = 4 \quad (0 \leqslant x_1 \leqslant 2, 0 \leqslant x_2 \leqslant 2, 0 \leqslant x_3' \leqslant 4),$$
这个方程的整数解的个数就是原方程的整数解的个数. 而它又与多重集 $\{2 \cdot a, 2 \cdot b, 4 \cdot c\}$ 的 4-组合数相等. 仿照例 5.6 的方法求得多重集的 4-组合数,结果是 9. 所以原方程有 9 个解,它们是:
$$(0,0,5),(0,1,4),(0,2,3),(1,0,4),(1,1,3),(1,2,2),$$
$$(2,0,3),(2,1,2),(2,2,1).$$

§3 错位排列

考虑这样一个问题. 在书架上有 5 本书,把它们全拿下来,然后再放回到书架上,要使得没有一本书在原来的位置上,问有多少种放法? 这个问题就是一个错位排列问题.

一般地,设排列 τ 是 $12\cdots n$,τ 的一个错位排列就是排列 $i_1 i_2 \cdots i_n$,且 $i_j \neq j, j = 1, 2, \cdots, n$. 我们用 D_n 表示 τ 的错位排列数.

当 $n = 1$ 时不存在错位排列,所以 $D_1 = 0$.

当 $n = 2$ 时,错位排列只有 21,所以 $D_2 = 1$.

当 $n = 3$ 时,错位排列有 231, 312,所以 $D_3 = 2$.

当 $n = 4$ 时,错位排列有 2143, 2341, 2413, 3142, 3412, 3421, 4123, 4312, 4321,所以 $D_4 = 9$.

对于一般的 n,我们有以下的定理.

定理 5.2 对于 $n \geqslant 1$ 有
$$D_n = n! \left(1 - \frac{1}{1!} + \frac{1}{2!} - \frac{1}{3!} + \cdots + (-1)^n \frac{1}{n!}\right).$$

证明 设 $\tau = 12\cdots n$, $X = \{1, 2, \cdots, n\}$. 我们用 S 表示 X 的所有排列的集合. 对于 $j = 1, 2, \cdots, n$,规定在一个排列中,如果 j 在第 j 个位置上,则该排列具有性质 P_j. 令 A_j 表示 S 中具有性质 P_j 的排列的集合,则 τ 的错位排列就是 $\overline{A_1} \cap \overline{A_2} \cap \cdots \cap \overline{A_n}$ 中的排列.

A_1 中的排列具有下面的形式:$1 i_2 i_3 \cdots i_n$,其中 $i_2 i_3 \cdots i_n$ 是 $\{2,$

$3,\cdots,n\}$ 的一个排列,所以 $|A_1|=(n-1)!$. 同理,对于 $j=2,3,\cdots,n$ 有 $|A_j|=(n-1)!$.

$A_1\cap A_2$ 中的排列具有下面的形式:$12i_3\cdots i_n$,其中 $i_3\cdots i_n$ 是 $\{3,4,\cdots,n\}$ 的一个排列,所以 $|A_1\cap A_2|=(n-2)!$. 同理,对于 $\{1,2,\cdots,n\}$ 的任何一个 2-组合 $\{i,j\}$ 有 $|A_i\cap A_j|=(n-2)!$.

一般说来,对任意的整数 k,$1\leqslant k\leqslant n$,有
$$|A_{i_1}\cap A_{i_2}\cap\cdots\cap A_{i_k}|=(n-k)!,$$
其中 $i_1,i_2,\cdots,i_k$ 是 $\{1,2,\cdots,n\}$ 的一个 k-组合.

由包含排斥原理得
$$D_n=n!-\binom{n}{1}(n-1)!+\binom{n}{2}(n-2)!-\cdots+(-1)^n\binom{n}{n}\cdot 0!$$
$$=n!-\frac{n!}{1!}+\frac{n!}{2!}-\cdots+(-1)^n\frac{n!}{n!}$$
$$=n!\left[1-\frac{1}{1!}+\frac{1}{2!}-\cdots+(-1)^n\frac{1}{n!}\right].$$

由这个定理可以得到
$$D_4=4!\left[1-\frac{1}{1!}+\frac{1}{2!}-\frac{1}{3!}+\frac{1}{4!}\right]=12-4+1=9,$$
这与前边的分析相符.

大家都知道 e^{-1} 的展开式是
$$e^{-1}=1-\frac{1}{1!}+\frac{1}{2!}-\frac{1}{3!}+\cdots,$$
所以
$$e^{-1}=\frac{D_n}{n!}+(-1)^{n+1}\frac{1}{(n+1)!}+(-1)^{n+2}\frac{1}{(n+2)!}+\cdots,$$
$$\left|e^{-1}-\frac{D_n}{n!}\right|<\frac{1}{(n+1)!}.$$

当 n 比较大时,$e^{-1}\sim\frac{D_n}{n!}$. 而 $\frac{D_n}{n!}$ 表示 τ 的错位排列数与 X 的排列数之比,即错位排列出现的概率,这说明在 n 很大的时候,这个概率可看作 $1/e$.

可以证明 D_n 满足下面的等式：
$$\begin{cases} D_n = (n-1)(D_{n-2} + D_{n-1}), & n \geqslant 3, n \text{ 为整数}, \\ D_1 = 0, \quad D_2 = 1. \end{cases} \quad (5.1)$$
这是一个递推关系[①]，D_1 和 D_2 是初值，由(5.1)式可以计算出任何一个 D_n 的值．下面给出等式(5.1)的证明．

设 $n \geqslant 3$，考虑排列 $1\,2\cdots n$ 的所有的错位排列．我们根据在排列中的第一位的数字是 $2, 3, \cdots, n$ 而将这些排列划分成 $n-1$ 类．显然每一类的错位排列数相等．令 d_n 表示第一位是 2 的错位排列数，那么有
$$D_n = (n-1)d_n \quad (5.2)$$
考察在 d_n 中的排列，它们都是 $2i_2 i_3 \cdots i_n$ 的形式，其中 $i_j \neq j, j = 2, 3, \cdots, n$．我们进一步把这些排列分成两个子类，称 $i_2 = 1$ 的为第一子类，并把其中的排列个数记作 d_n'，称 $i_2 \neq 1$ 的为第二子类，它的排列个数记作 d_n''．那么有
$$d_n = d_n' + d_n''. \quad (5.3)$$
在第一子类中的排列具有 $2\,1 i_3 i_4 \cdots i_n$ 的形式，$i_j \neq j, j = 3, 4 \cdots, n$，所以 d_n' 就是 $3\,4 \cdots n$ 的错位排列数 D_{n-2}．在第二子类中的排列具有 $2i_2 i_3 \cdots i_n$ 的形式，其中 $i_2 \neq 1, i_j \neq j, j = 3, 4, \cdots, n$，所以 d_n'' 就是 $1\,3\,4 \cdots n$ 的错位排列数 D_{n-1}．因此得到
$$d_n = D_{n-2} + D_{n-1}.$$
把这个式子代入(5.2)式就得到(5.1)式，其中的初值可由前边的分析得知．

我们可以通过迭代法求解(5.1)式，从而得到关于 D_n 的表达式，具体的做法如下．由(5.1)式得
$$D_n - nD_{n-1} = -[D_{n-1} - (n-1)D_{n-2}],$$
$$D_{n-1} - (n-1)D_{n-2} = -[D_{n-2} - (n-2)D_{n-3}],$$
$$D_{n-2} - (n-2)D_{n-3} = -[D_{n-3} - (n-3)D_{n-4}],$$

[①] 关于递推关系的一般概念将在下一章介绍．

把后面的式子依次代入前一个等式可得
$$D_n - nD_{n-1} = (-1)^2[D_{n-2} - (n-2)D_{n-3}]$$
$$= (-1)^3[D_{n-3} - (n-3)D_{n-4}]$$
$$= \cdots\cdots$$
$$= (-1)^{n-2}[D_2 - 2D_1],$$

把 $D_1 = 0, D_2 = 1$ 的初值代入上面的式子得
$$D_n - nD_{n-1} = (-1)^{n-2}.$$

因此等式(5.1)变成
$$\begin{cases} D_n = nD_{n-1} + (-1)^n & (n \geqslant 2, n \text{ 为整数}), \\ D_1 = 0. \end{cases} \quad (5.4)$$

再做迭代就得到
$$D_n = n[(n-1)D_{n-2} + (-1)^{n-1}] + (-1)^n$$
$$= n(n-1)D_{n-2} + n(-1)^{n-1} + (-1)^n$$
$$= n(n-1)[(n-2)D_{n-3} + (-1)^{n-2}] + n(-1)^{n-1} + (-1)^n$$
$$= \cdots\cdots$$
$$= n(n-1)\cdots 2 \cdot D_1 + n(n-1)\cdots 3 \cdot (-1)^2$$
$$\quad + n(n-1)\cdots 4 \cdot (-1)^3 + \cdots + n(-1)^{n-1} + (-1)^n$$
$$= n!\left[(-1)^2 \frac{1}{2!} + (-1)^3 \frac{1}{3!} + \cdots + (-1)^n \frac{1}{n!}\right]$$
$$= n!\left[1 - \frac{1}{1!} + \frac{1}{2!} - \frac{1}{3!} + \cdots + (-1)^n \frac{1}{n!}\right]$$

这个结果与定理 5.2 一致.

例 5.8 (1) 重新排列 1 2 3 4 5 6 7 8 9,使得偶数在原来的位置上而奇数不在原来的位置上,问有多少种排法?

(2) 如果要求只有 4 个数在原来的位置上,那么又有多少种排法?

解 (1) 这是排列 1 3 5 7 9 的错位排列问题,由定理 5.2 得
$$D_5 = 5!\left(1 - \frac{1}{1!} + \frac{1}{2!} - \frac{1}{3!} + \frac{1}{4!} - \frac{1}{5!}\right)$$

$$= 60 - 20 + 5 - 1 = 44.$$

(2) 从 $\{1,2,\cdots,9\}$ 中任取 4 个数的取法为 $\binom{9}{4}$，而其它 5 个数的错位排列数是 D_5，根据乘法法则可以知道所求的排列数是

$$\binom{9}{4} D_5 = 126 \times 44 = 5544.$$

§4 有限制条件的排列问题

错位排列问题是一种有限制条件的排列问题．它的限制是对元素排列位置的限制．本节所研究的是另一类有限制条件的排列问题，它的限制是对元素之间相邻关系的限制．请看下面的例子．

有八个孩子外出散步，他们排成一列，记作 $a_1 a_2 \cdots a_8$，其中 a_1 排在最前边，a_8 排在最后．现在我们把这八个孩子重新排列成 $a_{i_1}, a_{i_2} \cdots a_{i_8}$，使得没有 $a_i a_{i+1} (i=1,2,\cdots,7)$ 在排列中出现，问有多少种排列的方式？这个问题就是一个有限制条件的排列问题．

一般说来，令 $X = \{1,2,\cdots,n\}$，在 X 的排列中不出现 $12,23,34,\cdots,(n-1)n$ 的排列就叫做有限制条件的排列，把这种排列的个数记作 Q_n．

当 $n=1$ 时，$Q_1 = 1$.

当 $n=2$ 时，所求的排列是 21，所以 $Q_2 = 1$.

当 $n=3$ 时，所求的排列是 $213, 321, 132$，所以 $Q_3 = 3$.

当 $n=4$ 时，所求的排列是 $4132, 4321, 4213, 3214, 3241, 3142, 2431, 2413, 2143, 1324, 1432$，所以 $Q_4 = 11$.

对于一般的正整数 n，我们有下面的定理．

定理 5.3 对任意正整数 n

$$Q_n = n! - \binom{n-1}{1}(n-1)! + \binom{n-1}{2}(n-2)! - \cdots + (-1)^{n-1}\binom{n-1}{n-1} \cdot 1!.$$

证明 设 $X=\{1,2,\cdots,n\}$,X 的排列有 $n!$ 个,把这些排列构成的集合记作 S. 对于 $j=1,2,\cdots,n-1$,如果 X 的一个排列里有 $j(j+1)$ 出现,则称这个排列具有性质 P_j,令 A_j 是 S 中具有性质 P_j 的排列构成的子集,则

$$Q_n = |\overline{A_1} \cap \overline{A_2} \cap \cdots \cap \overline{A_{n-1}}|.$$

我们先计算 $|A_1|$. 一个排列属于 A_1 当且仅当 1 和 2 出现在这个排列里,所以 A_1 中的排列就是 $\{12,3,4,\cdots,n\}$ 的一个排列,因此 $|A_1|=(n-1)!$. 同理,对于 $j=2,\cdots,n-1$ 也有 $|A_j|=(n-1)!$.

再计算 $|A_i \cap A_j|$,其中 $\{i,j\}$ 是 $\{1,2,\cdots,n-1\}$ 的一个 2-组合. 一个排列如果属于 $A_i \cap A_j$,那么 $i(i+1)$ 和 $j(j+1)$ 都出现在这个排列里. 我们分成两种情况来考虑:

1. $i+1=j$,这时排列中出现 $i(i+1)(i+2)$,这种排列就是 $\{1,2,\cdots,i-1,i(i+1)(i+2),i+3,\cdots,n\}$ 的排列,所以 $|A_i \cap A_j| = (n-2)!$.

2. $i+1 \neq j$,这时排列就是 $\{1,2,\cdots,i-1,i(i+1),i+2,\cdots,j-1,j(j+1),j+2,\cdots,n\}$ 的排列,也有 $|A_i \cap A_j|=(n-2)!$.

由类似的分析可以得到,对于任意的 $1 \leqslant k \leqslant n-1$ 有

$$|A_{i_1} \cap A_{i_2} \cap \cdots \cap A_{i_k}| = (n-k)!.$$

根据包含排斥原理得

$$Q_n = n! - \binom{n-1}{1}(n-1)! + \binom{n-1}{2}(n-2)!$$
$$- \cdots + (-1)^{n-1}\binom{n-1}{n-1} \cdot 1!.$$

例 5.9 有八个小孩坐住旋转木马上,如果让他们交换座位,使得每一个小孩的前边都不是原来在他前边的孩子,问有多少种方法?

解 这是一个有限制条件的环排列问题. 我们规定如果 $j(j+1)$ 出现在环排列中($j=1,2,\cdots,n-1$),就称这个环排列具有性质 P_j. 同时规定如果 $n!$ 出现在环排列中,就称这个环排列具有性质

P_n. 令具有性质 P_j 的环排列的集合是 A_j,按照定理 5.3 的证明方法不难得到:
$$|A_{i_1} \cap A_{i_2} \cap \cdots \cap A_{i_k}| = (n-k-1)! \quad (1 \leqslant k \leqslant n-1),$$
$$|A_1 \cap A_2 \cap \cdots \cap A_n| = 1.$$

应用包含排斥原理得

$$|\overline{A}_1 \cap \overline{A}_2 \cap \cdots \cap \overline{A}_n| = (n-1)! - \binom{n}{1}(n-2)!$$
$$+ \cdots + (-1)^n \binom{n}{n} \cdot 1,$$

把 $n=8$ 代入上面的公式得

$$N = 7! - \binom{8}{1} \cdot 6! + \binom{8}{2} \cdot 5! - \binom{8}{3} \cdot 4! + \binom{8}{4} \cdot 3!$$
$$- \binom{8}{5} \cdot 2! + \binom{8}{6} \cdot 1! - \binom{8}{7} \cdot 0! + \binom{8}{8} \cdot 1$$
$$= 1625.$$

有限制条件的排列问题与错位排列问题之间有着密切的联系. 我们把定理 5.3 中的等式变形就得到:

$$Q_n = n! - \binom{n-1}{1}(n-1)! + \binom{n-1}{2}(n-2)!$$
$$- \cdots + (-1)^{n-1} \binom{n-1}{n-1} \cdot 1!$$
$$= n! - (n-1)!(n-1) + (n-1)! \frac{n-2}{2!}$$
$$- \cdots + (-1)^{n-1}(n-1)! \cdot \frac{1}{(n-1)!}$$
$$= (n-1)! \left[n - \frac{n-1}{1!} + \frac{n-2}{2!} - \cdots + (-1)^{n-1} \frac{1}{(n-1)!} \right]$$
$$= (n-1)! \left[n - \left(\frac{n}{1!} - \frac{1}{0!} \right) + \left(\frac{n}{2!} - \frac{1}{1!} \right) \right.$$
$$\left. - \cdots + (-1)^{n-1} \left(\frac{n}{(n-1)!} - \frac{1}{(n-2)!} \right) \right]$$

$$\begin{aligned}
&= (n-1)!\left[n - \frac{n}{1!} + \frac{n}{2!} - \cdots + (-1)^{n-1}\frac{n}{(n-1)!}\right] \\
&\quad + (n-1)!\left[\frac{1}{0!} - \frac{1}{1!} + \frac{1}{2!} - \cdots + (-1)^{n-2}\frac{1}{(n-2)!}\right] \\
&= n!\left[1 - \frac{1}{1!} + \frac{1}{2!} - \cdots + (-1)^{n-1}\frac{1}{(n-1)!}\right] \\
&\quad + (n-1)!\left[1 - \frac{1}{1!} + \frac{1}{2!} - \cdots + (-1)^{n-2}\frac{1}{(n-2)!}\right] \\
&\quad + \left[(-1)^n \frac{n!}{n!} + (-1)^{n-1}\frac{(n-1)!}{(n-1)!}\right] \\
&= n!\left[1 - \frac{1}{1!} + \frac{1}{2!} - \cdots + (-1)^n \frac{1}{n!}\right] \\
&\quad + (n-1)!\left[1 - \frac{1}{1!} + \frac{1}{2!} - \cdots + (-1)^{n-1}\frac{1}{(n-1)!}\right] \\
&= D_n + D_{n-1}.
\end{aligned}$$

§5 有禁区的排列问题

我们先介绍有关棋盘多项式的概念.

设 C 是一个棋盘,$r_k(C)$ 表示把 k 个相同的棋子布到 C 中的方案数. 在布棋时我们规定:当一个棋子放到 C 中的某个格以后,这个格所在的行和列就不能再放其它的棋子了,并规定对任意的棋盘 C 有 $r_0(C)=1$.

不难得到以下的结果:

$$r_1(\square) = 1,$$
$$r_1\left(\begin{array}{c}\square\\\square\end{array}\right) = r_1(\square\square) = 2,$$
$$r_2\left(\begin{array}{c}\square\\\square\end{array}\right) = r_2(\square\square) = 0,$$
$$r_2\left(\begin{array}{c}\square\\\square\square\end{array}\right) = 1.$$

可以证明布棋方案数 $r_k(C)$ 具有下面的性质:

1. 对于任意的棋盘 C 和正整数 k,如果 k 大于 C 中的方格数,则 $r_k(C)=0$.

2. $r_1(C)$ 等于 C 中的方格数.

3. 设 C_1 和 C_2 是两个棋盘,如果 C_1 经过旋转或者翻转就变成了 C_2,则 $r_k(C_1)=r_k(C_2)$.

4. 设 C_i 是从棋盘 C 中去掉指定的方格所在的行和列以后剩余的棋盘,C_l 是从棋盘 C 中去掉指定的方格以后剩余的棋盘,则有
$$r_k(C)=r_{k-1}(C_i)+r_k(C_l) \quad (K\geqslant 1).$$

5. 设棋盘 C 由两个子棋盘 C_1 和 C_2 组成,如果 C_1 和 C_2 的布棋方案是互相独立的,则有
$$r_k(C)=\sum_{i=0}^{k} r_i(C_1) \cdot r_{k-i}(C_2).$$

前三条性质是显然的.

考虑性质 4. 我们从 C 中任意指定一个方格 a,如果有一个格子布在 a,则其余的 $k-1$ 个格子只能布在去掉 a 所在的行和列以后的剩余棋盘 C_i 上,布棋方案数为 $r_{k-1}(C_i)$. 如果没有棋子布在 a,则 k 个棋子都布在去掉 a 后所剩余的棋盘 C_l 上,布棋方案数为 $r_k(C_l)$. 由加法法则,等式成立.

再看性质 5. 所谓 C_1 和 C_2 的布棋方案是互相独立的就是说在由 C_1 和 C_2 构成的棋盘 C 上,C_1 和 C_2 的行或列都是不重叠的. 例如图 5.1(a) 中的棋盘就满足这个要求,但 (b) 中的棋盘不满足这个要求. 由于 C_1 和 C_2 的布棋方案是互相独立的,由乘法法则和加法法则就可以得到性质 5.

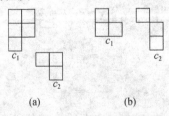

(a)　　　　(b)

图 5.1　分离的棋盘

定义 5.1 设 C 是棋盘,则

$$R(C) = \sum_{k=0}^{\infty} r_k(C) x^k$$

叫做棋盘多项式.

显然,在上述定义中当 k 大于棋盘的格子数时 $r_k(C)=0$,所以 $R(C)$ 一般只有有限项. 例如:

$$R(\square\!\square) = r_0(\square\!\square) + r_1(\square\!\square)x + r_2(\square\!\square)x^2 = 1+2x+x^2,$$

$$R(\square) = r_0(\square) + r_1(\square)x + r_2(\square)x^2 = 1+2x.$$

根据 $r_k(C)$ 的性质不难得到 $R(C)$ 的性质.

1. $R(C) = xR(C_i) + R(C_l)$,其中 C_i 和 C_l 的含义如前所述.

证明 $R(C) = \sum_{k=0}^{\infty} r_k(C) \cdot x^k$

$$= r_0(C) + \sum_{k=1}^{\infty} r_k(C) \cdot x^k$$

$$= r_0(C_l) + \sum_{k=1}^{\infty} [r_{k-1}(C_i) + r_k(C_l)] \cdot x^k$$

$$= \sum_{k=1}^{\infty} r_{k-1}(C_i) \cdot x^k + r_0(C_l) + \sum_{k=1}^{\infty} r_k(C_l) \cdot x^k$$

$$= x \sum_{k=0}^{\infty} r_k(C_i) \cdot x^k + \sum_{k=0}^{\infty} r_k(C_l) \cdot x^k$$

$$= xR(C_i) + R(C_l).$$

2. $R(C) = R(C_1) \cdot R(C_2)$,其中 C_1, C_2 的含义如前所述.

证明 $r_0(C) = r_0(C_1) \cdot r_0(C_2),$

$xr_1(C) = [r_0(C_1) \cdot r_1(C_2) + r_1(C_1) \cdot r_0(C_2)]x,$

$x^2 r_2(C) = [r_0(C_1) \cdot r_2(C_2) + r_1(C_1) \cdot r_1(C_2)$

$\qquad + r_2(C_1) \cdot r_0(C_2)]x^2.$

....

将以上各式的两边分别相加得

$$R(C) = r_0(C_1)[r_0(C_2) + r_1(C_2) \cdot x + r_2(C_2)x^2 + \cdots]$$
$$+ r_1(C_1) \cdot x[r_0(C_2) + r_1(C_2) \cdot x + r_2(C_2) \cdot x^2 + \cdots]$$
$$+ r_2(C_1) \cdot x^2[r_0(C_2) + r_1(C_2) \cdot x + r_2(C_2) \cdot x^2 + \cdots] + \cdots$$
$$= r_0(C_1) \cdot R(C_2) + r_1(C_1) \cdot x \cdot R(C_2)$$
$$+ r_2(C_1) \cdot x^2 \cdot R(C_2) + \cdots$$
$$= R(C_1) \cdot R(C_2).$$

利用这两条性质可以计算棋盘多项式.

例 5.10 计算 $R(\rule{0pt}{1em})$ 和 $R(\rule{0pt}{1em})$.

解 $R(\rule{0pt}{1em}) = x \cdot R(\square) + R(\square\square)$
$$= x(1+x) + (1+2x)$$
$$= 1 + 3x + x^2,$$

$$R\left(\rule{0pt}{1.5em}\right) = x \cdot R\left(\rule{0pt}{1.5em}\right) + R\left(\rule{0pt}{1.5em}\right)$$
$$= x\left[x \cdot R(\rule{0pt}{1em}) + R(\rule{0pt}{1em})\right]$$
$$+ \left[x \cdot R(\rule{0pt}{1em}) + R\left(\rule{0pt}{1.5em}\right)\right]$$
$$= x[x(1+2x) + (1+3x+x^2)]$$
$$+ \left[x(1+3x+x^2) + R\left(\rule{0pt}{1.5em}\right)\right]$$
$$= x(1+4x+3x^2) + (x+3x^2$$
$$+ x^3 + 1 + 4x + 3x^2)$$

---

* 注 本页里 C 中的 × 表示在 C 中选定的方格.

$$= 1 + 6x + 10x^2 + 4x^3.$$

下面我们就利用棋盘多项式来解决有禁区的排列问题. 首先可以看到 $X=\{1,2,\cdots,n\}$ 的一个排列恰好对应了 n 个棋子在 $n\times n$ 棋盘上的一种布棋方案. 在图 5.2 中,我们以棋盘的行表示 X 中的元素,列表示排列中的位置,则这种放棋方案就对应了排列 2143. 如果在排列中限制元素 i 不能排在第 j 个位置,则相应的布棋方案中棋盘的第 i 行第 j 列的方格不许放棋子. 我们把所有这些不许放棋的方格称作禁区.

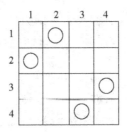

图 5.2　放棋方案与排列的对应

定理 5.4　设 C 是 $n\times n$ 的具有给定禁区的棋盘,这个禁区对应于集合 $\{1,2,\cdots,n\}$ 中的元素在排列中不允许出现的位置. 则这种有禁区的排列数是

$$n! - r_1(n-1)! + r_2(n-2)! - \cdots + (-1)^n r_n,$$

其中 r_i 是 i 个棋子布置到禁区的方案数.

证明　先不考虑禁区的限制,那么 n 个棋子布到 $n\times n$ 棋盘上的方案有 $n!$ 个. 如果对 n 个棋子分别编号为 $1,2,\cdots,n$,并且认为编号不同的棋子放入同样的方格是不同的放置方案,那么带编号的棋子布到 $n\times n$ 棋盘上的方案数是 $n! \cdot n!$. 我们把这些方案构成的集合记作 S.

对 $j=1,2,\cdots,n$,令 P_j 表示第 j 个棋子落入禁区的性质,并令 A_j 是 S 中具有性质 P_j 的方案构成的子集,那么所求的排列数就是 $|\overline{A}_1 \cap \overline{A}_2 \cap \cdots \cap \overline{A}_n|$.

1号棋子落入禁区的方案数为 r_1,当它落入禁区的某一格以后,$2,3,\cdots,n$ 号棋子可以任意布置在 $(n-1)\times(n-1)$ 的棋盘上,由乘法法则得

$$|A_1|=r_1(n-1)!\cdot(n-1)!,$$

同理,对 $i=2,3,\cdots,n$ 有

$$|A_i|=r_1(n-1)!\cdot(n-1)!,$$

对 i 求和得

$$\sum_{i=1}^n|A_i|=r_1(n-1)!\cdot n!.$$

1号和2号两个棋子落入禁区的方案数为 $2r_2$,它们落入以后,$3,4,\cdots,n$ 号棋子可以任意布置在 $(n-2)\times(n-2)$ 的棋盘上,所以

$$|A_1\cap A_2|=2r_2(n-2)!\cdot(n-2)!,$$

同理对 $\{i,j\}\in\{1,2,\cdots,n\}$ 有

$$|A_i\cap A_j|=2r_2(n-2)!\cdot(n-2)!,$$

对所有的 $1\leqslant i<j\leqslant n$ 求和得

$$\sum_{1\leqslant i<j\leqslant n}|A_i\cap A_j|=2\binom{n}{2}r_2(n-2)!(n-2)!$$
$$=r_2(n-2)!\cdot n!.$$

用类似的方法,我们可以求得

$$\sum_{1\leqslant i<j<k\leqslant n}|A_i\cap A_j\cap A_k|=r_3(n-3)!\cdot n!,$$

$$\cdots\cdots\cdots\cdots\cdots\cdots\cdots$$

$$|A_1\cap A_2\cap\cdots\cap A_n|=r_n\cdot n!.$$

根据包含排斥原理,带编号的 n 个棋子都不落入禁区的方案数是

$$|\overline{A_1}\cap\overline{A_2}\cap\cdots\cap\overline{A_n}|=n!\cdot n!-r_1(n-1)!\cdot n!$$
$$+r^2(n-2)!\cdot n!$$
$$-\cdots+(-1)^n r_n\cdot n!.$$

因为带编号的方案数与不带编号的方案数相差 $n!$ 倍,因此我们所求的方案数是

$$n!-r_1(n-1)!+r_2(n-2)!-\cdots+(-1)^n\cdot r_n.$$

需要说明一点,这个定理适用于 $n \times n$ 棋盘的小禁区的布棋问题. 如果是 $m \times n$ 的棋盘或者是禁区很大的布棋问题,那么只能直接用 $R(C)$ 来求解.

例 5.11 用四种颜色(红、蓝、绿、黄)涂染四台仪器 A, B, C 和 D. 规定每台仪器只能用一种颜色并且任意两台仪器都不能相同. 如果 B 不允许用蓝色和红色,C 不允许用蓝色和绿色,D 不允许用绿色和黄色,问有多少种染色方案?

解 这个问题就是图 5.3 中的有禁区的布棋问题. 禁区的棋盘多项式为

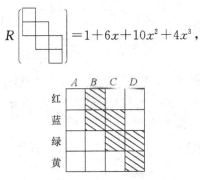

图 5.3 涂色的禁区

从而得到 $r_1=6, r_2=10, r_3=4$,根据定理 5.4,所求的方案数是
$$N = 4! - 6 \cdot 3! + 10 \cdot 2! - 4 \cdot 1!$$
$$= 24 - 36 + 20 - 4 = 4.$$

例 5.12 错位排列问题也可以看作是有禁区的排列问题,其禁区在主对角线上. 下面使用定理 5.4 来求 D_n.

解 禁区的棋盘多项式是
$$R\begin{bmatrix}\square & & \\ & \ddots & \\ & & \square\end{bmatrix} = \underbrace{R(\square) \cdot R(\square) \cdot \cdots \cdot R(\square)}_{n\text{个}}$$
$$= (1+x)^n$$

$$=1+\binom{n}{1}x+\binom{n}{2}x^2+\cdots+\binom{n}{n}x^n,$$

从而得到 $r_1=n, r_2=\binom{n}{2},\cdots,r_n=\binom{n}{n}$，代入定理 5.4 得

$$D_n = n! - n(n-1)! + \binom{n}{2}\cdot(n-2)!$$

$$-\cdots+(-1)^n\binom{n}{n}\cdot 0!$$

$$= n!\left[1-\frac{1}{1!}+\frac{1}{2!}-\cdots+(-1)^n\frac{1}{n!}\right].$$

习 题 五

5.1 在 1 和 10000 之间不能被 4,5 和 6 整除的数有多少个？

5.2 在 1 和 10000 之间既不是某个整数的平方，也不是某个整数的立方的数有多少个？

5.3 在 1 和 500 之间不能被 7 整除但能被 3 或 5 整除的数有多少个？

5.4 确定 $S=\{\infty\cdot a, 3\cdot b, 5\cdot c, 7\cdot d\}$ 的 10-组合数。

5.5 1) 确定方程 $x_1+x_2+x_3=14$ 的不超过 8 的非负整数解的个数。

2) 确定方程 $x_1+x_2+x_3=14$ 的不超过 8 的正整数解的个数。

5.6 有 7 本书放在书架上，先把书拿下来然后重新放回书架，求满足以下条件的放法数：

1) 没有一本书在原来的位置上。

2) 至少有一本书在原来的位置上。

3) 至少有两本书在原来的位置上。

5.7 求集合 $\{1,2,\cdots,n\}$ 的排列数，使得在排列中正好有 k 个整数在它们的自然位置上（所谓自然位置就是整数 i 排在第 i 位

5.8 定义 $D_0=1$,用组合分析的方法证明

$$n! = \binom{n}{0}D_n + \binom{n}{1}D_1 + \binom{n}{2}D_2 + \cdots + \binom{n}{n}D_0.$$

5.9 证明 D_n 为偶数当且仅当 n 为奇数.

5.10 求多重集 $S=\{3\cdot a,4\cdot b,2\cdot c\}$ 的排列数,使得在这些排列中同类字母的全体不能相邻(例如不允许 $abbbbcaac$,但允许 $aabbbacbc$).

5.11 从一个 4×4 的棋盘中选取 2 个方格,使得它们不在同一行也不在同一列,问有多少种方法?

5.12 计算 $R\begin{bmatrix}\end{bmatrix}$.

5.13 有 4 个人,记作 x_1,x_2,x_3,x_4. 有 5 项工作,记作 y_1,y_2,y_3,y_4,y_5. 已知 x_1 可以承担 y_1 或 y_3,x_2 可以承担 y_2 或 y_5,x_3 可以承担 y_2 或 y_4,x_4 可以承担 y_3. 要使每个人承担一项工作且每个人的工作都不相同,问有多少种分配方案?

5.14 把字母 a,b,c,d,e,f,g,h 进行排列,如果要求在排列中既没有 beg,也没有 cad 出现,问这样的排列有多少个?

5.15 把 20 个人分到 3 个不同的房间,每个房间至少 1 个人,问有多少种分法?

5.16 1) 在 1 和 1000000 之间有多少个整数包含了数字 1,2,3 和 4?

2) 在 1 和 1000000 之间有多少个整数只由数字 1,2,3 或 4 构成?

5.17 n 对夫妻围圆桌就座,要求每对夫妻不相邻,问有多少种入座方式?

5.18 求不超过 120 的素数个数.

5.19 设 $\sum$ 是一个字母表且 $|\sum|=n>1$,a 和 b 是 $\sum$ 中

两个不同的字母. 试求 $\sum$ 上的 a 和 b 均出现的长为 $k>1$ 的字(或称为字符串) 的个数.

5.20 把 5 项任务分给 4 个人,如果每个人至少得到 1 项任务,问有多少种方式?

第六章 递推关系

定义6.1 给定一个数的序列 $H(0), H(1), \cdots, H(n), \cdots$，用等号(或大于,小于号)把 $H(n)$ 和某些个 $H(i), 0 \leq i < n$，联系起来的式子就叫做一个递推关系.

利用递推关系和初值在某些情况下可以求出序列的通项表达式 $H(n)$，正如上一章我们用迭代法求出 D_n 一样. 但对有些递推关系，目前还解不出 $H(n)$ 的显式来. 即使这样，对于给定的 n，也可以从初值开始，一步一步地计算出 $H(n)$ 的值或范围，而 $H(n)$ 一般代表了某个组合计数问题的解，所以递推关系的方法常用来解决组合计数问题.

§1 Fibonacci 数列

关于 Fibonacci 数列的问题是一个古老的数学问题，是在 1202 年提出来的. 这个问题是: 把一对兔子(雌、雄各一只)在某年的开始放到围栏中，每个月这对兔子都生出一对新兔，其中雌、雄各一只. 由第二个月开始，每对新兔每个月也生出一对新兔，也是雌、雄各一只. 问一年后围栏中有多少对兔子?

对于 $n = 1, 2, \cdots$，令 $f(n)$ 表示第 n 个月开始时围栏中的兔子对数. 显然有 $f(1) = 1, f(2) = 2$. 在第 n 个月的开始，那些第 $n-1$ 个月初已经在围栏中的兔子仍然存在，而且每对在第 $n-2$ 个月初就存在的兔子将在第 $n-1$ 个月生出一对新兔来，所以有

$$\begin{cases} f(n) = f(n-1) + f(n-2) & (n \geq 3, n \text{ 为整数}), \\ f(1) = 1, f(2) = 2. \end{cases} \quad (6.1)$$

这是一个带有初值的递推关系，如果我们规定 $f(0) = 1$，则等

式(6.1)就变成
$$\begin{cases} f(n) = f(n-1) + f(n-2) & (n \geqslant 2, n \text{ 为整数}), \\ f(0) = 1, f(1) = 1. \end{cases} \quad (6.2)$$
满足(6.2)式的数列就叫做 Fibonacci 数列,而它的项就叫做 Fibonacci 数.

Fibonacci 数常出现在组合计数问题中. 例如用多米诺牌(可以看作一个 2×1 大小的方格)完全覆盖一个 $n \times 2$ 的棋盘. 覆盖的方案数等于 Fibonacci 数 $f(n)$. 如图 6.1, 如果用一个牌覆盖第一列的两个方格, 那么剩下的是 $(n-1) \times 2$ 的棋盘的覆盖问题. 如果用两个牌覆盖第一行的前两个格和第二行的前两个格, 那么剩下的是 $(n-2) \times 2$ 的棋盘的覆盖问题. 由加法法则, 这两类覆盖方案数之和就是 $n \times 2$ 棋盘的覆盖方案数. 令 $g(n)$ 表示 $n \times 2$ 棋盘的覆盖方案数, 则有

图 6.1 $n \times 2$ 的棋盘

$$\begin{cases} g(n) = g(n-1) + g(n-2) & (n \geqslant 3, n \text{ 为整数}), \\ g(1) = 1, g(2) = 2. \end{cases}$$
这和 Fibonacci 数的递推关系完全一样.

Fibonacci 数有以下的性质:

1. Fibonacci 数 $f(n)$ 可以表示为二项式系数之和, 即
$$f(n) = \binom{n}{0} + \binom{n-1}{1} + \cdots + \binom{n-k}{k}, \quad k = \left[\frac{n}{2}\right]. \quad (6.3)$$

证明 当 $k > \left[\dfrac{n}{2}\right]$ 时, 有 $n-k < k$, 即 $\binom{n-k}{k} = 0$, 所以我们证明下面的等式成立就可以了, 即证

$$f(n) = \binom{n}{0} + \binom{n-1}{1} + \cdots + \binom{n-k}{k} + \cdots + \binom{0}{n}.$$

用归纳法.

当 $n=0$ 时,有 $f(0)=1=\binom{0}{0}$ 成立. 假设对 $0,1,\cdots,n$ 等式都成立,则有

$$\begin{aligned}
f(n+1) &= f(n)+f(n-1) \\
&= \left[\binom{n}{0}+\binom{n-1}{1}+\cdots+\binom{0}{n}\right] \\
&\quad + \left[\binom{n-1}{0}+\binom{n-2}{1}+\cdots+\binom{0}{n-1}\right] \\
&= \binom{n}{0}+\left[\binom{n-1}{1}+\binom{n-1}{0}\right]+\cdots+\left[\binom{0}{n}+\binom{0}{n-1}\right] \\
&= \binom{n+1}{0}+\binom{n}{1}+\cdots+\binom{1}{n}+\binom{0}{n+1}.
\end{aligned}$$

由归纳法,命题成立.

2. $f(0)+f(1)+\cdots+f(n)=f(n+2)-1.$ (6.4)

证明 $f(0)=f(2)-f(1),$

    $f(1)=f(3)-f(2),$

    $\cdots\cdots\cdots\cdots\cdots\cdots$

    $f(n)=f(n+2)-f(n+1).$

把以上各式的左边和右边分别相加得

$f(0)+f(1)+\cdots+f(n)=f(n+2)-f(1)=f(n+2)-1.$

3. $f(0)+f(2)+\cdots+f(2n)=f(2n+1).$ (6.5)

证明 $f(0)=f(1),$

    $f(2)=f(3)-f(1),$

    $\cdots\cdots\cdots\cdots\cdots\cdots$

    $f(2n)=f(2n+1)-f(2n-1).$

把以上各式的两边分别相加得

    $f(0)+f(2)+\cdots+f(2n)=f(2n+1).$

4. $f(1)+f(3)+\cdots+f(2n-1)=f(2n)-1.$ (6.6)

证明   由等式(6.4)和等式(6.5)得证.

5. $f^2(0)+f^2(1)+\cdots+f^2(n)=f(n)\cdot f(n+1)$. (6.7)

证明 $f^2(0)=f(1)\cdot f(0)$,
$$f^2(1)=f(1)\cdot[f(2)-f(0)]$$
$$=f(2)\cdot f(1)-f(1)\cdot f(0),$$
$$\cdots\cdots\cdots\cdots\cdots\cdots\cdots\cdots$$
$$f^2(n)=f(n)\cdot[f(n+1)-f(n-1)]$$
$$=f(n+1)\cdot f(n)-f(n)\cdot f(n-1).$$

把以上各式的两边分别相加得
$$f^2(0)+f^2(1)+\cdots+f^2(n)=f(n+1)\cdot f(n).$$

6. $f(n+m)=f(m-1)\cdot f(n+1)+f(m-2)\cdot f(n)$
$$(m\geqslant 2).\qquad(6.8)$$

证明 对 m 进行归纳.

当 $m=2$ 时有
$$f(n+2)=f(n+1)+f(n)=f(1)\cdot f(n+1)+f(0)\cdot f(n)$$
成立.假设对一切 $m\leqslant k$ 有等式(6.8)成立,那么
$$f(n+k+1)=f(n+k)+f(n+k-1)$$
$$=[f(k-1)\cdot f(n+1)+f(k-2)\cdot f(n)]$$
$$+[f(k-2)\cdot f(n+1)+f(k-3)\cdot f(n)]$$
$$=[f(k-1)+f(k-2)]\cdot f(n+1)$$
$$+[f(k-2)+f(k-3)]\cdot f(n)$$
$$=f(k)\cdot f(n+1)+f(k-1)\cdot f(n)$$

由归纳法,等式(6.8)成立.

利用这条性质,我们可以将比较大的 n 的 Fibonacci 数化成比较小的 n' 的 Fibonacci 数,从而计算起来更为方便.

§2 常系数线性齐次递推关系的求解

定义 6.2 下面的等式
$$H(n)=a_1H(n-1)+a_2H(n-2)+\cdots+a_kH(n-k) \quad (6.9)$$

$(n=k, k+1, \cdots, a_1, a_2, \cdots, a_k$ 是常数,$a_k \neq 0)$,
称作 k 阶常系数线性齐次递推关系.

(6.9)式也可以写作
$$H(n) - a_1 H(n-1) - a_2 H(n-2)$$
$$- \cdots - a_k H(n-k) = 0. \qquad (6.10)$$

定义 6.3 方程
$$x^k - a_1 x^{k-1} - a_2 x^{k-2} - \cdots - a_k = 0 \qquad (6.11)$$
叫做递推关系(6.10)的特征方程.它的 k 个根 $q_1, q_2, \cdots, q_k$ 叫做该递推关系的特征根.其中 $q_i (i=1, 2, \cdots, k)$ 是复数.

不难看出,因为 $a_k \neq 0$,所以 0 不是递推关系(6.10)的特征根.

定理 6.1 设 q 是一个非零的复数,则 $H(n) = q^n$ 是递推关系(6.10)的一个解当且仅当 q 是它的一个特征根.

证明 $H(n) = q^n$ 是递推关系(6.10)的解
$$\iff q^n - a_1 q^{n-1} - a_2 q^{n-2} - \cdots - a_k q^{n-k} = 0$$
$$\iff q^{n-k}(q^k - a_1 q^{k-1} - a_2 q^{k-2} - \cdots - a_k) = 0$$
$$\iff q^k - a_1 q^{k-1} - a_2 q^{k-2} - \cdots - a_k = 0 \quad (\because q \neq 0)$$
$$\iff q \text{ 是递推关系(6.10)的特征根.}$$

定理 6.2 设 $h_1(n)$ 和 $h_2(n)$ 是递推关系(6.10)的两个解,c_1 和 c_2 是任意常数,则 $c_1 h_1(n) + c_2 h_2(n)$ 也是递推关系(6.10)的解.

证明 把 $c_1 h_1(n) + c_2 h_2(n)$ 代入(6.10)式的左边得
$$[c_1 h_1(n) + c_2 h_2(n)] - a_1[c_1 h_1(n-1) + c_2 h_2(n-1)]$$
$$- \cdots - a_k[c_1 h_1(n-k) + c_2 h_2(n-k)]$$
$$= [c_1 h_1(n) - a_1 c_1 h_1(n-1) - \cdots - a_k c_1 h_1(n-k)]$$
$$+ [c_2 h_2(n) - a_1 c_2 h_2(n-1) - \cdots - a_k c_2 h_2(n-k)]$$
$$= c_1[h_1(n) - a_1 h_1(n-1) - \cdots - a_k h_1(n-k)]$$
$$+ c_2[h_2(n) - a_1 h_2(n-1) - \cdots - a_k h_2(n-k)]$$
$$= 0$$

所以 $c_1 h_1(n) + c_2 h_2(n)$ 是递推关系(6.10)的解.

由定理 6.1 和 6.2 可以知道,如果 $q_1, q_2, \cdots, q_k$ 是递推关系

(6.10)的特征根,且 $c_1,c_2,\cdots,c_k$ 是任意常数,那么
$$H(n) = c_1 q_1^n + c_2 q_2^n + \cdots + c_k q_k^n$$
是递推关系(6.10)的解.

定义 6.4 如果对于递推关系(6.10)的每个解 $h(n)$ 都可以选择一组常数 $c_1',c_2',\cdots,c_k'$ 使得
$$h(n) = c_1' q_1^n + c_2' q_2^n + \cdots + c_k' q_k^n$$
成立,则称 $c_1 q_1^n + c_2 q_2^n + \cdots + c_k q_k^n$ 是递推关系(6.10)的通解,其中 $c_1,c_2,\cdots,c_k$ 为任意常数.

定理 6.3 设 $q_1,q_2,\cdots,q_k$ 是递推关系(6.10)的不相等的特征根,则
$$H(n) = c_1 q_1^n + c_2 q_2^n + \cdots + c_k q_k^n$$
是递推关系(6.10)的通解.

证明 由前边的分析可知 $H(n)$ 是递推关系(6.10)的解.设 $h(n)$ 是这个递推关系的任意一个解,则 $h(n)$ 由 k 个初值 $h(0)=b_0, h(1)=b_1,\cdots,h(k-1)=b_{k-1}$ 唯一地确定,所以有

$$\begin{cases} c_1 + c_2 + \cdots + c_k = b_0, \\ c_1 q_1 + c_2 q_2 + \cdots + c_k q_k = b_1, \\ \cdots\cdots\cdots\cdots\cdots\cdots\cdots\cdots\cdots\cdots\cdots \\ c_1 q_1^{k-1} + c_2 q_2^{k-1} + \cdots + c_k q_k^{k-1} = b_{k-1}. \end{cases} \quad (6.12)$$

如果方程组(6.12)有唯一解 $c_1',c_2',\cdots,c_k'$,这说明可以找到 k 个常数 $c_1',c_2',\cdots,c_k'$ 使得
$$h(n) = c_1' q_1^n + c_2' q_2^n + \cdots + c_k' q_k^n$$
成立,从而证明了 $c_1 q_1^n + c_2 q_2^n + \cdots + c_k q_k^n$ 是该递推关系的通解.考察方程组(6.12),它的系数行列式是

$$\begin{vmatrix} 1 & 1 & \cdots & 1 \\ q_1 & q_2 & \cdots & q_k \\ q_1^{k-1} & q_2^{k-1} & \cdots & q_k^{k-1} \end{vmatrix},$$

这是著名的范德蒙行列式,其值为 $\prod_{1 \leqslant i < j \leqslant k} (q_j - q_i)$. 因为当 $i \neq j$

时，$q_i \neq q_j$，所以行列式的值不等于 0，这也就是说方程组(6.12)有唯一解.

例 6.1 解关于 Fibonacci 数的递推关系
$$\begin{cases} f(n) = f(n-1) + f(n-2), \\ f(0) = 1, f(1) = 1. \end{cases}$$

解 这个递推关系的特征方程是 $x^2 - x - 1 = 0$，它的特征根是
$$x_1 = \frac{1+\sqrt{5}}{2}, \quad x_2 = \frac{1-\sqrt{5}}{2}.$$

所以通解是
$$f(n) = c_1 \left(\frac{1+\sqrt{5}}{2}\right)^n + c_2 \left(\frac{1-\sqrt{5}}{2}\right)^n.$$

代入初值来确定 c_1 和 c_2，得到方程组
$$\begin{cases} c_1 + c_2 = 1, \\ \frac{1+\sqrt{5}}{2} c_1 + \frac{1-\sqrt{5}}{2} c_2 = 1. \end{cases}$$

解这个方程组得
$$c_1 = \frac{1}{\sqrt{5}} \frac{1+\sqrt{5}}{2}, \quad c_2 = -\frac{1}{\sqrt{5}} \frac{1-\sqrt{5}}{2}.$$

所以原递推关系的解是
$$f(n) = \frac{1}{\sqrt{5}} \left(\frac{1+\sqrt{5}}{2}\right)^{n+1} - \frac{1}{\sqrt{5}} \left(\frac{1-\sqrt{5}}{2}\right)^{n+1},$$
$$n = 0, 1, \cdots.$$

例 6.2 用字母 a, b 和 c 组成长度是 n 的字，如果要求没有两个 a 相邻，问这样的字有多少个？

解 设 $h(n)$ 是所求的字的个数，$n \geqslant 1$. 我们观察到，长为 1 的且没有两个 a 相邻的字有 a, b 和 c，所以 $h(1) = 3$. 长为 2 的没有两个 a 相邻的字有 $ab, ac, ba, bb, bc, ca, cb, cc$. 所以 $h(2) = 8$.

设 $n \geqslant 3$，如果字中的第一个字母是 a，那么第二个字母只能是

b 或 c,其余的字母可以有 $h(n-2)$ 种方式来选择,因此以 a 开头的字有 $2h(n-2)$ 个. 如果字中的第一个字母是 b,那么这样的字有 $h(n-1)$ 个,同理以 c 开头的字也有 $h(n-1)$ 个. 由加法法则得

$$\begin{cases} h(n) = 2h(n-1) + 2h(n-2) & (n \geqslant 3), \\ h(1) = 3, h(2) = 8. \end{cases}$$

先求这个递推关系的通解,它的特征方程是

$$x^2 - 2x - 2 = 0,$$

解这个方程得

$$x_1 = 1 + \sqrt{3}, \quad x_2 = 1 - \sqrt{3}.$$

所以通解是

$$h(n) = c_1(1+\sqrt{3})^n + c_2(1-\sqrt{3})^n,$$

代入初值来确定 c_1 和 c_2 得

$$\begin{cases} c_1(1+\sqrt{3}) + c_2(1-\sqrt{3}) = 3, \\ c_1(1+\sqrt{3})^2 + c_2(1-\sqrt{3})^2 = 8. \end{cases}$$

求解这个方程组得

$$c_1 = \frac{2+\sqrt{3}}{2\sqrt{3}}, \quad c_2 = \frac{-2+\sqrt{3}}{2\sqrt{3}}.$$

因此所求的字数是

$$h(n) = \frac{2+\sqrt{3}}{2\sqrt{3}}(1+\sqrt{3})^n + \frac{-2+\sqrt{3}}{2\sqrt{3}}(1-\sqrt{3})^n,$$

$$n = 1, 2, \cdots.$$

例 6.3 核反应堆中有 α 和 β 两种粒子,每秒钟内一个 α 粒子分裂成三个 β 粒子,而一个 β 粒子分裂成一个 α 粒子和两个 β 粒子. 若在时刻 $t=0$ 反应堆中只有一个 α 粒子,问 $t=100$ 秒时反应堆中将有多少个 α 粒子?多少个 β 粒子?共有多少个粒子?

解 设在 t 时刻的 α 粒子数为 $f(t)$,β 粒子数为 $g(t)$. 根据题设可以列出下面的递推关系

$$\begin{cases} g(t) = 3f(t-1) + 2g(t-1), & t \geqslant 1, \quad (6.13) \\ f(t) = g(t-1), & t \geqslant 1, \quad (6.14) \\ g(0) = 0, f(0) = 1. \end{cases}$$

从(6.14)式得到
$$f(t-1) = g(t-2),$$
把这个式子代入(6.13)式得:
$$\begin{cases} g(t) = 3g(t-2) + 2f(t-1), & t \geqslant 2, \\ g(0) = 0, g(1) = 3f(0) + 2g(0) = 3. \end{cases} \quad (6.15)$$
递推关系(6.15)的特征方程是 $x^2 - 2x - 3 = 0$,其特征根为
$$x_1 = 3, \quad x_2 = -1.$$
所以该递推关系的通解是
$$g(t) = c_1 3^t + c_2 (-1)^t.$$
代入初值 $g(0)=0, g(1)=3$ 得
$$\begin{cases} c_1 + c_2 = 0, \\ 3c_1 - c_2 = 3. \end{cases}$$
解这个方程组得
$$c_1 = \frac{3}{4}, \quad c_2 = -\frac{3}{4}.$$
所以递推关系(6.15)的解是
$$g(t) = \frac{3}{4} \cdot 3^t - \frac{3}{4}(-1)^t.$$
从而求得
$$f(t) = g(t-1) = \frac{3}{4} \cdot 3^{t-1} - \frac{3}{4}(-1)^{t-1},$$
$$f(t) + g(t) = \frac{3}{4} \cdot 3^{t-1} - \frac{3}{4}(-1)^{t-1} + \frac{3}{4} \cdot 3^t$$
$$- \frac{3}{4}(-1)^t = 3^t.$$
因此有
$$f(100) = \frac{3}{4} \cdot 3^{99} - \frac{3}{4}(-1)^{99} = \frac{3}{4}(3^{99} + 1),$$

$$g(100) = \frac{3}{4} \cdot 3^{100} - \frac{3}{4}(-1)^{100} = \frac{3}{4}(3^{100}-1),$$
$$f(100) + g(100) = 3^{100}.$$

对于 k 阶常系数线性齐次递推关系,当特征根 $q_1, q_2, \cdots, q_k$ 都不相等的时候,我们已经给出了求通解的方法.但是当 $q_1, q_2, \cdots, q_k$ 中有重根时,这种方法就不适用了.换句话说,$c_1 q_1^n + c_2 q_2^n + \cdots + c_k q_k^n$ 就不是原递推关系的通解了.因为把 k 个初值代入以后得到 k 个方程,但未知数至多为 $k-1$ 个,这样可能使得方程组无解.这说明只有在 $q_1, q_2, \cdots, q_k$ 都线性无关时才能得到递推关系的通解.请看下面的例子.

例 6.4 求解递推关系
$$\begin{cases} H(n) = 4H(n-1) - 4H(n-2), \\ H(0) = 1, H(1) = 3. \end{cases}$$

解 它的特征方程是 $x^2 - 4x - 4 = 0$,特征根是 $x_1 = x_2 = 2$.由定理 6.1 可知 2^n 是它的解.我们不妨试试 $n2^n$,把它代入原递推关系得

$$n2^n - 4(n-1)2^{n-1} + 4(n-2)2^{n-2}$$
$$= n2^n - (n-1)2^{n+1} + (n-2) \cdot 2^n$$
$$= 2^n[n - 2(n-1) + (n-2)]$$
$$= 0.$$

这说明 $n2^n$ 也是解,且与 2^n 线性无关,所以原递推关系的通解是
$$H(n) = c_1 2^n + c_2 n 2^n.$$

设递推关系
$$H(n) - a_1 H(n-1) - a_2 H(n-2) - \cdots - a_k H(n-k) = 0$$
$$(n \geqslant k, a_k \neq 0)$$

的特征方程是
$$x^k - a_1 x^{k-1} - a_2 x^{k-2} - \cdots - a_k = 0.$$

令
$$P(x) = x^k - a_1 x^{k-1} - a_2 x^{k-2} - \cdots - a_k,$$
$$P_n(x) = x^{n-k} \cdot P(x)$$

$$= x^n - a_1 x^{n-1} - a_2 x^{n-2} - \cdots - a_k x^{n-k}.$$

如果 q 是 $P(x)$ 的二重根,则 q 也是 $P_n(x)$ 的二重根,那么 q 也是 $P_n(x)$ 的微商 $P'_n(x)$ 的根,其中

$$P'_n(x) = nx^{n-1} - a_1(n-1)x^{n-2} - a_2(n-2)x^{n-3} \\ - \cdots - a_k(n-k)x^{n-k-1}.$$

因此 q 是 $xP'_n(x)$ 的根。而

$$xP'_n(x) = nx^n - a_1(n-1)x^{n-1} - a_2(n-2)x^{n-2} \\ - \cdots - a_k(n-k)x^{n-k},$$

代入 $x=q$ 得

$$nq^n - a_1(n-1)q^{n-1} - a_2(n-2)q^{n-2} - \cdots - a_k(n-k)q^{n-k} = 0.$$

这说明 nq^n 是原递推关系的解.

类似地可以证明,如果 q 是 $P(x)$ 的三重根,那么 q 就是 $xP'_n(x)$ 的二重根,即 q 是 $xP'_n(x)$ 和 $x[xP'_n(x)]'$ 的根,从而证明 nq^n, $n^2 q^n$ 也是原递推关系的解.

一般地可以证明以下的结论:如果 q 是 $P(x)$ 的 e 重根,则 q^n, nq^n, $n^2 q^n$, $\cdots$, $n^{e-1} q^n$ 都是原递推关系的解.

通过以上的分析,可以得到下面的定理.

定理 6.4 设 $q_1, q_2, \cdots, q_t$ 是递推关系

$$H(n) - a_1 H(n-1) - \cdots - a_k H(n-k) = 0 \quad (n \geqslant k, a_k \neq 0)$$

的不相等的特征根,则这个递推关系的通解中对应于 $q_i (i=1,2,\cdots,t)$ 的部分是

$$H_i(n) = c_1 q_i^n + c_2 n q_i^n + \cdots + c_{e_i} n^{e_i-1} q_i^n,$$

其中 e_i 是 q_i 的重数. 而

$$H(n) = H_1(n) + H_2(n) + \cdots + H_t(n),$$

是该递推关系的通解.

通过前面的分析和有关的定理不难看出 $H(n)$ 是原递推关系的解. 但要证明它是通解,则要考察代入初值以后所得方程组的系数行列式是否为 0. 这个证明比较复杂,在此不再赘述,大家只要了解定理的结论就可以了.

例 6.5 求解递推关系
$$\begin{cases} H(n)+H(n-1)-3H(n-2)-5H(n-3)-2H(n-4)=0, \\ H(0)=1, H(1)=0, H(2)=1, H(3)=2, \quad n\geqslant 4. \end{cases}$$

解 该递推关系的特征方程是
$$x^4+x^3-3x^2-5x-2=0,$$
它的特征根是 $-1,-1,-1,2$。由定理 6.4，对应于 -1 的解是
$$H_1(n)=c_1(-1)^n+c_2 n(-1)^n+c_3 n^2(-1)^n,$$
对应于 2 的解是
$$H_2(n)=c_4 2^n.$$
递推关系的通解是
$$\begin{aligned} H(n)&=H_1(n)+H_2(n)\\ &=c_1(-1)^n+c_2 n(-1)^n+c_3 n^2(-1)^n+c_4 2^n. \end{aligned}$$
代入初值得到以下方程组
$$\begin{cases} c_1+c_4=1, \\ -c_1-c_2-c_3+2c_4=0, \\ c_1+2c_2+4c_3+4c_4=1, \\ -c_1-3c_2-9c_3+8c_4=2. \end{cases}$$
解这个方程组得
$$c_1=\frac{7}{9},\quad c_2=-\frac{1}{3},\quad c_3=0,\quad c_4=\frac{2}{9}.$$
所以原递推关系的解是
$$H(n)=\frac{7}{9}(-1)^n-\frac{1}{3}n(-1)^n+\frac{2}{9}\cdot 2^n.$$

§3 常系数线性非齐次递推关系的求解

常系数线性非齐次递推关系的一般形式如下：
$$H(n)-a_1 H(n-1)-\cdots-a_k H(n-k)=f(n) \quad (6.16)$$
$$(n\geqslant k, a_k\neq 0, f(n)\neq 0),$$

它的通解是齐次通解与特解之和,即
$$H(n) = H'(n) + H^*(n),$$
其中 $H'(n)$ 是递推关系(6.16)所对应的齐次递推关系
$$H(n) - a_1 H(n-1) - \cdots - a_k H(n-k) = 0$$
的通解,$H^*(n)$ 是递推关系(6.16)的特解. 这是因为当把 $H(n)$ 代入(6.16)式的左边时有

$$[H'(n) + H^*(n)] - a_1[H'(n-1) + H^*(n-1)]$$
$$- \cdots - a_k[H'(n-k) + H^*(n-k)]$$
$$= [H'(n) - a_1 H'(n-1) - \cdots - a_k H'(n-k)]$$
$$+ [H^*(n) - a_1 H^*(n-1) - \cdots - a_k H^*(n-k)]$$
$$= 0 + f(n) = f(n).$$

下面讨论 $H^*(n)$ 的求解方法. 对于一般的 $f(n)$ 没有普遍的解法,在某些简单的情况下可以用待定系数法求出 $H^*(n)$. 举例说明如下.

例 6.6 求解递推关系
$$H(n) + 5H(n-1) + 6H(n-2) = 3n^2$$
的特解.

解 先假设特解
$$H^*(n) = P_1 n^2 + P_2 n + P_3,$$
其中 P_1, P_2, P_3 为待定系数. 把 $H^*(n)$ 代入原递推关系得:
$$P_1 n^2 + P_2 n + P_3 + 5[P_1(n-1)^2 + P_2(n-1) + P_3]$$
$$+ 6[P_1(n-2)^2 + P_2(n-2) + P_3] = 3n^2,$$
化简左边得
$$12P_1 n^2 + (-34P_1 + 12P_2)n + (29P_1 - 17P_2 + 12P_3) = 3n^2.$$
因此有
$$\begin{cases} 12P_1 = 3, \\ -34P_1 + 12P_2 = 0, \\ 29P_1 - 17P_2 + 12P_3 = 0. \end{cases}$$

解得 $P_1 = \frac{1}{4}, P_2 = \frac{17}{24}, P_3 = \frac{115}{288}$. 所求的特解是

$$H^*(n) = \frac{1}{4}n^2 + \frac{17}{24}n + \frac{115}{288}.$$

一般说来,当 $f(n)$ 是 n 的 t 次多项式时,对应的特解形式为

$$H^*(n) = P_1 n^t + P_2 n^{t-1} + \cdots + P_t n + P_{t+1},$$

其中 $P_1, P_2, \cdots, P_{t+1}$ 为待定系数.

例 6.7 求解递推关系

$$H(n) - H(n-1) = 7n$$

的特解.

解 如果我们设

$$H^*(n) = P_1 n + P_2,$$

代入原递推关系得

$$(P_1 n + P_2) - [P_1(n-1) + P_2] = 7n,$$

化简得

$$P_1 = 7n.$$

从上式解不出 P_1 和 P_2. 这是因为当原递推关系的特征根是 1 时,如果所设的特解中 n 的最高次幂的次数与 $f(n)$ 的次数一样,代入原递推关系以后,等式左边的 n 的最高次幂就会消去. 因此等式左边的多项式比右边的多项式的次数低. 为此,在设特解时要将 n 的最高次幂提高,并且可以不设常数项. 这里我们设

$$H^*(n) = P_1 n^2 + P_2 n,$$

代入原递推关系得

$$(P_1 n^2 + P_2 n) - [P_1(n-1)^2 + P_2(n-1)] = 7n,$$

化简上式得

$$2P_1 n + P_2 - P_1 = 7n,$$

解得 $P_1 = P_2 = 7/2$,因此所求的特解是

$$H^*(n) = \frac{7}{2}n(n+1).$$

例 6.8 求解递推关系

$$H(n) + 5H(n-1) + 6H(n-2) = 42 \cdot 4^n$$

的特解.

解 假设特解是下面的形式
$$H^*(n) = P \cdot 4^n,$$
其中 P 为待定系数. 代入原递推关系得
$$P \cdot 4^n + 5P \cdot 4^{n-1} + 6P \cdot 4^{n-2} = 42 \cdot 4^n,$$
化简得
$$42P = 42 \times 16,$$
解得 $P=16$, 那么所求的特解为
$$H^*(n) = 16 \cdot 4^n = 4^{n+2}.$$

例 6.9 求解递推关系
$$H(n) - 5H(n-1) + 6H(n-2) = 2^n$$
的特解.

解 因为 2 是对应的齐次递推关系的一个特征根, 2^n 就是齐次递推关系的一个解. 所以特解不能设为 $P \cdot 2^n$. 我们不妨设
$$H^*(n) = Pn2^n,$$
代入原递推关系得
$$Pn2^n - 5P(n-1)2^{n-1} + 6P(n-2) \cdot 2^{n-2} = 2^n,$$
化简得 $P=-2$, 所以原递推关系的特解是
$$H^*(n) = -n2^{n+1}.$$

一般地说, 当 $f(n)$ 是 β^n 的形式时, 若 β 不是对应的齐次递推关系的特征根, 则对应的特解是 $P \cdot \beta^n$, 其中 P 为待定系数; 若 β 是对应的齐次递推关系的 m 重特征根, 则对应的特解是 $Pn^m\beta^n$, 其中 P 为待定系数.

例 6.10 Hanoi 塔问题.

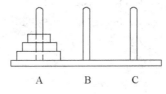

图 6.2 Hanoi 塔

如图 6.2, n 个圆盘按从大到小的顺序依次套在柱 A 上. 每次从一根柱子只能搬动一个圆盘到另一根柱子上. 如果在搬动过程中不允许大圆盘放在小圆盘的上面, 问至少需要多少次才能使所有的圆盘从柱 A 移到柱 B 上?

解 令 $h(n)$ 表示搬动 n 个盘所需要的次数, 设计搬动的算法如下: 先把 $n-1$ 个盘移到 C 上, 用 $h(n-1)$ 次, 然后把最大的盘移到 B 上, 最后再用 $h(n-1)$ 次把 C 上的盘移到 B 上. 所以有递推关系

$$\begin{cases} h(n) = 2h(n-1) + 1, \\ h(0) = 0. \end{cases}$$

这是一个常系数线性非齐次递推关系, 它的特征方程为 $x-2=0$, 齐次解为 2^n. 设它的特解为 P, 代入原递推关系得

$$P - 2P = 1.$$

所以特解是 -1. 根据前边的分析可知该递推关系的通解为

$$H(n) = c \cdot 2^n - 1,$$

代入初值 $H(0)=0$ 得 $c=1$. 所以有

$$h(n) = 2^n - 1, \quad n \geqslant 0.$$

对于常系数线性递推关系, 我们已经介绍了它的求解方法. 有些非线性的递推关系通过变换也可以化为常系数线性的递推关系, 请看下面的例子.

例 6.11 求解递推关系

$$\begin{cases} h^2(n) - 2h^2(n-1) = 1, & h(n) > 0, \\ h(0) = 2. \end{cases}$$

解 令 $g(n) = h^2(n)$, 代入原递推关系得

$$\begin{cases} g(n) - 2g(n-1) = 1, \\ g(0) = h^2(0) = 4. \end{cases}$$

解这个递推关系得

$$g(n) = 5 \cdot 2^n - 1,$$

从而得到

$$h(n) = \sqrt{5 \cdot 2^n - 1} \quad (\because h(n) > 0).$$

§4 用迭代和归纳法求解递推关系

迭代和归纳法也是求解递推关系的一种方法. 尤其对某些非线性的递推关系, 不存在求解的公式, 不妨用这种方法来试一试. 请看下面的例子.

例 6.12 给定 n 个实数 $a_1, a_2, \cdots, a_n$, 可以用多少种不同的方法来构成它们的乘积? 在这里我们认为相乘的顺序不同也是不同的方法, 如 $(a_1 \times a_2) \times a_3$ 与 $a_1 \times (a_2 \times a_3)$ 是不同的方法.

解 设 $h(n)$ 表示这 n 个数构成乘积的方法数. 显然 $h(1) = 1$. 假设 $n-1$ 个数 $a_1, \cdots, a_{n-1}$ 的乘积已经构成, 有 $h(n-1)$ 个. 任取其中的一个乘积, 它是由 $n-2$ 次乘法得到的. 对于其中的某一次相乘的两个因式, 把 a_n 乘到一个因式的左边或右边, 或乘到另一个因式的左边或右边, 共有四种加入 a_n 的方法. 再根据加法法则, 对于这个乘积加入 a_n 的方法是 $4(n-2)$ 种. 此外, 还可以把 a_n 分别乘在整个乘积的左边或右边, 所以加入 a_n 的方法数是

$$4(n-2) + 2 = 4n - 6.$$

根据以上的分析可以得到递推关系

$$\begin{cases} h(n) = (4n-6)h(n-1), & n \geqslant 2, \\ h(1) = 1. \end{cases}$$

这不是常系数线性递推关系, 我们用迭代和归纳法求解.

$$\begin{aligned}
h(n) &= (4n-6)h(n-1) \\
&= (4n-6)[4(n-1)-6]h(n-2) \\
&= (4n-6)(4n-10)(4n-14)h(n-3) \\
&\cdots\cdots \\
&= (4n-6)(4n-10)(4n-14)\cdots 6 \cdot 2 \cdot h(1) \\
&= 2^{n-1}[(2n-3)(2n-5)\cdots 3 \cdot 1]
\end{aligned}$$

$$= 2^{n-1} \frac{(2n-2)!}{(2n-2)(2n-4)\cdots 4 \cdot 2}$$

$$= \frac{(2n-2)!}{(n-1)!} = (n-1)! \binom{2n-2}{n-1}, \quad n \geqslant 2.$$

当 $n=1$ 时,上面的式子也是 1,所以有

$$h(n) = (n-1)! \binom{2n-2}{n-1}, \quad n \geqslant 1.$$

迭代的结果是否正确,要通过归纳法加以证明. 显然当 $n=1$ 时,上面的等式成立. 假设 $n=k$ 时等式也成立,则

$$h(k+1) = [4(k+1) - 6] h(k)$$

$$= (4k-2)(k-1)! \binom{2k-2}{k-1}$$

$$= 2(2k-1)(k-1)! \binom{2k-2}{k-1}$$

$$= \frac{2k(2k-1)!}{k!} = k! \binom{2k}{k}.$$

由归纳法可以知道构成乘积的方法数就是 $(n-1)! \binom{2n-2}{n-1}$

例 6.13 估计快速排序算法的平均比较次数.

设要排序的数是 $x_f, x_{f+1}, \cdots, x_l$. 将快速排序算法记作 Quicksort$(f,l)$. 这个算法的描述如下:

Quicksort(f,l):

1. 如果 $f \geqslant l$,则算法结束.

2. $i \leftarrow f+1$.

当 $x_i < x_f$ 时,做 $i \leftarrow i+1$(从左到右找到大于 x_f 的第一个数 x_i),

$$j \leftarrow l.$$

当 $x_j > x_f$ 时,做 $j \leftarrow j-1$(从右到左找到小于 x_f 的第一个数 x_j).

3. 当 $i < j$ 时做

$$x_i \longleftrightarrow x_j \quad (x_i \text{ 和 } x_j \text{ 交换}),$$
$$i \leftarrow i+1.$$

当 $x_i < x_f$ 时做
$$i \leftarrow i+1.$$
$$j \leftarrow j-1.$$

当 $x_j > x_f$ 时做
$$j \leftarrow j-1,$$

$x_f \longleftrightarrow x_j$(把 x_f 放好,原来的序列划分成两个序列).

4. Quicksort$(f, j-1)$ (对子序列递归地排序).
5. Quicksort$(j+1, l)$ (对子序列递归地排序).

例如图 6.3 给出了 13 个数的一个实例,按照算法执行步 1,步 2,步 3,各步交换的结果如图所示.

	x_f	x_{f+1}	x_{f+2}	⋯		x_{s-1}	x_s	x_{s+1}		x_{l-1}	x_l
初始	27	99	0	8	13	64	86	16	7	10	88	25	90
第一次交换	27	99	0	8	13	64	86	16	7	10	88	25	90
第二次交换	27	25	0	8	13	64	86	16	7	10	99	90
第三次交换	27	25	0	8	13	10	86	16	7	64	88	99	90
第四次交换	27	25	0	8	13	10	7	16	86	64	88	99	90
第五次交换	27	25	0	8	13	10	7	16	86	64	88	99	90
划分	16	25	0	8	13	10	7	27	86	64	88	99	90

图 6.3 一个快速排序算法的实例

不难看到,到第 3 步结束时,$x_{f+1}, \cdots, x_{s-1}$ 分别与 x_f 比较了一次,$x_{s+2}, \cdots, x_l$ 也分别与 x_f 比较了一次,而 x_s, x_{s+1} 各与 x_f 比较了两次,这 n 个数共比较了 $n+1$ 次.令 C_n 表示对 n 个数进行快速排序所用的平均比较次数,P_s 为 x_f 为第 s 个最小数的概率.如果

假设对任意的 s 这个概率都相等,即 $P_s = \dfrac{1}{n}$,那么有

$$C_n = \sum_{s=1}^{n} \dfrac{1}{n}(n+1+C_{s-1}+C_{n-s})$$

$$= n+1+\dfrac{2}{n}\sum_{s=0}^{n-1} C_s,$$

即

$$nC_n = n(n+1) + 2\sum_{s=0}^{n-1} C_s,$$

把 $(n-1)$ 代替 n 得

$$(n-1)C_{n-1} = n(n-1) + 2\sum_{s=0}^{n-2} C_s.$$

把上面两个式子相减得

$$nC_n - (n-1)C_{n-1} = 2n + 2C_{n-1},$$

化简得

$$nC_n = (n+1)C_{n-1} + 2n.$$

使用迭代法得

$$\dfrac{C_n}{n+1} = \dfrac{C_{n-1}}{n} + \dfrac{2}{n+1}$$

$$= \dfrac{2}{n+1} + \dfrac{2}{n} + \cdots + \dfrac{2}{3} + \dfrac{C_1}{2}.$$

因为 $C_1 = 0$,所以有

$$\dfrac{C_n}{n+1} = 2\sum_{k=3}^{n+1} \dfrac{1}{k},$$

而 $\sum_{k=3}^{n+1} \dfrac{1}{k} < \int_{2}^{n+1} \dfrac{1}{x} dx$ (参看图 6.4)

即 $\sum_{k=3}^{n+1} \dfrac{1}{k} = O(\log n)$,所以

$$C_n = O(n \log n).$$

由于交换的次数小于比较的次数,因此快速排序算法平均比

较次数的阶就是 $O(n\log n)$.

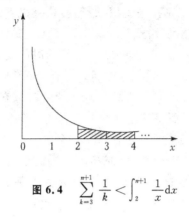

图 6.4 $\sum_{k=3}^{n+1}\frac{1}{k}<\int_{2}^{n+1}\frac{1}{x}\mathrm{d}x$

§5 递推关系在算法分析中的应用

对于给定的问题,一个计算机算法就是用计算机求解这个问题的方法. 一般说来,算法由有限条指令构成,每条指令说明计算机所执行的有限次运算或者操作. 算法 A 解问题 P 是指:把问题 P 的任何实例作为算法 A 的输入,A 能够在有限步停机,并输出该实例的正确的解.

怎样度量一个算法的效率?理论上我们不能用算法在机器上真正的运行时间作为度量标准,因为运行时间依赖于机器的硬件性能,如 CPU 速度等,也依赖于程序的代码质量. 我们希望这个度量能够反映算法本身的性能. 因此,一般的做法是针对问题选择基本运算,用基本运算次数来表示算法的效率,运算次数越多,效率就越低. 为了给出时间复杂度的清晰定义,有两个问题需要解决. 第一个问题是:算法运算次数与问题的实例规模有关. 比如对整数数组排序,其基本运算是数之间的比较. 显然 100000 个数的数组比 10 个数的数组所需要的比较次数要多得多,在这里数组的大小 $n=100000$ 或 10 代了不同的实例规模. 把排序算法对

规模为 n 的输入实例所做的比较次数记做 $T(n)$. 用这个函数表示算法的效率可以避免实例规模的影响,称之为算法的时间复杂度函数. 第二个问题是:对规模为 n 的两个不同的输入实例,算法的比较次数也可能不一样,选择哪一个作为时间复杂度函数的值呢？比如插入排序算法,设输入数组是 $i_1, i_2, \cdots, i_n$,算法初始从 i_1 开始,然后把 i_2 与 i_1 比较. 如果 $i_2 \geqslant i_1$,则把 i_2 放在 i_1 的后面,否则放在 i_1 的前面,从而得到含 2 个数的排好序的数组. 接着算法通过从后到前顺序比较的方法在这个 2 个数的数组中找到合适的位置插入 i_3. 继续这个过程,以同样的方法陆续插入 $i_4, i_5, \cdots$,直到插入 i_n 为止. 按照这个算法,如果输入数组是 $1, 2, \cdots, n$,那么插入每个数仅需要 1 次比较. 完成排序总计需要 $n-1$ 次比较. 但是,如果输入数组是 $n(n-1) \cdots 1$,那么插入 2 需要 1 次比较,插入 3 需要 2 次比较,$\cdots$,插入 n 需要 $n-1$ 次比较,完成排序所需要的比较次数是 $1+2+\cdots+n-1=n(n-1)/2$ 次. 上述两个数组的规模都等于 n,但插入算法所做的比较次数不一样. 为了解决这个问题,通常将算法的时间复杂度分为最坏情况下的时间复杂度与平均情况下的时间复杂度. 所谓最坏情况下的时间复杂度,用该算法求解输入规模为 n 的实例所做的基本运算次数的最大值来表示,通常记做 $W(n)$. 上述插入排序算法的最坏情况下的时间复杂度就是 $n(n-1)/2$. 为了得到平均情况下的时间复杂度,需要假定规模为 n 的所有输入实例的概率分布,基于这个概率分布计算算法所做基本运算次数的均值. 算法的平均复杂度通常记做 $A(n)$. 前一节的例 6.13 计算的就是快速排序算法的平均时间复杂度.

分治算法是一种常用的算法,这种算法通常是递归的,递推关系是求解递归算法的时间复杂度的有用工具.

先看两个熟悉的例子:二分查找和二分归并排序.

例 6.14 在一个排好序的数组 $T[1 \ldots n]$ 中查找 x. 如果 x 在 T 中,输出 x 在 T 中的下标 j;如果 x 不在 T 中,输出 $j=0$. 二分查找算法的思想是:如果数组只有一个元素,则直接与这个元素比较并输出结果. 否则, 先把 x 与数组中间的元素 $T[n/2]$ (如果 n 是奇数, 取 $T[(n(1)/2]$) 比较. 如果 $x=T[n/2]$, 算法结束; 如果 $x>T[n/2]$, 则在数组后半部分 $T[n/2+1...n]$ 中递归调用同样的算法查找 x; 如果 $x<T[n/2]$, 则在前半部分 $T[1...n/2]$ 中递归查找 x. 通过 x 与数组 T 中元素的 1 次比较, T 中需要检索的范围至少减半, 因此检索次数 $W(n)$ 满足下述递推公式

$$\begin{cases} W(n)=W\left(\left\lfloor \dfrac{n}{2} \right\rfloor\right)+1 \\ W(1)=1 \end{cases}$$

假设 $n=2^k$, k 是某个自然数, 可以把上述公式写成

$$\begin{cases} W(2^k)=W(2^{k-1})+1 \\ W(2^0)=1 \end{cases}$$

使用换元法得到

$$\begin{cases} T(k)=T(k-1)+1 \\ T(0)=1 \end{cases}$$

利用公式法或者迭代归纳法不难得到上述递推关系的解是 $T(k)=k+1$, 即 $W(n)=\log n+1$, 可以写成 $W(n)=O(\log n)$. 这个结果对于 $n\neq 2^k$ 也是正确的.

例 6.15 考虑二分归并排序算法. 它的设计思想是: 将被排序的数组分成相等的两个子数组, 然后使用同样的算法对两个子数组分别排序, 最后将两个排好序的子数组归并成一个数组. 例如对 8 个数的数组 L 进行排序, 先将 L 划分成 $L[1...4]$ 和 $L[5...8]$ 两个子数组, 然后分别对这两个子数组进行排序. 子数组的排序方法与原来数组的方法一样, 以 $L[1...4]$ 的排序为例, 先将 $L[1...4]$ 划分成 $L[1...2]$ 和 $L[3...4]$ 两个更小的子数组, 分别对它们排序, 然后进行归并. 当对更小的子数组 $L[1...2]$ 进行排序时, 按照算法需要进一步划分, 划分结果是 $L[1]$ 和 $L[2]$, 各含有 1 个元素, 不再需要递归排序. 将两个排好序的小数组 $A[p,q]$ 与 $A[q+1,r]$ 合并成一个排好序的大数组的方法是: 将这

两个小数组分别复制到 B 与 C 中,A 变成空数组,用来存放排好序的大数组. 接着,算法比较 B 与 C 的首元素,如果哪个首元素较小,就把它移到 A 中. 比较 1 次,就移走 B 或 C 的 1 个元素. 如果 B 或 C 中的一个变成空数组,那么就把另一个数组剩下的所有元素顺序复制到 A 中,从而完成归并. 假设 $n=2^k$,二分归并排序算法时间复杂度的递推关系是

$$\begin{cases} W(n)=2W\left(\dfrac{n}{2}\right)+n-1 \\ W(1)=0 \end{cases}$$

利用迭代归纳法得到

$$\begin{aligned} W(n) &= 2W(2^{k-1})+2^k-1 \\ &= 2[2W(2^{k-2})+2^{k-1}-1]+2^k-1 \\ &= 2^2 W(2^{k-2})+2^k-2+2^k-1 \\ &= 2^2[2W(2^{k-3})+2^{k-2}-1]+2^k-2+2^k-1 \\ &= 2^3 W(2^{k-3})+2^k-2^2+2^k-2+2^k-1 \\ &= \cdots \\ &= 2^k W(1)+k2^k-(2^{k-1}+2^{k-2}+\cdots+2+1) \\ &= k2^k-2^k+1 \\ &= n\log n-n+1 \end{aligned}$$

用递归树的模型可以说明上述迭代的思想. 下面以二分归并排序算法的递推关系

$$\begin{cases} W(n)=2W(n/2)+n-1, n=2^k \\ W(1)=0 \end{cases}$$

为例来构造递归树.

递归树是一棵结点带权的二叉树. 初始的递归树只有一个结点,它的权标记为 $W(n)$. 然后不断进行迭代,直到树中不再含有权为函数的结点为止. 迭代规则就是把递归树中权为函数的结点,如 $W(n), W(n/2), W(n/4), \cdots$ 等,用和这个函数相等的递推关系右部的子树来代替. 这种子树只有 2 层,树根标记为关系表

达式的右部除了函数之外的剩余部分,每一片树叶则代表一个递归的函数项. 例如第一步迭代,树中唯一的结点(第 0 层)$W(n)$ 可以用根是 $n-1$、2 片树叶都是 $W(n/2)$ 的子树来代替. 代替以后递归树由 1 层变成了 2 层. 第二步迭代,应该用根为 $n/2-1$、2 片树叶都是 $W(n/4)$ 的子树来代替树中权为 $W(n/2)$ 的叶结点(第 1 层),代替后递归树就变成了 3 层. 照这样进行下去,每迭代一次,递归树就增加一层,直到树叶都变成初值 1 为止. 整个迭代过程与递归树的生成过程完全对应起来,正如图 6.5 所示. 不难看出,在整个迭代过程中递归树中全部结点的权之和不变,总是等于函数 $W(n)$.

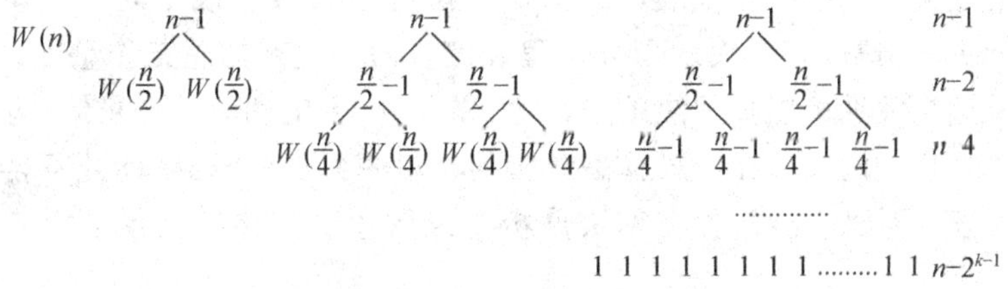

图 6.5 递归树

为了计算最终的递归树中所有结点的权之和,可以采用分层计算的方法. 递归树有 k 层,各层结点的权之和分别为

$$n-1, \quad n-2, \quad n-4, \quad \cdots, \quad n-2^{k-1}$$

因此总和为

$$nk-(1+2+\cdots+2^{k-1}) = k-(2^k-1) = n\log n - n + 1$$

不难看出,这个结果与刚才的结果完全一致.

对递归算法时间复杂度的分析通常需要求解相应的递推关系,在递归算法中最常见的递推关系有下面两类

$$T(n) = \sum_{i=1}^{k} a_i T(n-i) + f(n)$$

$$T(n) = aT\left(\frac{n}{b}\right) + d(n)$$

例如 Hanoi 塔的求解算法复杂度分析的递推关系
$$\begin{cases} W(n) = 2W(n-1) + 1 \\ W(1) = 1 \end{cases}$$
就是第一类。对于这类关系式，通常可以尝试使用迭代、换元、递归树等方法求解。第二类递推关系适用于与二分检索和二分归并排序等类似的算法。在算法运行时，需要将输入均衡划分成两个或者更多的组，每组数据作为一个子问题的输入，然后递归求解每个子问题。当得到所有子问题的解以后，需要把这些解加以综合，从而得到原问题的解。递归调用的过程就是不断把原问题归约为子问题求解的过程，直到子问题的规模小到可以直接求解为止。上述关系式中的 a 代表归约后的子问题个数，b 代表子问题规模减少的倍数，$d(n)$ 表示划分过程和综合解的过程的总工作量。这种递推关系可以尝试使用迭代法、递归树、主定理等方法求解。有关主定理的知识在一般算法分析的教材中都可以找到，此处不再赘述。下面给出几种在算法分析中经常用到的递推关系的求解结果。

当 $d(n)$ 为常数有
$$T(n) = \begin{cases} O(n^{\log_b a}) & a \neq 1 \\ O(\log n) & a = 1 \end{cases}$$

当 $d(n) = cn$（c 是某个常数）时有
$$T(n) = \begin{cases} O(n) & a < b \\ O(n \log n) & a = b \\ O(n^{\log_b a}) & a > b \end{cases}$$

利用上述结果，二分检索算法属于上述公式中 $a = 1, d(n) = 1$ 的情况，时间复杂度为 $O(\log n)$；二分归并排序算法属于 $a = b = 2, d(n) = cn$ 的情况，时间复杂度为 $O(n \log n)$。

习 题 六

设 $f(n)$ 是 Fibonacci 数。

第六章 递推关系

6.1 计算 $f(0)-f(1)+f(2)-\cdots+(-1)^n f(n)$.

6.2 证明下面的等式：

1) $f^2(n-1)+f^2(n)=f(2n)$；

2) $f(n)\cdot f(n+1)-f(n-1)\cdot f(n-2)=f(2n)$；

3) $f^3(n)+f^3(n+1)-f^3(n-1)=f(3n+2)$.

6.3 1) 证明 $f(n)\cdot f(n+2)-f^2(n+1)=\pm 1$；

2) 当 n 是什么值时，等式右边是 1？当 n 是什么值时，等式右边是 -1？

6.4 定义级数 $H_1=a, H_2=b$，且 $H_{n+2}=H_{n+1}+H_n$，求 H_n.

6.5 已知 $a_0=0, a_1=1, a_2=4, a_3=12$ 满足递推关系 $a_n+c_1 a_{n-1}+c_2 a_{n-2}=0$，求 c_1 和 c_2.

6.6 求解递推关系：

1) $\begin{cases} a_n-7a_{n-1}+12a_{n-2}=0, \\ a_0=4, a_1=6; \end{cases}$

2) $\begin{cases} a_n+a_{n-2}=0, \\ a_0=0, a_1=2; \end{cases}$

3) $\begin{cases} a_n+6a_{n-1}+9a_{n-2}=3, \\ a_0=0, a_1=1; \end{cases}$

4) $\begin{cases} a_n-3a_{n-1}+2a_{n-2}=1, \\ a_0=4, a_1=6; \end{cases}$

5) $\begin{cases} a_n-7a_{n-1}+10a_{n-2}=3^n, \\ a_0=0, a_1=1. \end{cases}$

6.7 已知递推关系 $c_0 a_n+c_1 a_{n-1}+c_2 a_{n-2}=f(n)$ 的解是 3^n+4^n+2，若对所有的 n 有 $f(n)=6$，求 c_0, c_1 和 c_2.

6.8 求解递推关系：

1) $\begin{cases} na_n+(n-1)a_{n-1}=2^n, & n\geqslant 1, \\ a_0=273; \end{cases}$

2) $\begin{cases} a_n^2 - 2a_{n-1} = 0, & n \geq 1, \\ a_0 = 4; \end{cases}$

3) $\begin{cases} a_n - na_{n-1} = n!, & n \geq 1, \\ a_0 = 2. \end{cases}$

6.9 设 a_n 是 n 个元素的集合的划分个数,证明

$$a_{n+1} = \sum_{i=0}^{\infty} \binom{n}{i} a_i, \quad a_0 = 1.$$

6.10 设 a_n 为一凸 n 边形被其对角线划分为互不重合的区域的个数,设该凸 n 边形每三条对角线都不交于一点.

1) 证明

$$\begin{cases} a_n - a_{n-1} = \dfrac{(n-1)(n-2)(n-3)}{6} + n - 2, & n \geq 3, \\ a_0 = a_1 = a_2 = 0; \end{cases}$$

2) 求 a_n.

6.11 求下列 n 阶行列式的值 d_n

$$d_n = \begin{vmatrix} 2 & 1 & 0 & \cdots & 0 & 0 \\ 1 & 2 & 1 & \cdots & 0 & 0 \\ 0 & 1 & 2 & \cdots & 0 & 0 \\ \cdots & \cdots & \cdots & \cdots & \cdots \\ 0 & 0 & 0 & \cdots & 1 & 2 \end{vmatrix}.$$

6.12 平面上有 n 条直线,它们两两相交且没有三线交于一点,求这 n 条直线把平面分成多少个区域?

6.13 一个 $1 \times n$ 的方格图形用红、蓝两色涂色每个方格. 如果每个方格只能涂一种颜色,且不允许两个红格相邻,问有多少种涂色方案?

6.14 如果传送信号 A 要 1 微秒,传送信号 B 和 C 各需要 2 微秒. 一个信息是字符 A, B 或 C 构成的有限长度的字符串(不考虑空串),问 n 微秒可以传送的不同信息有多少个?

6.15 有 n 条封闭的曲线,两两相交于两点,并且任意三条都

不交于一点,求这 n 条封闭曲线把平面化分成的区域个数.

6.16 设 a_n 表示不含两个连续 0 的 n 位 0-1 字符串的个数,求 a_n.

6.17 某公司有 n 千万元可以用于对 a,b,c 三个项目的投资.假设每年投资一个项目.投资的规则是:或者对 a 投资 1 千万元,或者对 b 投资 2 千万元,或者对 c 投资 2 千万元.问用完 n 千万元有多少种不同的方案?

6.18 一个编码系统用 8 进制数字对信息编码,一个码字是有效的当且仅当含有偶数个 7,求 n 位长的有效码字有多少个?

6.19 设 a 是正实数,n 为正整数,且 n 恰好是 2 的幂.由于 $a^n = a^{n/2} a^{n/2}$,可以把 a^n 的计算归结为 $a^{n/2}$ 的计算.下述算法 Power 是计算 a^n 的算法.

算法 Power(a,n)

1. if $n=1$ then return a
2. else $x \leftarrow$ Power($a,n/2$)   // 计算 $a^n/2$
3. return $x^* x$ // x 与 x 相乘

针对这个算法考虑下面的问题:

1) 设 a 为实数,如果以两个数的相乘做为基本运算,估计算法 Power 最坏情况下的时间复杂度.

2) 在 Fibonacci 数列 1,1,2,3,5,8,… 的前面加上一个 0,得到数列 $\{F_n\}$,证明

$$\begin{bmatrix} F_{n+1} & F_n \\ F_n & F_{n-1} \end{bmatrix} = \begin{bmatrix} 1 & 1 \\ 1 & 0 \end{bmatrix}^n.$$

3) 对于 $n=2^k,k$ 为正整数,如何利用上述公式和算法 Power 计算 F_n?把这个算法与直接利用递推公式计算 F_n 的算法进行比较,哪个效率更高?为什么?

6.20 设 A 是 $n(n>1)$ 个不等的正整数构成的集合,其中 $n=2^k,k$ 为正整数.考虑下述在 A 中找最大和最小的算法 MaxMin:如果 A 中只有 2 个数,那么比较 1 次就可以确定最大数与最小数.

否则,将 A 划分成相等的两个子集 A_1 与 A_2. 用算法 MaxMin 递归地在 A_1 与 A_2 中找最大与最小. 令 a_1, a_2 分别表示 A_1 与 A_2 中的最大数, b_1 与 b_2 分别表示 A_1 与 A_2 中的最小数, 那么 $\max\{a_1, a_2\}$ 与 $\min\{b_1, b_2\}$ 就是所需要的结果. 对于规模为 n 的输入, 计算算法 MaxMin 最坏情况下所作的比较次数.

第七章 生成函数

生成函数也叫做母函数或发生函数.利用生成函数可以求解组合计数问题.这个方法最早是由 Euler 提出来的.

§1 生成函数的定义及性质

定义 7.1 设 $a_0, a_1, \cdots, a_n, \cdots$ 是一个数列,做形式幂级数
$$f(x) = a_0 + a_1 x + a_2 x^2 + \cdots + a_n x^n + \cdots,$$
我们称 $f(x)$ 是数列 $a_0, a_1, \cdots, a_n, \cdots$ 的生成函数.

例 7.1 设 m 是正整数,给出二项式系数的数列 $\binom{m}{0}, \binom{m}{1}$, $\cdots, \binom{m}{m}$. 设它的生成函数是 $f_m(x)$,则
$$f_m(x) = \binom{m}{0} + \binom{m}{1} x + \cdots + \binom{m}{m} x^m = (1+x)^m. \quad (7.1)$$

设 α 是一个实数,关于数列 $\binom{\alpha}{0}, \binom{\alpha}{1}, \cdots, \binom{\alpha}{n}, \cdots$ 的生成函数记作 $f_\alpha(x)$,则
$$f_\alpha(x) = \binom{\alpha}{0} + \binom{\alpha}{1} x + \cdots + \binom{\alpha}{n} x^n + \cdots = (1+x)^\alpha. \quad (7.2)$$

例 7.2 求数列 $a_0, a_1, \cdots, a_n, \cdots$ 的生成函数,其中 a_n 是多重集 $\{\infty \cdot b_1, \infty \cdot b_2, \cdots, \infty \cdot b_k\}$ 的 n-组合数 $\binom{k+n-1}{n}$.

解 设该数列 $\{a_n\}$[①] 的生成函数是 $g_k(x)$,则

---

① 数列 $a_0, a_1, \cdots, a_n, \cdots$ 可简记作 $\{a_n\}$.

$$g_k(x) = \binom{k-1}{0} + \binom{k}{1}x + \cdots + \binom{k+n-1}{n}x^n + \cdots$$
$$= \frac{1}{(1-x)^k} = (1-x)^{-k}. \quad (7.3)$$

当 $k=1$ 时,$S=\{\infty \cdot b_1\}$,它的 n-组合数永远是 1. 这时数列变成 $1,1,\cdots$,而由(7.3)式有

$$g_1(x) = \frac{1}{1-x} = 1 + x + x^2 + \cdots.$$

当 $k=2$ 时,$S=\{\infty \cdot b_1, \infty \cdot b_2\}$,它的 n-组合数是 $n+1$,这时数列变成 $1,2,3,\cdots,n+1,\cdots$,而由(7.3)式有

$$g_2(x) = \frac{1}{(1-x)^2} = 1 + 2x + 3x^2 + \cdots + (n+1)x^n + \cdots.$$

下列给出生成函数的一些性质:

设数列 $\{a_n\},\{b_n\},\{c_n\}$ 的生成函数分别是 $A(x),B(x)$ 和 $C(x)$.

1. 如果 $b_n = \alpha a_n$,α 为常数,则 $B(x) = \alpha A(x)$.

证明 $B(x) = \sum_{n=0}^{\infty} b_n x^n = \sum_{n=0}^{\infty} \alpha a_n x^n = \alpha \sum_{n=0}^{\infty} a_n x^n = \alpha A(x)$

2. 如果 $c_n = a_n + b_n$,则 $C(x) = A(x) + B(x)$.

此证明留作练习.

3. 如果 $C_n = \sum_{i=0}^{\infty} a_i b_{n-i}$,则 $C(x) = A(x) \cdot B(x)$.

证明 $C_0 = a_0 b_0$,
$C_1 x = a_0 b_1 x + a_1 b_0 x$,
$C_2 x^2 = a_0 b_2 x^2 + a_1 b_1 x^2 + a_2 b_0 x^2$,
$\cdots\cdots\cdots\cdots\cdots\cdots\cdots\cdots\cdots\cdots$
$C_n x^n = a_0 b_n x^n + a_1 b_{n-1} x^n + a_2 b_{n-2} x^n$
$\qquad + \cdots + a_n b_0 x^n$,
$\cdots\cdots\cdots\cdots\cdots\cdots\cdots\cdots\cdots\cdots$

把以上各式的两边分别相加得

$$C(x) = a_0 \cdot B(x) + a_1 x \cdot B(x) + \cdots + a_n x^n \cdot B(x) + \cdots$$
$$= A(x) \cdot B(x).$$

4. 如果 $b_n = \begin{cases} 0, & n < l, \\ a_{n-l}, & n \geq l. \end{cases}$ 则 $B(x) = x^l \cdot A(x)$.

证明 $B(x) = \sum_{n=0}^{\infty} b_n x^n = \sum_{n=l}^{\infty} b_n x^n$

$$= \sum_{n=l}^{\infty} a_{n-l} x^n = x^l \sum_{n=l}^{\infty} a_{n-l} x^{n-l}$$

$$= x^l \sum_{n=0}^{\infty} a_n x^n = x^l \cdot A(x).$$

5. 如果 $b_n = a_{n+l}$,则

$$B(x) = \frac{A(x) - \sum_{n=0}^{l-1} a_n x^n}{x^l}.$$

此证明留作练习.

6. 如果 $b_n = \sum_{i=0}^{n} a_i$,则 $B(x) = \frac{A(x)}{1-x}$.

证明 $b_0 = a_0,$

$\quad\quad b_1 x = a_0 x + a_1 x.$

$\quad\quad b_2 x^2 = a_0 x^2 + a_1 x^2 + a_2 x^2,$

$\quad\quad \cdots\cdots\cdots\cdots\cdots\cdots\cdots\cdots\cdots\cdots$

$\quad\quad b_n x^n = a_0 x^n + a_1 x^n + a_2 x^n + \cdots + a_n x^n,$

$\quad\quad \cdots\cdots\cdots\cdots\cdots\cdots\cdots\cdots\cdots\cdots$

把以上各式的两边分别相加得

$$B(x) = a_0(1 + x + x^2 + \cdots) + a_1 x(1 + x + x^2 + \cdots)$$
$$+ a_2 x^2(1 + x + x^2 + \cdots) + \cdots$$
$$= (a_0 + a_1 x + a_2 x^2 + \cdots)(1 + x + x^2 + \cdots)$$
$$= \frac{A(x)}{1-x}.$$

7. 如果 $b_n = \sum_{i=n}^{\infty} a_i$,且 $A(1) = \sum_{n=0}^{\infty} a_n$ 收敛,则 $B(x) = \dfrac{A(1) - xA(x)}{1-x}$.

证明 因为 $A(1) = \sum_{n=0}^{\infty} a_n$ 收敛,所以 $b_n = \sum_{i=n}^{\infty} a_i$ 是存在的.

$b_0 = a_0 + a_1 + a_2 + \cdots = A(1),$
$b_1 x = a_1 x + a_2 x + \cdots = [A(1) - a_0]x,$
$b_2 x^2 = a_2 x^2 + a_3 x^2 + \cdots = [A(1) - a_0 - a_1]x^2,$
$\cdots\cdots\cdots\cdots\cdots\cdots\cdots\cdots\cdots\cdots$
$b_n x^n = a_n x^n + a_{n+1} x^n + \cdots = [A(1) - a_0 - \cdots - a_{n-1}]x^n,$
$\cdots\cdots\cdots\cdots\cdots\cdots\cdots\cdots\cdots\cdots$

把以上各式的两边分别相加得

$$\begin{aligned} B(x) &= A(1) + [A(1) - a_0]x + [A(1) - a_0 - a_1]x^2 \\ &\quad + \cdots + [A(1) - a_0 - \cdots - a_{n-1}]x^n + \cdots \\ &= A(1)(1 + x + x^2 + \cdots) - a_0 x(1 + x + x^2 + \cdots) \\ &\quad - a_1 x^2(1 + x + x^2 + \cdots) - \cdots - a_{n-1} x^n(1 + x + x^2 \\ &\quad + \cdots) - \cdots \\ &= [A(1) - x(a_0 + a_1 x + \cdots)] \cdot (1 + x + x^2 + \cdots) \\ &= \dfrac{A(1) - x \cdot A(x)}{1 - x}. \end{aligned}$$

8. 如果 $b_n = \alpha^n a_n$,α 为常数,则 $B(x) = A(\alpha x)$.

此证明留作练习.

9. 如果 $b_n = na_n$,则 $B(x) = xA'(x)$.

证明 由 $A(x) = \sum_{n=0}^{\infty} a_n x^n$ 得

$$A'(x) = \sum_{n=1}^{\infty} n a_n x^{n-1},$$

所以有

$$x \cdot A'(x) = \sum_{n=1}^{\infty} na_n x^n = \sum_{n=0}^{\infty} na_n x^n$$
$$= \sum_{n=0}^{\infty} b_n x^n = B(x).$$

10. 如果 $b_n = \dfrac{a_n}{n+1}$, 则 $B(x) = \dfrac{1}{x} \int_0^x A(x) \mathrm{d}x$.

证明 由 $A(x) = \sum\limits_{n=0}^{\infty} a_n x^n$ 得

$$\int_0^x A(x)\mathrm{d}x = \sum_{n=0}^{\infty} \int_0^x a_n x^n \mathrm{d}x$$
$$= \sum_{n=0}^{\infty} \int_0^x b_n(n+1)x^n \mathrm{d}x$$
$$= \sum_{n=0}^{\infty} b_n x^{n+1} = x \cdot B(x),$$

因此得

$$B(x) = \frac{1}{x} \int_0^x A(x)\mathrm{d}x.$$

利用这些性质, 我们可以求某些数列的生成函数, 也可以计算数列的和.

例 7.3 求 $\{a_n\}$ 的生成函数:

(1) $a_n = 7 \cdot 3^n$;

(2) $a_n = n(n+1)$;

(3) $a_n = \begin{cases} 0, & n = 0, 1, 2, \\ (-1)^n, & n \geqslant 3. \end{cases}$

解 (1) 设 $b_n = 1$, 则 $\{b_n\}$ 的生成函数为 $\dfrac{1}{1-x}$. 令

$$c_n = 3^n = 3^n \cdot b_n,$$

由性质 8 得到 $\{c_n\}$ 的生成函数是

$$c(x) = \frac{1}{1-3x}.$$

而 $a_n = 7 \cdot c_n$，再由性质 1 可得 $\{a_n\}$ 的生成函数是
$$A(x) = \frac{7}{1-3x},$$

(2) 设 $A(x) = \sum_{n=0}^{\infty} a_n x^n = \sum_{n=0}^{\infty} n(n+1) x^n.$

对上式两边积分得
$$\int_0^x A(x) \mathrm{d}x = \sum_{n=0}^{\infty} \int_0^x n(n+1) x^n \mathrm{d}x$$
$$= \sum_{n=0}^{\infty} n x^{n+1} = x \sum_{n=0}^{\infty} n x^n.$$

$\{1\}$ 的生成函数是 $\frac{1}{1-x}$，由性质 9 可知 $\{n\}$ 的生成函数是
$$x \left(\frac{1}{1-x} \right)' = \frac{x}{(1-x)^2},$$

所以有
$$\int_0^x A(x) \mathrm{d}x = \frac{x^2}{(1-x)^2},$$

对上式两边微商得
$$A(x) = \frac{2x}{(1-x)^3}.$$

(3) $A(x) = \sum_{n=0}^{\infty} a_n x^n = \sum_{n=3}^{\infty} (-1)^n x^n$
$$= x^3 \sum_{n=3}^{\infty} (-1)^n x^{n-3}$$
$$= -x^3 \sum_{n=0}^{\infty} (-1)^n x^n = \frac{-x^3}{1+x}.$$

例 7.4 已知 $\{a_n\}$ 的生成函数是
$$A(x) = \frac{2+3x-6x^2}{1-2x},$$

求 a_n.

解 用部分分式的方法得

$$A(x) = \frac{2+3x-6x^2}{1-2x} = \frac{2}{1-2x} + 3x.$$

而

$$\frac{2}{1-2x} = 2 \cdot \frac{1}{1-2x} = 2\sum_{n=0}^{\infty} 2^n x^n = \sum_{n=0}^{\infty} 2^{n+1} x^n,$$

所以有

$$a_n = \begin{cases} 2^{n+1}, & n \neq 1, \\ 2^2 + 3 = 7, & n = 1. \end{cases}$$

例 7.5 计算下面级数的和

$$1^2 + 2^2 + \cdots + n^2.$$

解 先求 $\{n^2\}$ 的生成函数 $A(x) = \sum_{n=0}^{\infty} n^2 x^n$. 由

$$\frac{1}{(1-x)^2} = \sum_{n=1}^{\infty} n x^{n-1}$$

得

$$\frac{x}{(1-x)^2} = \sum_{n=1}^{\infty} n x^n.$$

对上式两边微商得

$$\frac{1+x}{(1-x)^3} = \sum_{n=1}^{\infty} n^2 x^{n-1},$$

所以有

$$\frac{(1+x) \cdot x}{(1-x)^3} = \sum_{n=1}^{\infty} n^2 x^n = \sum_{n=0}^{\infty} n^2 x^n = A(x).$$

令 $b_n = \sum_{i=1}^{\infty} a_i$,根据性质 6 可知 $\{b_n\}$ 的生成函数是

$$B(x) = \frac{A(x)}{1-x} = \frac{x(1+x)}{(1-x)^4} = \frac{x}{(1-x)^4} + \frac{x^2}{(1-x)^4}.$$

$\dfrac{1}{(1-x)^4}$ 的展开式中 x^n 的系数是

$$\frac{(n+3)(n+2)(n+1)}{3!}$$

所以 $B(x)$ 的展开式中 x^n 的系数是
$$b_n = \frac{(n+2)(n+1)n}{6} + \frac{(n+1)n(n-1)}{6}$$
$$= \frac{n(n+1)(2n+1)}{6}.$$
从而我们得到级数和
$$1^2 + 2^2 + \cdots + n^2 = \frac{n(n+1)(2n+1)}{6}.$$

§2 多重集的 r-组合数

设多重集 $S = \{\infty \cdot e_1, \infty \cdot e_2, \cdots, \infty \cdot e_k\}$. S 的 r-组合数是 $a_r = \binom{r+k-1}{r}$,它也是方程 $x_1 + x_2 + \cdots + x_k = r$ 的非负整数解的个数. 下面我们用生成函数的方法求 a_r.

设 $\{a_r\}$ 的生成函数是 $A(y)$,做幂级数
$$(1 + y + y^2 + \cdots)^k, \tag{7.4}$$
把这个式子展开以后,它的各项都是如下的形式:
$$y^{x_1} y^{x_2} \cdots y^{x_k} = y^{x_1 + x_2 + \cdots + x_k},$$
其中 y^{x_1} 来自第一个因式 $(1+y+y^2+\cdots)$,y^{x_2} 来自第二个因式 $(1+y+y^2+\cdots)$,$\cdots$,y^{x_k} 来自第 k 个因式 $(1+y+y^2+\cdots)$,且 $x_1, \cdots, x_k$ 为非负整数. 不难看出 (7.4) 式的展开式中 y^r 的系数对应了方程 $x_1 + x_2 + \cdots + x_k = r$ 的非负整数解的个数,所以 (7.4) 式就是 $\{a_r\}$ 的生成函数 $A(y)$. 而

$$A(y) = \frac{1}{(1-y)^k} = \sum_{r=0}^{\infty} \binom{k+r-1}{r} y^r \quad (\text{参照等式}(4.19)),$$

所以 $a_r = \binom{k+r-1}{r}$.

设多重集 $S = \{n_1 \cdot e_1, n_2 \cdot e_2, \cdots, n_k \cdot e_k\}$,$S$ 的 r-组合数 a_r 就相当于方程

$$x_1 + x_2 + \cdots + x_k = r$$
$$(x_1 \leqslant n_1, x_2 \leqslant n_2, \cdots, x_k \leqslant n_k)$$

的非负整数解的个数. 考虑 $\{a_r\}$ 的生成函数 $A(y)$, 类似于前面的分析, 可以得到

$$A(y) = (1 + y + y^2 + \cdots + y^{n_1})$$
$$\cdot (1 + y + y^2 + \cdots + y^{n_2}) \cdots (1 + y + \cdots + y^{n_k}),$$

那么 $A(y)$ 的展开式中 x^r 的系数 a_r 就是所求的 S 的 r-组合数.

例 7.6 求 $S = \{3 \cdot a, 4 \cdot b, 5 \cdot c\}$ 的 10-组合数.

解 设 S 的 10-组合数为 a_{10}, 则 $\{a_n\}$ 的生成函数为

$$A(y) = (1 + y + y^2 + y^3)(1 + y + y^2 + y^3 + y^4)$$
$$\cdot (1 + y + y^2 + y^3 + y^4 + y^5).$$

不难得到上式中 y^{10} 的系数是 6, 这与例 5.6 用包含排斥原理所求的结果一致.

用生成函数的方法还可以求解有限制条件的多重集的 r-组合数.

例 7.7 设 $S = \{\infty \cdot e_1, \infty \cdot e_2, \cdots, \infty \cdot e_k\}$, 求 S 的每个元素只出现偶数次的 r-组合数 a_r.

解 令 (a_r) 的生成函数是 $A(y)$, 则

$$A(y) = (1 + y^2 + y^4 + \cdots)^k = \frac{1}{(1 - y^2)^k}$$
$$= 1 + ky^2 + \binom{k+1}{2}y^4 + \cdots + \binom{k+n-1}{n}y^{2n}$$
$$+ \cdots,$$

所以有

$$a_r = \begin{cases} \binom{k+n-1}{n}, & r = 2n, \\ 0, & r = 2n+1. \end{cases} \quad (n = 0, 1, \cdots)$$

用生成函数的方法也可以求解不定方程的整数解的个数.

例 7.8 求方程 $x_1 + x_2 + x_3 = 1$ 的整数解的个数, 其中 $x_1, x_2, x_3 > -5$.

解 做变换,令 $x_1=x_1'-4, x_2=x_2'-4, x_3=x_3'-4$,则原方程变成

$$\begin{cases} x_1'+x_2'+x_3'=13, \\ x_1', x_2', x_3' \geqslant 0. \end{cases}$$

这个方程与原方程的解的个数相等. 设解的个数为 a_{13},则 $\{a_r\}$ 的生成函数是

$$A(y) = \frac{1}{(1-y)^3} = \sum_{r=0}^{\infty} \binom{r+2}{2} y^r,$$

所以有

$$a_{13} = \binom{13+2}{2} = 105.$$

例 7.9 求不定方程 $x_1+2x_2=15$ 的非负整数解的个数 a_{15}.

解 设 $\{a_r\}$ 的生成函数为 $A(y)$,则

$$\begin{aligned} A(y) &= (1+y+y^2+\cdots)(1+y^2+y^4+\cdots) \\ &= \frac{1}{1-y} \cdot \frac{1}{1-y^2} \\ &= \frac{1}{2(1-y)^2} + \frac{1}{4(1-y)} + \frac{1}{4(1+y)} \\ &= \frac{1}{2}\sum_{r=0}^{\infty}(r+1)y^r + \frac{1}{4}\sum_{r=0}^{\infty}y^r + \frac{1}{4}\sum_{r=0}^{\infty}(-1)^r y^r, \\ a_r &= \frac{1}{2}(r+1) + \frac{1}{4} + \frac{1}{4}(-1)^r. \end{aligned}$$

所以 $a_{15} = \frac{1}{2} \times 16 + \frac{1}{4} - \frac{1}{4} = 8$,列出这 8 个解如下:

$$\begin{cases} x_1=1, \\ x_2=7; \end{cases} \begin{cases} x_1=3, \\ x_2=6; \end{cases} \begin{cases} x_1=5, \\ x_2=5; \end{cases} \begin{cases} x_1=7, \\ x_2=4; \end{cases}$$

$$\begin{cases} x_1=9, \\ x_2=3; \end{cases} \begin{cases} x_1=11, \\ x_2=2; \end{cases} \begin{cases} x_1=13, \\ x_2=1; \end{cases} \begin{cases} x_1=15, \\ x_2=0. \end{cases}$$

一般说来,不定方程

$$p_1 x_1 + p_2 x_2 + \cdots + p_k \cdot x_k = r$$

$$(p_1, p_2, \cdots, p_k \text{ 为正整数})$$

的非负整数解的个数设为 a_r, 考虑下面的函数

$$A(y) = [1 + y^{p_1} + (y^{p_1})^2 + \cdots]$$
$$\cdot [1 + y^{p_2} + (y^{p_2})^2 + \cdots]$$
$$\cdots [1 + y^{p_k} + (y^{p_k})^2 + \cdots],$$

$A(y)$ 的展开式的每一项都是如下形式：

$$y^{p_1 x_1} \cdot y^{p_2 x_2} \cdots \cdot y^{p_k x_k} = y^{p_1 x_1 + p_2 x_2 + \cdots + p_k x_k},$$

其中 $x_1, x_2, \cdots, x_k$ 为非负整数, 所以 $A(y)$ 的展开式中 y^r 的系数就是方程 $p_1 x_1 + p_2 x_2 + \cdots + p_k x_k = r$ 的非负整数解的个数. 把 $A(y)$ 变形为

$$A(y) = \frac{1}{(1-y^{p_1})(1-y^{p_2})\cdots(1-y^{p_k})},$$

这就是 $\{a_r\}$ 的生成函数.

不难看出当 $p_1 = p_2 = \cdots = p_k = 1$ 时, $A(y) = \dfrac{1}{(1-y)^k}$ 就是方程 $x_1 + x_2 + \cdots + x_k = r$ 的非负整数解个数 $\{a^r\}$ 的生成函数.

*§3 用生成函数来求解递推关系

用生成函数的方法可以求解递推关系. 请看下面的例子.

例 7.10 求解递推关系

$$\begin{cases} a_n - 5a_{n-1} + 6a_{n-2} = 0, \\ a_0 = 1, a_1 = -2. \end{cases}$$

解 设

$$A(x) = a_0 + a_1 x + a_2 x^2 + \cdots,$$

所以有

$$-5x \cdot A(x) = -5a_0 x - 5a_1 x^2 - \cdots,$$
$$6x^2 \cdot A(x) = 6a_0 x^2 + 6a_1 x^3 + \cdots.$$

把以上三个式子的两边相加得

$$(1-5x+6x^2) \cdot A(x) = a_0 + (a_1 - 5a_0)x,$$

代入初值 $a_0 = 1, a_1 = -2$ 得

$$A(x) = \frac{1-7x}{1-5x+6x^2},$$

而由部分分式的方法得

$$A(x) = \frac{5}{1-2x} - \frac{4}{1-3x}$$

$$= 5\sum_{n=0}^{\infty} 2^n x^n - 4\sum_{n=0}^{\infty} 3^n x^n.$$

所以有 $a_n = 5 \cdot 2^n - 4 \cdot 3^n, n \geq 0$。

例 7.11 求解递推关系

$$\begin{cases} h_n = \sum_{k=1}^{n-1} h_k h_{n-k}, n \geq 2, \\ h_1 = 1. \end{cases}$$

解 这是一个非线性的递推关系,令

$$H(x) = \sum_{n=1}^{\infty} h_n x^n,$$

把上式两边平方得

$$H^2(x) = \sum_{k=1}^{\infty} h_k x^k \cdot \sum_{l=1}^{\infty} h_l x^l = \sum_{k=1}^{\infty} \sum_{l=1}^{\infty} h_k h_l x^{k+l}$$

$$= \sum_{n=2}^{\infty} x^n \sum_{k=1}^{n-1} h_k h_{n-k} = \sum_{n=2}^{\infty} h_n x^n = H(x) - h_1 x.$$

代入初值 $h_1 = 1$ 得

$$H^2(x) = H(x) - x,$$

解这个关于 $H(x)$ 的一元二次方程得

$$H_1(x) = \frac{1+\sqrt{1-4x}}{2}, \quad H_2(x) = \frac{1-\sqrt{1-4x}}{2}.$$

因为 $H(0) = 0$,开方应该取负号,故舍去 $H_1(x)$,得

$$H(x) = \frac{1-\sqrt{1-4x}}{2} = \frac{1}{2} - \frac{1}{2}(1-4x)^{\frac{1}{2}}.$$

由牛顿二项式定理得

$$H(x) = \frac{1}{2} - \frac{1}{2}\Big[1 + \sum_{n=1}^{\infty} \frac{(-1)^{n-1}}{n \cdot 2^{2n-1}} \binom{2n-2}{n-1}(-4x)^n\Big]$$

$$= \sum_{n=1}^{\infty} \frac{(-1)^n}{n \cdot 2^{2n}}(-1)^n 2^{2n}\binom{2n-2}{n-1}x^n$$

$$= \sum_{n=1}^{\infty} \frac{1}{n}\binom{2n-2}{n-1}x^n,$$

所以 $h_n = \frac{1}{n}\binom{2n-2}{n-1}$.

§4 正整数的剖分

所谓正整数的剖分,就是把正整数 N 表成若干个正整数之和,剖分可以分为无序剖分和有序剖分. 不允许重复的剖分和允许重复的剖分.

例如,按照上述的性质可将 4 的剖分列成表 7.1.

表 7.1 4 的剖分

	有 序	无 序
不允许重复	4=4, 4=1+3, 4=3+1	4=4, 4=1+3
允许重复	4=4, 4=1+3, 4=3+1 4=2+2, 4=2+1+1, 4=1+2+1 4=1+1+2, 4=1+1+1+1	4=4, 4=1+3 4=2+2, 4=1+1+2 4=1+1+1+1

我们先讨论有关无序剖分的问题.

1. 将 N 无序剖分成正整数 $\alpha_1, \alpha_2, \cdots, \alpha_n$,且不允许重复.

这个问题对应于不定方程

$$\begin{cases} \alpha_1 x_1 + \alpha_2 x_2 + \cdots + \alpha_n x_n = N, \\ 0 \leqslant x_i \leqslant 1, \quad i=1,2,\cdots,n. \end{cases}$$

的整数解问题. 令 a_N 表示 N 的剖分方案数,则 $\{a_n\}$ 的生成函数是

$$G(y) = (1+y^{a_1})(1+y^{a_2})\cdots(1+y^{a_n}). \tag{7.5}$$

特别当 $a_1=1, a_2=2, \cdots, a_n=n$ 时把这个生成函数记作 $G_n(y)$,

$$G_n(y) = (1+y)(1+y^2)\cdots(1+y^n). \tag{7.6}$$

2. 将 N 无序剖分成正整数 $a_1, a_2, \cdots, a_n$, 且允许重复.

这个问题对应于不定方程

$$\begin{cases} a_1x_1 + a_2x_2 + \cdots + a_nx_n = N, \\ 0 \leqslant x_i, \quad i=1,2,\cdots,n. \end{cases}$$

的整数解问题. 令 a_N 表示 N 的剖分方案数, 则 $\{a_N\}$ 的生成函数

$$\begin{aligned} G(y) &= (1+y^{a_1}+y^{2a_1}+\cdots) \\ &\quad \cdot (1+y^{a_2}+y^{2a_2}+\cdots) \\ &\quad \cdots (1+y^{a_n}+y^{2a_n}+\cdots) \\ &= \frac{1}{(1-y^{a_1})(1-y^{a_2})\cdots(1-y^{a_n})}. \end{aligned} \tag{7.7}$$

特别当 $a_1=1, a_2=2, \cdots, a_n=n$ 时把这个生成函数记作 $G_n(y)$,

$$G_n(y) = \frac{1}{(1-y)(1-y^2)\cdots(1-y^n)}. \tag{7.8}$$

例 7.12 对 N 进行无序且允许重复的任意剖分, 设剖分方案数为 $P(N)$, 求 $\{P(N)\}$ 的生成函数 $G(y)$.

解 这相当于把 N 无序剖分成 $1, 2, 3, \cdots, n, \cdots$, 且允许重复, 则类似于(7.8)式有

$$G(y) = \frac{1}{(1-y)(1-y^2)\cdots(1-y^n)\cdots}.$$

例 7.13 对 N 进行无序且允许重复的剖分, 使得剖分后的正整数都是奇数, 求这种剖分方案数 $\{P_0(N)\}$ 的生成函数 $G_0(y)$.

解 这是把 N 剖分成 $1, 3, 5, \cdots$, 且允许重复. 类似于(7.7)式有

$$G_0(y) = \frac{1}{(1-y)(1-y^3)\cdots(1-y^{2n+1})\cdots}.$$

例 7.14 对 N 进行无序剖分, 使得剖分后的整数各不相等, 求这种剖分方案数 $\{P_d(N)\}$ 的生成函数 $G_d(y)$.

解 这相当于把 N 剖分成 $1,2,\cdots,n,\cdots$，但不允许重复。类似于式(7.6)有
$$G_d(y) = (1+y)(1+y^2)\cdots(1+y^n)\cdots.$$

例 7.15 对 N 进行无序剖分，使得剖分后的整数都是 2 的幂，求这种剖分的方法数 $\{P_t(N)\}$ 的生成函数 $G_t(y)$。

解 这相当于把 N 剖分成 $1,2,4,8,\cdots$，但不允许重复，类似于(7.5)式有
$$G_t(y) = (1+y)(1+y^2)(1+y^4)\cdots.$$

例 7.16 把 N 无序剖分成 $1,2,\cdots,n$，允许重复且剖分后的整数中至少有一个 n 的剖分方案数为 $P_n(N)$，求 $\{P_n(N)\}$ 的生成函数 $G(y)$。

解 $G(y) = (1+y+y^2+\cdots)(1+y^2+y^4+\cdots)$
$$\cdots\cdot(1+y^{n-1}+y^{2(n-1)}+\cdots)(y^n+y^{2n}+\cdots)$$
$$= \frac{y^n}{(1-y)(1-y^2)\cdots(1-y^n)},$$

从这个等式不难得到
$$G(y) = \frac{1}{(1-y)(1-y^2)\cdots(1-y^n)}$$
$$- \frac{1-y^n}{(1-y)(1-y^2)\cdots(1-y^n)}$$
$$= G_n(y) - G_{n-1}(y),$$

其中 $G_n(y)$ 对应于把 N 无序剖分成 $1,2,\cdots,n$ 且允许重复的方案数，$G_{n-1}(y)$ 对应于把 N 无序剖分成 $1,2,\cdots,n-1$ 且允许重复的方案数。这个等式正好反映了包含排斥原理的结果。

关于 $P_0(N), P_d(N), P_t(N)$ 与 $P(N)$ 有以下的定理。

定理 7.1 对一切 N 有 $P_0(N) = P_d(N)$。

证明 我们只要证明它们对应的生成函数相等就可以了。
$$G_d(y) = (1+y)(1+y^2)\cdots(1+y^n)\cdots$$
$$= \frac{1-y^2}{1-y}\cdot\frac{1-y^4}{1-y^2}\cdot\cdots\cdot\frac{1-y^{2n}}{1-y^n}\cdot\cdots$$

$$= \frac{1}{(1-y)(1-y^3)(1-y^5)\cdots}$$
$$= G_0(y).$$

定理 7.2 对一切 N,有 $P_t(N)=1$.

证明 $G_t(y)=(1+y)(1+y^2)(1+y^4)\cdots$
$$= \frac{1-y^2}{1-y}\cdot\frac{1-y^4}{1-y^2}\cdot\frac{1-y^8}{1-y^4}\cdot\cdots$$
$$= \frac{1}{1-y}$$
$$= 1+y+y^2+\cdots$$

所以 $P_t(N)=1$.

这个定理说明任何一个十进制的正整数 N 可以唯一地表示成一个二进制数,而这正是计算机能够工作的基础.

定理 7.3 对一切 N,有 $P(N)<e^{3\sqrt{N}}$.

证明 由 $\{P(N)\}$ 的生成函数
$$G(y)=\frac{1}{(1-y)(1-y^2)(1-y^3)\cdots}$$

得
$$\ln G(y)=-\ln(1-y)-\ln(1-y^2)-\ln(1-y^3)-\cdots.$$

而
$$-\ln(1-y)=y+\frac{y^2}{2}+\frac{y^3}{3}+\cdots,$$

所以有
$$\ln G(y)=\left(y+\frac{y^2}{2}+\frac{y^3}{3}+\cdots\right)+\left(y^2+\frac{y^4}{2}+\frac{y^6}{3}+\cdots\right)$$
$$+\left(y^3+\frac{y^6}{2}+\frac{y^9}{3}+\cdots\right)+\cdots$$
$$=(y+y^2+y^3+\cdots)+\frac{1}{2}(y^2+y^4+y^6+\cdots)$$
$$+\frac{1}{3}(y^3+y^6+y^9+\cdots)+\cdots$$
$$=\frac{y}{1-y}+\frac{y^2}{2(1-y^2)}+\frac{y^3}{3(1-y^3)}+\cdots. \quad(7.9)$$

先看 $\dfrac{y^n}{1-y^n}$，当 $0<y<1$ 时有

$$y^{n-1} < y^{n-2} < \cdots < y^2 < y < 1,$$

所以有

$$y^{n-1} < \frac{1+y+y^2+\cdots+y^{n-1}}{n}.$$

即

$$\frac{y^{n-1}}{1+y+y^2+\cdots+y^{n-1}} < \frac{1}{n},$$

因此得到

$$\frac{y^n}{1-y^n} = \frac{y}{1-y} \cdot \frac{y^{n-1}}{1+y+y^2+\cdots+y^{n-1}}$$

$$< \frac{1}{n}\frac{y}{1-y}.$$

把以上的结果代入(7.9)式得

$$\ln G(y) < \frac{y}{1-y} + \left(\frac{1}{2}\right)^2 \frac{y}{1-y} + \left(\frac{1}{3}\right)^2 \frac{y}{1-y} + \cdots$$

$$= \frac{y}{1-y}\left(1+\frac{1}{2^2}+\frac{1}{3^2}+\cdots\right),$$

由于

$$1+\frac{1}{2^2}+\frac{1}{3^2}+\cdots < 1+\int_1^\infty \frac{1}{x^2}\mathrm{d}x = 2,$$

所以有

$$\ln G(y) < \frac{2y}{1-y}.$$

又因为 $P(N)y^N < G(y)$，所以

$$\ln P(N) + N\ln y < \ln G(y) < \frac{2y}{1-y},$$

即

$$\ln P(N) < \frac{2y}{1-y} - N\ln y = \frac{2y}{1-y} + N(-\ln y).$$

当 $0<y<1$ 时有

$$-\ln y = \ln \frac{1}{y} < \frac{1}{y} - 1 = \frac{1-y}{y},$$

所以有

$$\ln P(N) < \frac{2y}{1-y} + N\frac{1-y}{y}.$$

取 $y = \dfrac{\sqrt{N}}{\sqrt{N}+1}$ 代入上式得

$$\ln P(N) < 3\sqrt{N},$$

这就得到 $P(N) < e^{3\sqrt{N}}$.

这个定理给出了关于 $P(N)$ 的一个上界.

关于无序剖分问题我们已经得到了许多的结果. 下面讨论一个新的无序剖分的问题. 如果要求把 N 正好无序剖分成 k 个正整数 $(k \leqslant r)$ 之和, 且允许重复, 那么剖分方案数是多少? 这个问题所对应的生成函数很难表达出来. 我们采用组合对应的方法把这个问题转化成别的计数问题来求解.

定理 7.4 设 $P_1(N)$ 表示把 N 正好无序剖分成 $k(k \leqslant r)$ 个部分且在剖分中允许重复的方案数, 设 $P_r(N)$ 表示把 N 无序剖分成不大于 r 的正整数且允许重复的方案数, 则有

$$P_1(N) = P_r(N).$$

证明 设

$$N = \alpha_1 + \alpha_2 + \cdots + \alpha_k$$

是任意的无序剖分, 且满足 $\alpha_1 \geqslant \alpha_2 \geqslant \cdots \geqslant \alpha_k$. 我们构造一个图, 叫做该剖分的 Ferrer 图. 对应于 α_1, 我们在图的第一列向上放 α_1 个圆点, 对应于 α_2, 我们在图的第二列向上放 α_2 个圆点, $\cdots$, 对应于 α_k, 我们在图的第 k 列向上放 α_k 个圆点. 例如剖分

$$18 = 5+3+3+3+2+2$$

的 Ferrer 图如图 7.1 所示.

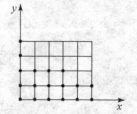

图 7.1 Ferrer 图

不难看出 Ferrer 图有以下特点：

1. 如果点 (i,j) 在图上，则 $i \geq 0, j \geq 0$.
2. 如果点 (i,j) 在图上，则对于任意的正整数 i', j'，满足 $0 \leq i' \leq i, 0 \leq j' \leq j$，有 (i', j') 点也在图上.
3. 把一个 Ferrer 图沿 $y=x$ 直线翻转 180° 得到的乃是另外一个剖分的 Ferrer 图.

对于 N 的一个允许重复的无序剖分，如果剖分成恰好 k 个正整数之和 ($k \leq r$)，则它的 Ferrer 图中至多有 r 列. 把这个 Ferrer 图沿 $y=x$ 直线翻转 180° 所得到的新的 Ferrer 图中每列至多 r 个点. 这个新的 Ferrer 图正好对应了把 N 无序剖分成不大于 r 的正整数且允许重复的一种方案. 反之也同样成立. 所以 $P_1(N) = P_r(N)$.

对于 $P_r(N)$ 的生成函数是很容易得到的，有了 $P_r(N)$，根据这个定理也就得到了 $P_1(N)$.

例 7.17 求把 6 剖分成 k ($k \leq 3$) 个部分且允许重复的方案数.

解 根据定理 7.4，我们只要求出把 6 剖分成不大于 3 的正整数且允许重复的方案数就可以了. 该剖分问题的生成函数是
$$G(y) = (1+y+y^2+\cdots)(1+y^2+y^4+\cdots)$$
$$\cdot (1+y^3+y^6+\cdots).$$
这个等式中 y^6 的系数是 7，所以有 7 种方案. 把这 7 种方案列出来就是：

$$6=6, \quad 6=5+1, \quad 6=4+2, \quad 6=3+3,$$
$$6=2+2+2, \quad 6=4+1+1, \quad 6=3+2+1.$$

关于无序剖分问题，我们就讨论到这里. 下面的定理是关于有序剖分问题的.

定理 7.5 把 N 有序剖分成 r 个部分且允许重复的方案数是 $\binom{N-1}{r-1}$.

证明 设 N 的有序剖分是
$$N = \alpha_1 + \alpha_2 + \cdots + \alpha_r.$$
建立序列 $S_1, S_2, \cdots, S_r$，使得
$$S_1 = \alpha_1,$$
$$S_2 = \alpha_1 + \alpha_2,$$
$$\cdots\cdots\cdots\cdots$$
$$S_r = \alpha_1 + \alpha_2 + \cdots + \alpha_r = N.$$

易见 $0 < S_1 < S_2 < \cdots < S_{r-1} < S_r = N$，且对任意的 $i = 1, 2, \cdots, r-1$ 有 $S_i \in \{1, 2, \cdots, N-1\}$。反之，任意给定一个序列 $S_1, S_2, \cdots, S_{r-1}$，满足 $0 < S_1 < S_2 < \cdots < S_{r-1} < N$，就可以唯一地确定正整数 $\alpha_1, \alpha_2, \cdots, \alpha_r$，从而得到 N 的一个有序剖分。所以把 N 有序剖分成 r 个部分的方案数等于从集合 $\{1, 2, \cdots, N-1\}$ 中选取 $r-1$ 个数 $S_1, S_2, \cdots, S_{r-1}$ 的方法数，即 $\binom{N-1}{r-1}$。

例如 4 的有序且允许重复的剖分数为
$$\binom{4-1}{1-1} + \binom{4-1}{2-1} + \binom{4-1}{3-1} + \binom{4-1}{4-1}$$
$$= 1 + 3 + 3 + 1 = 8.$$
这正是表 7.1 中所列的结果。

§5 指数生成函数与多重集的排列问题

定义 7.2 设 $a_0, a_1, \cdots, a_n, \cdots$ 是一个数列，它的指数生成函数记作 $f_e(x)$，且有
$$f_e(x) = \sum_{n=0}^{\infty} a_n \frac{x^n}{n!}.$$

例 7.18 设 $\{a_n\}$ 是数列，求它的指数生成函数 $f_e(x)$。
(1) $a_n = P(m, n), \quad n = 0, 1, \cdots$.
(2) $a_n = 1, \quad n = 0, 1, \cdots$.

(3) $a_n = b^n$, $n = 0, 1, \cdots$.

解 (1) $f_e(x) = \sum_{n=0}^{\infty} P(m,n) \dfrac{x^n}{n!}$

$\qquad\qquad = \sum_{n=0}^{\infty} C(m,n) x^n = (1+x)^m.$

(2) $f_e(x) = \sum_{n=0}^{\infty} 1 \cdot \dfrac{x^n}{n!} = e^x.$

(3) $f_e(x) = \sum_{n=0}^{\infty} b^n \dfrac{x^n}{n!} = \sum_{n=0}^{\infty} \dfrac{(bx)^n}{n!} = e^{bx}.$

下面简单地介绍指数生成函数的性质及应用.

设 $\{a_n\}, \{b_n\}$ 的指数生成函数分别为 $A_e(x)$ 和 $B_e(x)$，则

$$A_e(x) \cdot B_e(x) = \sum_{n=0}^{\infty} C_n \dfrac{x^n}{n!},$$

其中

$$C_n = \sum_{k=0}^{n} \binom{n}{k} a_k b_{n-k}. \qquad (7.10)$$

证明 $\sum_{n=0}^{\infty} C_n \dfrac{x^n}{n!} = A_e(x) \cdot B_e(x)$

$\qquad\qquad\qquad = \sum_{k=0}^{\infty} a_k \dfrac{x^k}{k!} \cdot \sum_{l=0}^{\infty} b_l \dfrac{x^l}{l!},$

比较上式两边 x^n 的系数得

$\qquad \dfrac{C_n}{n!} = \sum_{k=0}^{n} \dfrac{a_k}{k!} \cdot \dfrac{b_{n-k}}{(n-k)!}$

$\qquad\quad = \dfrac{1}{n!} \sum_{k=0}^{n} \dfrac{n!}{k!(n-k)!} a_k b_{n-k}$

$\qquad\quad = \dfrac{1}{n!} \sum_{k=0}^{n} \binom{n}{k} a_k b_{n-k},$

所以 $C_n = \sum_{k=0}^{n} \binom{n}{k} a_k b_{n-k}.$

例 7.19 设 $\{a_n\}$ 是一个数列，如果 $b_n = \sum_{k=0}^{n} (-1)^k \binom{n}{k} a_k$，则

$$a_n = \sum_{k=0}^{n}(-1)^k \binom{n}{k} b_k.$$

证明 设$\{(-1)^n a_n\}$的指数生成函数为$A_e(x)$,则
$$A_e(x) = \sum_{n=0}^{\infty}(-1)^n a_n \frac{x^n}{n!},$$

上式两边同时乘以e^x得

$$\begin{aligned} e^x \cdot A_e(x) &= e^x \cdot \sum_{n=0}^{\infty}(-1)^n a_n \frac{x^n}{n!} \\ &= \sum_{n=0}^{\infty} \frac{x^n}{n!} \cdot \sum_{n=0}^{\infty}(-1)^n a_n \frac{x^n}{n!} \\ &= \sum_{n=0}^{\infty} \frac{x^n}{n!} \sum_{k=0}^{n}(-1)^k \binom{n}{k} a_k \\ &= \sum_{n=0}^{\infty} b_n \frac{x^n}{n!} = B_e(x). \end{aligned}$$

所以有

$$\begin{aligned} \sum_{n=0}^{\infty}(-1)^n a_n \frac{x^n}{n!} &= A_e(x) \\ &= e^{-x} \cdot B_e(x) \\ &= \sum_{n=0}^{\infty}(-1)^n \frac{x^n}{n!} \cdot \sum_{n=0}^{\infty} b_n \frac{x^n}{n!} \\ &= \sum_{n=0}^{\infty} \frac{x^n}{n!} \cdot \sum_{k=0}^{n} \binom{n}{k}(-1)^{n-k} b_k. \end{aligned}$$

比较上式两边x^n的系数得

$$\begin{aligned} (-1)^n a_n &= \sum_{k=0}^{n}(-1)^{n-k} \binom{n}{k} b_k \\ &= (-1)^n \sum_{k=0}^{n}(-1)^{-k} \binom{n}{k} b_k, \end{aligned}$$

所以有

$$a_n = \sum_{k=0}^{n}(-1)^{-k} \binom{n}{k} b_k = \sum_{k=0}^{n}(-1)^k \binom{n}{k} b_k.$$

我们可以把 a_n 与 b_n 之间互逆的两个公式看作是一种组合变换. 可以通过组合变换的方法来证明组合恒等式.

例 7.20 证明

$$\sum_{k=1}^{n}(-1)^k \binom{n}{k}\left(1+\frac{1}{2}+\frac{1}{3}+\cdots+\frac{1}{k}\right)=-\frac{1}{n}.$$

证明 令 $a_0=0, a_k=-\dfrac{1}{k}, k=1,2,\cdots$. $b_0=0$,

$$b_n = \sum_{k=1}^{n}(-1)^k \binom{n}{k} a_k, \quad n \geqslant 1.$$

则有

$$\begin{aligned}
b_n &= \sum_{k=1}^{n}(-1)^k \binom{n}{k} a_k \quad (n \geqslant 1) \\
&= \sum_{k=1}^{n}(-1)^{k-1} \binom{n}{k} \frac{1}{k} \\
&= \binom{n}{1}-\frac{1}{2}\binom{n}{2}+\frac{1}{3}\binom{n}{3}-\cdots \\
&\quad +(-1)^{n-1}\cdot\frac{1}{n}\binom{n}{n} \\
&= 1+\frac{1}{2}+\frac{1}{3}+\cdots+\frac{1}{n} \quad \text{(参考习题 4.13)}.
\end{aligned}$$

根据例 7.19 的结果得

$$\begin{aligned}
a_n &= \sum_{k=1}^{n}(-1)^k \binom{n}{k} b_k \\
&= \sum_{k=1}^{n}(-1)^k \binom{n}{k}\left(1+\frac{1}{2}+\frac{1}{3}+\cdots+\frac{1}{k}\right),
\end{aligned}$$

而 $a_n=-\dfrac{1}{n}$,所以有

$$\sum_{k=1}^{n}(-1)^k \binom{n}{k}\left(1+\frac{1}{2}+\cdots+\frac{1}{k}\right)=-\frac{1}{n}.$$

利用指数生成函数还可以解决多重集的排列问题. 请看下面的定理.

定理 7.6 设多重集 $S=\{n_1 \cdot e_1, n_2 \cdot e_2, \cdots, n_k \cdot e_k\}$，对任意的非负整数 n，令 a_n 为 S 的 n-排列数，设数列 $\{a_n\}$ 的指数生成函数为 $f_e(x)$，则

$$f_e(x) = f_{n_1}(x) \cdot f_{n_2}(x) \cdot \cdots \cdot f_{n_k}(x),$$

其中 $f_{n_i}(x) = 1 + x + \dfrac{x^2}{2!} + \cdots + \dfrac{x^{n_i}}{n_i!}, i=1,2,\cdots,k$.

证明 考察 $f_e(x)$ 的展开式中 x^n 的项，它一定是下面这种项之和：

$$\frac{x^{m_1}}{m_1!} \cdot \frac{x^{m_2}}{m_2!} \cdot \cdots \cdot \frac{x^{m_k}}{m_k!},$$

其中 $m_1 + m_2 + \cdots + m_k = n, 0 \leqslant m_i \leqslant n_i, i=1,2,\cdots,k$. 而这种项又可以写成

$$\frac{x^{m_1+m_2+\cdots+m_k}}{m_1!m_2!\cdots m_k!} = \frac{n!}{m_1!m_2!\cdots m_k!} \frac{x^n}{n!}.$$

所以在 $f_e(x)$ 的展开式中 $\dfrac{x^n}{n!}$ 的系数是

$$a_n = \sum \frac{n!}{m_1!m_2!\cdots m_k!}, \tag{7.11}$$

其中求和是对方程

$$\begin{cases} m_1 + m_2 + \cdots + m_k = n, \\ m_i \leqslant n_i, \quad i=1,2,\cdots,k \end{cases} \tag{7.12}$$

的一切非负整数解来求. 另一方面，$\dfrac{n!}{m_1!\,m_2!\,\cdots m_k!}$ 就是 S 的 n 元子集 $\{m_1 \cdot e_1, m_2 \cdot e_2, \cdots, m_k \cdot e_k\}$ 的排列数. 如果对所有的满足 (7.12) 式的 $m_1, \cdots, m_k$ 求和，就是 S 的所有 n 元子集的排列数，也就是 S 的 n-排列数. 所以 $f_e(x)$ 的展开式中的 $\dfrac{x^n}{n!}$ 的系数 a_n 就是多重集 S 的 n-排列数.

例如多重集 $S = \{\infty \cdot e_1, \infty \cdot e_2, \cdots, \infty \cdot e_k\}$，由这个定理可以知道对任意的 $n_i = \infty, i=1,2,\cdots,k$ 有

$$f_{n_i}(x) = 1 + x + \frac{x^2}{2!} + \cdots = e^x,$$

所以
$$f_e(x) = (e^x)^k = e^{kx}$$
$$= 1 + kx + \frac{k^2}{2!}x^2 + \cdots + k^n \frac{x^n}{n!} + \cdots,$$

从而求得 S 的 n-排列数为 k^n,与定理 3.5 的结果一致.

例 7.21 求 $S = \{2 \cdot a, 3 \cdot b\}$ 的 4-排列数.

解 设 S 的 4-排列数是 a_4,则 $\{a_n\}$ 的指数生成函数
$$f_e(x) = \left(1 + x + \frac{x^2}{2!}\right)\left(1 + x + \frac{x^2}{2!} + \frac{x^3}{3!}\right)$$
$$= 1 + 2x + 4 \cdot \frac{x^2}{2!} + 7 \cdot \frac{x^3}{3!} + 10 \cdot \frac{x^4}{4!} + 10 \cdot \frac{x^5}{5!}.$$

因此有 $a_4 = 10$. 列出这 10 个 4 排列如下:

$aabb$, $abab$, $abba$, $baab$, $baba$,

$bbaa$, $abbb$, $babb$, $bbab$, $bbba$.

例 7.22 设多重集 $S = \{\infty \cdot e_1, \infty \cdot e_2, \cdots, \infty \cdot e_k\}$,求 S 的 n-排列数,且使得在每一个 n-排列中每种元素至少出现一次.

解 设所求的 n-排列数为 a_n,则 $\{a_n\}$ 的指数生成函数是
$$f_e(x) = \left(x + \frac{x^2}{2!} + \cdots\right)^k = (e^x - 1)^k,$$

所以
$$a_n = \sum \frac{n!}{m_1! m_2! \cdots m_k!},$$

其中求和是对方程 $m_1 + m_2 + \cdots + m_k = n$ 的一切正整数解来求.

例 7.23 用红、白、蓝三色涂色 $1 \times n$ 的方格,每个方格只能涂一种颜色,如果要求偶数个方格要涂成白色,问有多少种方法?

解 设 a_n 表示涂色的方法数,定义 $a_0 = 1$. 又设多重集 $S = \{\infty \cdot R, \infty \cdot W, \infty \cdot B\}$,其中 R 代表红色,W 代表白色,B 代表蓝色,则涂色方法数 a_n 就是 S 的 n-排列数,但在这些 n-排列中要有

偶数个 $W.\{a_n\}$ 的指数生成函数是

$$f_e(x) = \left(1 + \frac{x^2}{2!} + \frac{x^4}{4!} + \cdots\right)\left(1 + x + \frac{x^2}{2!} + \frac{x^3}{3!} + \cdots\right)^2$$

$$= \frac{1}{2}(e^x + e^{-x}) \cdot e^{2x} = \frac{1}{2}(e^{3x} + e^x)$$

$$= \frac{1}{2}\sum_{n=0}^{\infty} 3^n \frac{x^n}{n!} + \frac{1}{2}\sum_{n=0}^{\infty} \frac{x^n}{n!} = \sum_{n=0}^{\infty} \frac{3^n + 1}{2} \frac{x^n}{n!},$$

所以

$$a_n = \frac{3^n + 1}{2}.$$

§6 Catalan 数和 Stiring 数

给定一个平面点集 K,如果对 K 中任意两点 p 和 q,连接 p 和 q 的线段上的所有的点都在 K 中,则称点集 K 是凸的.

给定一个 n 条边的凸多边形区域 R,我们可以用 $n-3$ 条不在内部相交的对角线把这个区域分成 $n-2$ 个三角形,求有多少种不同的分法?

令 h_n 表示分一个 $n+1$ 条边的凸多边形为三角形的方法数. 定义 $h_1 = 1$. 当 $n = 2$ 时,$n+1$ 边形就是三角形,所以 $h_2 = 1$. 当 $n \geqslant 3$ 时,考虑一个有 $n+1 \geqslant 4$ 条边的凸多边形区域 R. 如图 7.2 所示,我们任取多边形的一条边 a,a 的两个端点记作 A_1 和 A_{n+1}. 以 a 为一条边,以多边形的任一端点 A_{k+1}($k=1, 2, \cdots, n-1$)与 A_1,A_{n+1} 的连线为两条边构成三角形 T. T 把 R 分割成 R_1 和 R_2 两部分. R_1 为 $k+1$ 边形,R_2 为 $n-k+1$ 边形,因此 R_1 可以用 h_k 种方法被划分,R_2 可以用 h_{n-k} 种方法被划分,所以有

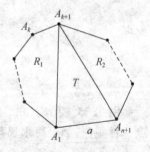

图 7.2 $n+1$ 边形

$$\begin{cases} h_n = \sum_{k=1}^{n-1} h_k h_{n-k}, & n \geqslant 2, \\ h_1 = 1. \end{cases} \tag{7.13}$$

这个递推关系就是例 7.11 的递推关系,它的解是

$$h_n = \frac{1}{n}\binom{2n-2}{n-1},$$

我们称 h_n 为 Catalan 数. 在 $n=5$ 时可得 $h_5 = \frac{1}{5}\binom{8}{4} = 14$,具体的划分方案如图 7.3 所示.

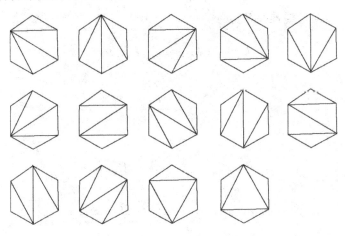

图 7.3　六边形的剖分方案

Catalan 数也可以用其他的方法求得. 如图 7.4,任取 n 边形的一条对角线 $v_1 v_{k+1}$,它把 n 边形分成 $k+1$ 边形和 $n-k+1$ 边形两部分. 则以 $v_1 v_{k+1}$ 为一条剖分线的剖分方案数为 $h_k h_{n-k}$. 如果暂时不考虑方案可能出现的重复,则以顶点 v_1 发出的对角线作为剖分线的剖分方案数为 $\sum_{k=2}^{n-2} h_k h_{n-k}$. 现在有 n 个顶点,

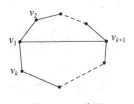

图 7.4　n 边形

每个顶点都可以引出 $n-2$ 条对角线,如果不考虑方案的重复,n 个顶点的对角线作为剖分线的方案数为 $n\sum_{k=2}^{n-2}h_kh_{n-k}$. 由于每条对角线关联着两个顶点,在上面的计数中每条对角线被计算了两次,所以方案数应该除以 2,又因为每个剖分方案需要 $n-3$ 条对角线,在考虑每条对角线作为剖分线的方案数时,同一个方案被计数了 $n-3$ 次,所以办案数应该是

$$h_{n-1} = \frac{n}{2(n-3)}\sum_{k=2}^{n-2}h_kh_{n-k}, \tag{7.14}$$

由(7.13)的递推关系得

$$h_n - 2h_1h_{n-1} = \sum_{k=2}^{n-2}h_kh_{n-k}, \tag{7.15}$$

由(7.15)和(7.14)式得

$$h_n - 2h_1h_{n-1} = \frac{2(n-3)}{n}h_{n-1},$$

化简得

$$nh_n = (4n-6)h_{n-1}.$$

令 $nh_n = E_n$,则有

$$\begin{cases} E_n = (4n-6)\cdot\dfrac{E_{n-1}}{n-1} = \dfrac{2n-2}{n-1}\cdot\dfrac{2n-3}{n-1}E_{n-1}, \\ E_1 = 1. \end{cases}$$

由迭代法得

$$\begin{aligned} E_n &= \frac{2n-2}{n-1}\cdot\frac{2n-3}{n-1}\cdot\frac{2n-4}{n-2}\cdot\frac{2n-5}{n-2}\cdot\cdots\cdot\frac{4\times 3}{2\times 2}\cdot\frac{2\times 1}{1\times 1}\cdot E_1 \\ &= \frac{(2n-2)!}{(n-1)!(n-1)!} = \binom{2n-2}{n-1}, \end{aligned}$$

所以 $h_n = \dfrac{1}{n}E_n = \dfrac{1}{n}\dbinom{2n-2}{n-1}$. 由归纳法不难证明 h_n 就是所求的解.

Catalan 数在组合计数问题中经常出现,下面给出几个例子.

在第四章我们讨论了从 $(0,0)$ 点到 (n,n) 点的非降路径问题. 我们知道从 $(0,0)$ 点到 (n,n) 点除端点外不接触对角线的非降路径数是 $\frac{2}{n}\binom{2n-2}{n-1}$, 其中在对角线一侧的有 $\frac{1}{n}\binom{2n-2}{n-1}$ 条. 这是 Catalan 数 h_n. 类似地, 不穿过对角线的从 $(0,0)$ 点到 (n,n) 点的非降路径数是 $\frac{2}{n+1}\binom{2n}{n}$, 其中在对角线一侧的是 $\frac{1}{n+1}\binom{2n}{n}$ 条, 这是 Catalan 数 h_{n+1}.

n 个数相乘, 不改变它们的位置, 只用括号表示不同的相乘顺序, 问可以构成多少个不同的乘积?

令 G_n 表示所求的乘积个数, 那么有
$$\begin{cases} G_n = G_1 G_{n-1} + G_2 G_{n-2} + \cdots + G_{n-1} G_1 \\ \quad = \sum_{k=1}^{n-1} G_k G_{n-k}, \quad n \geqslant 2, \\ G_1 = 1. \end{cases}$$

这个递推关系与 (7.13) 式完全一样, 所以有
$$G_n = \frac{1}{n}\binom{2n-2}{n-1}.$$

这也是 Catalan 数. 当 $n=4$ 时, $G_4 = \frac{1}{4}\binom{6}{3} = 5$. 把 5 种不同的乘积列出来就是:

$(((a_1 a_2) a_3) a_4)$, $\quad ((a_1(a_2 a_3)) a_4)$, $\quad ((a_1 a_2)(a_3 a_4))$,
$(a_1(a_2(a_3 a_4)))$, $\quad (a_1((a_2 a_3) a_4))$.

每一种加括号的方法可以用一棵有序三度根树[①]来表示, 如图 7.5 所示. 而这又恰好对应了一个五边形的剖分方案. 请看图 7.6. 由此可以知道, n 片树叶的有序三度根树的个数也是 Catalan 数 $\frac{1}{n}\binom{2n-2}{n-1}$.

---

① 内部顶点的度数都是 3 的树叫三度树.

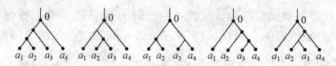

图 7.5 有序三度根树

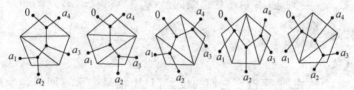

图 7.6 有序三度根树与多边形剖分方案的对应

下面讨论 Stirling 数.

设有多项式

$$x(x-1)(x-2)\cdots(x-n+1),$$

它的展开式具有下面的形式：

$$\Box x^n - \Box x^{n-1} + \Box x^{n-2} - \cdots,$$

不考虑各项系数的符号,我们把 x^r 的系数记作 $\begin{bmatrix} n \\ r \end{bmatrix}$,则上面的式子变成：

$$\begin{bmatrix} n \\ n \end{bmatrix} x^n - \begin{bmatrix} n \\ n-1 \end{bmatrix} x^{n-1} + \begin{bmatrix} n \\ n-2 \end{bmatrix} x^{n-2} - \cdots \pm \begin{bmatrix} n \\ 0 \end{bmatrix},$$

我们称 $\begin{bmatrix} n \\ n \end{bmatrix}, \begin{bmatrix} n \\ n-1 \end{bmatrix}, \cdots, \begin{bmatrix} n \\ 0 \end{bmatrix}$ 这些数为第一类 Stirling 数.

第一类 Stirling 数具有下面的性质.

1. $\begin{bmatrix} n \\ 0 \end{bmatrix} = 0, \begin{bmatrix} n \\ 1 \end{bmatrix} = (n-1)!, \begin{bmatrix} n \\ n \end{bmatrix} = 1, \begin{bmatrix} n \\ n-1 \end{bmatrix} = \binom{n}{2}.$

证明 $\begin{bmatrix} n \\ 0 \end{bmatrix}$ 为 x^0 项的系数,即多项式中的常数项,显然为 0.

$\begin{bmatrix} n \\ 1 \end{bmatrix}$ 是 x 项的系数. $(x-1), (x-2), \cdots, (x-n+1)$ 各因式在相乘时分别贡献负数 $-1, -2, \cdots, -(n-1)$,从而得到 x 项. 不考

虑这些数的符号,它们之积是$(n-1)!$,所以$\begin{bmatrix}n\\1\end{bmatrix}=(n-1)!$.

$\begin{bmatrix}n\\n\end{bmatrix}$是$x^n$项的系数,显然为1.

$\begin{bmatrix}n\\n-1\end{bmatrix}$是$x^{n-1}$项的系数. 为了得到$x^{n-1}$, n个因式中只能有一个因式贡献常数, 由加法法则提供常数的总和为

$$(-1)+(-2)+\cdots+[-(n-1)]=-\frac{n(n-1)}{2}.$$

所以$\begin{bmatrix}n\\n-1\end{bmatrix}=\frac{n(n-1)}{2}=\binom{n}{2}$.

2. 第一类 Stirling 数满足下面的递推关系:

$$\begin{bmatrix}n\\r\end{bmatrix}=(n-1)\begin{bmatrix}n-1\\r\end{bmatrix}+\begin{bmatrix}n-1\\r-1\end{bmatrix}, \quad n>r\geqslant 1. \quad (7.16)$$

证明 考虑多项式

$$x(x-1)\cdots(x-n+2)=\begin{bmatrix}n-1\\n-1\end{bmatrix}x^{n-1}-\begin{bmatrix}n-1\\n-2\end{bmatrix}x^{n-2}+\cdots,$$

上式两边同乘以$(x-n+1)$得

$$x(x-1)\cdots(x-n+1)=\left(\begin{bmatrix}n-1\\n-1\end{bmatrix}x^{n-1}-\begin{bmatrix}n-1\\n-2\end{bmatrix}x^{n-2}+\cdots\right)$$
$$\cdot(x-n+1),$$

即

$$\begin{bmatrix}n\\n\end{bmatrix}x^n-\begin{bmatrix}n\\n-1\end{bmatrix}x^{n-1}+\cdots=\begin{bmatrix}n-1\\n-1\end{bmatrix}x^n-\begin{bmatrix}n-1\\n-2\end{bmatrix}x^{n-1}+\cdots$$
$$-(n-1)\begin{bmatrix}n-1\\n-1\end{bmatrix}x^{n-1}$$
$$+(n-1)\begin{bmatrix}n-1\\n-2\end{bmatrix}x^{n-2}-\cdots,$$

比较上式两边x^r的系数得

$$\begin{bmatrix}n\\r\end{bmatrix}=\begin{bmatrix}n-1\\r-1\end{bmatrix}+(n-1)\begin{bmatrix}n-1\\r\end{bmatrix}.$$

(7.16)式与我们在第四章学过的 Pascal 公式非常相似,仿照

杨辉三角形,我们也可以构造关于第一类 Stirling 数的三角形.请看图 7.7.

例如
$$\begin{bmatrix}5\\3\end{bmatrix}=(5-1)\begin{bmatrix}4\\3\end{bmatrix}+\begin{bmatrix}4\\2\end{bmatrix}$$

在图中就是
$$35=4\times6+11.$$

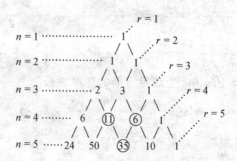

图 7.7　第一类 Stirling 数

下面考虑第二类 Stirling 数.它是这样定义的:

把 n 个不同的球放到 r 个相同的盒子里,假设没有空盒,则放球的方案数记作 $\left\{\begin{matrix}n\\r\end{matrix}\right\}$,我们把它叫做第二类 Stirling 数.

例如,a,b,c,d 四个球,放到两个盒子里,不允许有空盒,则放球的方案有以下 7 种:

$a\mid bcd$,　$b\mid acd$,　$c\mid abd$,　$d\mid abc$,
　　$ab\mid cd$,　$ac\mid bd$,　$ad\mid bc$.

所以 $\left\{\begin{matrix}4\\2\end{matrix}\right\}=7$.

第二类 Stirling 数具有以下的性质.

1. $\left\{\begin{matrix}n\\0\end{matrix}\right\}=0,\left\{\begin{matrix}n\\1\end{matrix}\right\}=1,\left\{\begin{matrix}n\\2\end{matrix}\right\}=2^{n-1}-1,\left\{\begin{matrix}n\\n-1\end{matrix}\right\}=\binom{n}{2}$,
$\left\{\begin{matrix}n\\n\end{matrix}\right\}=1.$

证明 没有盒子，当然谈不到放法，所以 $\begin{Bmatrix} n \\ 0 \end{Bmatrix} = 0$.

把 n 个不同的球放到一个盒子里只有一种放法，所以
$$\begin{Bmatrix} n \\ 1 \end{Bmatrix} = 1.$$

要把 n 个不同的球正好放入两个相同的盒子里，我们先任取一个球，比如说是 a_n，把它放到一个盒子里。对于剩下的 $n-1$ 个球，每个球可以有两种选择：与 a_n 同放在一个盒子里或不与 a_n 同放在一个盒子里。由乘法法则有 2^{n-1} 种放法。但其中有一种放法，就是 $n-1$ 个球都与 a_n 同放在一个盒子里的放法不符合要求，所以 $\begin{Bmatrix} n \\ 2 \end{Bmatrix} = 2^{n-1} - 1$.

要把 n 个不同的球正好放到 $n-1$ 个相同的盒子里，那么必须有一个盒子里放两个球。这两个球要从 n 个球中选取，有 $\binom{n}{2}$ 种选法，所以 $\begin{Bmatrix} n \\ n-1 \end{Bmatrix} = \binom{n}{2}$.

n 个不同的球放到 n 个相同的盒子里的方案只有一种，所以 $\begin{Bmatrix} n \\ n \end{Bmatrix} = 1$.

2. 第二类 Stirling 数满足下面的递推关系：
$$\begin{Bmatrix} n \\ r \end{Bmatrix} = r \begin{Bmatrix} n-1 \\ r \end{Bmatrix} + \begin{Bmatrix} n-1 \\ r-1 \end{Bmatrix}, \quad n > r \geqslant 1.$$

证明 要把 n 个不同的球正好放入 r 个相同的盒子，我们先任取一个球，比如说是 a_n。然后把所有的放法分成两类：

a_n 单放在一个盒子里，放法为 $\begin{Bmatrix} n-1 \\ r-1 \end{Bmatrix}$ 种。

a_n 不单放在一个盒子里。我们可以先把其余的 $n-1$ 个球放到 r 个盒子里，有 $\begin{Bmatrix} n-1 \\ r \end{Bmatrix}$ 种放法。对于其中的任何一种放法，加入 a_n 的方法有 r 种，由乘法法则，放球的方法数是 $r \begin{Bmatrix} n-1 \\ r \end{Bmatrix}$.

由加法法则,等式成立.

把这个性质与第一类 Stirling 数的性质 2 对比,也可以构造出关于第二类 Stirling 数的三角形,请看图 7.8.

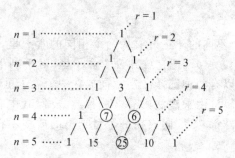

图 7.8　第二类 Stirling 数

例如

$$\begin{Bmatrix}5\\3\end{Bmatrix}=3\begin{Bmatrix}4\\3\end{Bmatrix}+\begin{Bmatrix}4\\2\end{Bmatrix}$$

在图上就是

$$25 = 3 \times 6 + 7.$$

3. $\begin{Bmatrix}n+1\\r\end{Bmatrix}=\binom{n}{0}\begin{Bmatrix}0\\r-1\end{Bmatrix}+\binom{n}{1}\begin{Bmatrix}1\\r-1\end{Bmatrix}+\cdots+\binom{n}{n}\begin{Bmatrix}n\\r-1\end{Bmatrix}.$

证明　等式左边计数了 $n+1$ 个不同的球放到 r 个盒子且不存在空盒的放球方法数. 对于其中的任意一种放法,拿出包含球 a_{n+1} 的盒子,就得到至多 n 个球放到 $r-1$ 个盒子的放法. 再看等式右边,对于任意的正整数 k,$\binom{n}{k}$ 表示从 n 个不同的球中任取 k 个球的选法数,对于其中的任何一种选法,再把这 k 个球正好放到 $r-1$ 个盒子里的放法有 $\begin{Bmatrix}k\\r-1\end{Bmatrix}$ 种,所以 $\binom{n}{k}\begin{Bmatrix}k\\r-1\end{Bmatrix}$ 表示从 n 个球中取 k 个放到 $r-1$ 个盒子里的放法数. 如果对 k 求和,就得到至多 n 个球放到 $r-1$ 个盒子里的放法数. 因此等式成立.

4. 如果把 n 个不同的球放到 m 个相同的盒子里,允许空盒,

则放球的方法数是
$$\begin{Bmatrix} n \\ 1 \end{Bmatrix} + \begin{Bmatrix} n \\ 2 \end{Bmatrix} + \cdots + \begin{Bmatrix} n \\ m \end{Bmatrix}.$$

证明 对任何正整数 k,$1 \leqslant k \leqslant m$,$\begin{Bmatrix} n \\ k \end{Bmatrix}$ 计数了 n 个不同的球正好放入 k 个相同的盒子的放法数. 对 k 求和以后就得到 n 个不同的球放到 m 个相同的盒子里且允许空盒的放法数.

5. 把 n 个不同的球正好放到 m 个不同的盒子里,则放球的方法数是 $m! \begin{Bmatrix} n \\ m \end{Bmatrix}$.

证明 如果盒子不编号,那么 n 个不同的球正好放到 m 个盒子里的方法数是 $\begin{Bmatrix} n \\ m \end{Bmatrix}$. 对于其中的每一种放法,盒子有 $m!$ 种编号的方法. 由乘法法则,所求的放法数是 $m! \begin{Bmatrix} n \\ m \end{Bmatrix}$.

6. 把 n 个不同的球放到 m 个不同的盒子里,允许空盒,则放球的方法数是
$$m^n = \binom{m}{1}\begin{Bmatrix} n \\ 1 \end{Bmatrix} \cdot 1! + \binom{m}{2}\begin{Bmatrix} n \\ 2 \end{Bmatrix} \cdot 2! + \cdots + \binom{m}{m}\begin{Bmatrix} n \\ m \end{Bmatrix} \cdot m!.$$

证明 先考虑等式左边. 因为每个球都有 m 种选择,由乘法法则,n 个球有 m^n 种放法. 再看等式右边. 对于任意的正整数 k,$1 \leqslant k \leqslant m$,$\binom{m}{k}$ 表示从 m 个盒子中选出 k 个盒子的方法数,而 $\begin{Bmatrix} n \\ k \end{Bmatrix} \cdot k!$ 则表示把 n 个不同的球放入这 k 个不同的盒子的放法数. 根据乘法法则,$\binom{m}{k}\begin{Bmatrix} n \\ k \end{Bmatrix} \cdot k!$ 就是把 n 个不同的球恰好放入 k 个不同的盒子的放法数,而这 k 个盒子是从 m 个不同的盒子中选取的. 当对 k 求和之后就得到 n 个不同的球放入 m 个不同的盒子且允许空盒的放法数.

7. $\sum \binom{n}{n_1 \, n_2 \cdots n_m} = m! \begin{Bmatrix} n \\ m \end{Bmatrix},$

其中求和是对方程 $n_1+n_2+\cdots+n_m=n$ 的一切正整数解来求.

证明 等式右边计数了 n 个不同的球正好放到 m 个不同的盒子的放法. 而 $\binom{n}{n_1 n_2 \cdots n_m}$ 则表示把 n 个不同的球放到 m 个不同的盒子里且使得第一个盒子有 n_1 个球, 第二个盒子有 n_2 个球, $\cdots$, 第 m 个盒子有 n_m 个球的放法数. 当对所有满足方程 $n_1+n_2+\cdots+n_m=n$ 的正整数解求和以后, 就得到了 n 个球正好放到 m 个不同的盒子的放法数.

通过以上的分析, 我们对放球问题有了进一步的了解. 现在把有关 n 个球放到 m 个盒子的放球问题的结果给在表 7.2 中.

表 7.2 放球问题

球是否被标号	盒子是否标号	是否允许空盒	放球的方法数	所对应的组合问题
否	否	否	$P_m(n)-P_{m-1}(n)$	将 n 恰好剖分成 m 个部分的方法数
否	否	是	$P_m(n)$	将 n 剖分成 t 个部分 $(t \leqslant m)$ 的方法数
否	是	否	$\binom{n-1}{m-1}$	将 n 恰好剖分成 m 个有序的部分且允许重复的方法数
否	是	是	$\binom{n+m-1}{n}$	方程 $x_1+x_2+\cdots+x_m=n$ 的非负整数解的个数
是	否	否	$\left\{\begin{matrix}n\\m\end{matrix}\right\}$	第二类 Stirling 数
是	否	是	$\left\{\begin{matrix}n\\1\end{matrix}\right\}+\left\{\begin{matrix}n\\2\end{matrix}\right\}+\cdots+\left\{\begin{matrix}n\\m\end{matrix}\right\}$	第二类 Stirling 数的性质 4
是	是	否	$m!\left\{\begin{matrix}n\\m\end{matrix}\right\}$	第二类 Stirling 数的性质 5
是	是	是	m^n	第二类 Stirling 数的性质 6

下面我们进一步研究第二类 Stirling 数的指数生成函数. 首先我们注意到

$$(e^x - 1)^m = \left(x + \frac{x^2}{2!} + \cdots\right)^m = \sum_{n=0}^{\infty} a_n \frac{x^n}{n!}, \qquad (7.17)$$

其中

$$a_n = \sum \frac{n!}{n_1! n_2! \cdots n_m!},$$

求和是对方程 $n_1 + n_2 + \cdots + n_m = n$ 的一切正整数解来求. 根据第二类 Stirling 数的性质 7 有

$$a_n = \begin{cases} 0, & n < m, \\ \sum \dfrac{n!}{n_1! n_2! \cdots n_m!} = \sum \binom{n}{n_1 n_2 \cdots n_m} = m! \begin{Bmatrix} n \\ m \end{Bmatrix}, & n \geqslant m. \end{cases}$$

把这个结果代入(7.17)式得

$$(e^x - 1)^m = \sum_{n=m}^{\infty} m! \begin{Bmatrix} n \\ m \end{Bmatrix} \frac{x^n}{n!}. \qquad (7.18)$$

我们可以近似地将 $(e^x-1)^m$ 看成 $\begin{Bmatrix} n \\ m \end{Bmatrix}$ 的指数生成函数,只不过相差 $m!$ 倍罢了. 用二项式定理将 $(e^x-1)^m$ 展开得

$$(e^x - 1)^m = \binom{m}{m} e^{mx} - \binom{m}{m-1} e^{(m-1)x}$$

$$+ \binom{m}{m-2} e^{(m-2)x} - \cdots + (-1)^m \binom{m}{0} \cdot 1$$

$$= \binom{m}{m}\left(1 + \frac{m}{1!}x + \frac{m^2}{2!}x^2 + \cdots\right)$$

$$- \binom{m}{m-1}\left(1 + \frac{(m-1)}{1!}x + \frac{(m-1)^2}{2!}x^2 + \cdots\right)$$

$$- \binom{m}{m-2}\left(1 + \frac{(m-2)}{1!}x + \frac{(m-2)^2}{2!}x^2 + \cdots\right)$$

$$- \cdots + (-1)^m \binom{m}{0} \cdot 1,$$

比较上式两边 $\dfrac{x^n}{n!}$ 的系数得

$$m!\begin{Bmatrix}n\\m\end{Bmatrix}=\binom{m}{m}m^n-\binom{m}{m-1}(m-1)^n$$
$$+\binom{m}{m-2}(m-2)^n-\cdots+(-1)^{m-1}\binom{m}{1}\cdot 1^n,$$

所以有
$$\begin{Bmatrix}n\\m\end{Bmatrix}=\frac{1}{m!}\Big[\binom{m}{m}m^n-\binom{m}{m-1}(m-1)^n$$
$$+\binom{m}{m-2}(m-2)^n-\cdots+(-1)^{m-1}\binom{m}{1}\cdot 1^n\Big].$$

通过这个式子可以计算 $\begin{Bmatrix}n\\m\end{Bmatrix}$. 例如

$$\begin{Bmatrix}5\\2\end{Bmatrix}=\frac{1}{2!}\Big[\binom{2}{2}2^5-\binom{2}{1}1^5\Big]=\frac{1}{2}(32-2)=15,$$
$$\begin{Bmatrix}4\\2\end{Bmatrix}=\frac{1}{2!}\Big[\binom{2}{2}2^4-\binom{2}{1}1^4\Big]=\frac{1}{2}(16-2)=7.$$

习 题 七

7.1 证明生成函数的性质 2,5 和 8.

7.2 确定数列 $\{a_n\}$ 的生成函数.

1) $a_n=(-1)^n(n+1)$;

2) $a_n=(-1)^n 2^n$;

3) $a_n=n+5$;

4) $a_n=\binom{n}{3}$, $n=0,1,2,\cdots$.

7.3 设多重集 $S=\{\infty\cdot e_1,\infty\cdot e_2,\infty\cdot e_3,\infty\cdot e_4\}$, 设 a_n 是 S 的满足以下条件的 n-组合数,求数列 $\{a_n\}$ 的生成函数.

1) 每个 e_i 出现奇数次, $i=1,2,3,4$;

2) 每个 e_i 出现 3 的倍数次, $i=1,2,3,4$;

3) e_1 不出现, e_2 至多出现 1 次;

4) e_1 出现 1、3 或 11 次, e_2 出现 2、4 或 5 次;

5) 每个 e_i 至少出现 10 次.

7.4 设数列$\{a_n\}$,$\{b_n\}$,$\{c_n\}$的生成函数分别为$A(x)$,$B(x)$,$C(x)$,其中$a_n=0$,$(n\geqslant 3)$, $a_0=1$, $a_1=3$, $a_2=2$; $c_n=5^n$, $n\in N$. 如果$A(x)B(x)=C(x)$,求b_n.

7.5 一个$1\times n$的方格图形用红、蓝、绿或橙四种颜色涂色. 如果有偶数个方格被涂成红色,还有偶数个方格被涂成绿色,问有多少种方案?

7.6 证明正整数N被无序剖分成允许重复的正整数的方法数等于多重集$\{N\cdot a\}$划分成子多重集的方法数.

7.7 证明方程$x_1+x_2+\cdots+x_7=13$和方程$x_1+x_2+\cdots+x_{14}=6$有相同数目的非负整数解.

7.8 假设将N无序剖分成正整数之和且使得这些正整数都小于或等于m的方法数为$P(N,m)$.证明
$$P(N,m)=P(N,m-1)+P(N-m,m).$$

7.9 设(N,n,m)表示将N无序剖分成n个正整数且每个正整数都小于等于m的方案数,证明(N,n,m)就是$(x+x^2+\cdots+x^m)^n$的展开式中x^N的系数.

7.10 把$2n+1$个苹果送给3个孩子,若使得任意两个孩子得到的苹果总数大于另一个孩子的苹果数,问有多少种分法?

7.11 把n个苹果(n为奇数)恰好分给3个孩子,如果第一个孩子和第二个孩子分的苹果数不相同,问有多少种分法?

7.12 设n为自然数,求平面上由直线$x+2y=n$与两个坐标轴所围成的直角三角形内(包括边上)的整点个数,其中整点表示横、纵坐标都是整数的点.

7.13 如果栈的输入是整数$1,2,\cdots,n$,用生成函数方法求解该栈的输出计数问题.

7.14 设$\sum$是一个字母表且$|\sum|=n>1$,a和b是$\sum$中两个不同的字母.试求$\sum$上的a和b均出现的长为$k>1$的字(或称为字符串)的个数.

7.15 确定数列 $\{a_n\}$ 的指数生成函数.

1) $a_n = n!$;

2) $a_n = 2^n \cdot n!$;

3) $a_n = (-1)^n$.

*7.16 证明下面的等式:

1) $\sum_{k=0}^{n} (-1)^k \binom{n}{k} \frac{1}{m+k+1} = \frac{n!m!}{(n+m+1)!}$;

2) $\sum_{k=0}^{n} \binom{n}{k} \binom{m+k}{m}^{-1} \frac{(-1)^k}{m+k+1} = \frac{1}{m+n+1}$.

7.17 用三个 1, 两个 2、五个 3 可以组成多少个不同的四位数? 如果这个四位数是偶数, 那么又有多少个?

7.18 $2n$ 个点均匀分布在一个圆周上, 我们要用 n 条不相交的弦将这 $2n$ 个点配成 n 对, 证明不同的配对方法数是第 $n+1$ 个 Catalan 数 $\frac{1}{n+1} \binom{2n}{n}$. 例如图 7.9 就给出了 8 个点的一种配对方案.

图 7.9 圆上 $2n$ 个点的配对

7.19 证明 $n! = \begin{bmatrix} n \\ n \end{bmatrix} n^n - \begin{bmatrix} n \\ n-1 \end{bmatrix} n^{n-1} + \begin{bmatrix} n \\ n-2 \end{bmatrix} n^{n-2} - \cdots$.

7.20 计算 $\begin{bmatrix} 6 \\ n \end{bmatrix}$, 其中 $n = 1, 2, 3, 4, 5, 6$.

7.21 计算 $\begin{Bmatrix} 7 \\ n \end{Bmatrix}$, 其中 $n = 1, 2, 3, 4, 5, 6, 7$.

7.22 用恰好 k 种可能的颜色做旗子, 使得每面旗子由 n 条彩带构成 ($n \geqslant k$), 且相邻的两条彩带的颜色都不相同, 证明不同的旗子数是 $k! \begin{Bmatrix} n-1 \\ k-1 \end{Bmatrix}$.

7.23 设 $T(n, t)$ 表示 n 元集划分成 t 个非空有序子集的方法数. 证明 $T(n, t) = t! \begin{Bmatrix} n \\ t \end{Bmatrix}$.

7.24 设 b_n 表示把 n 元集划分成非空子集的方法数,我们称 b_n 为 Bell 数.证明

1) $b_n = \binom{n-1}{0}b_0 + \binom{n-1}{1}b_1 + \cdots + \binom{n-1}{n-1}b_{n-1}$;

2) $b_n = \begin{Bmatrix} n \\ 1 \end{Bmatrix} + \begin{Bmatrix} n \\ 2 \end{Bmatrix} + \cdots + \begin{Bmatrix} n \\ n \end{Bmatrix}$.

7.25 证明 $\sum_{k=1}^{n} \begin{Bmatrix} n \\ k \end{Bmatrix} x(x-1)\cdots(x-k+1) = x^n$.

7.26 把 5 项任务分给 4 个人,如果每个人至少得到 1 项任务,问有多少种方式?

第八章 Polya 定理

考虑下面的计数问题：把一个 2×2 的方格棋盘用黑或白两色涂色,如果棋盘可以随意转动,问有多少种不同的涂色方案?

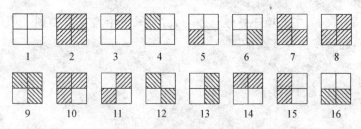

图 8.1 2×2 棋盘的涂色方案

请看图 8.1,如果棋盘固定不动,每个方格都可以涂上黑色或白色,有两种选择.根据乘法法则共有 $2^4=16$ 种不同的涂色方案.但是,当棋盘转动时,其中的一些方案可以变成另一些方案.如方案 3 逆时针转 $90°$ 就变成方案 4,同样地,方案 3 也可以变成方案 5 和方案 6.我们说方案 $3,4,5,6$ 是同一类方案,方案 $7,8,9,10$ 是同一类方案,还有方案 $11,12$ 是同一类方案,方案 $13,14,15,16$ 也是同一类方案.这样可以把 16 种方案划分成 6 类：$\{1\},\{2\},\{3,4,5,6\},\{7,8,9,10\},\{11,12\},\{13,14,15,16\}$.对于可转动的棋盘,不同的涂色方案只有 6 种.为了解决这种等价类的计数问题,我们需要另外一个重要的计数定理——Polya 定理.

§1 置换群中的共轭类与轨道

定义 8.1 设 P 是置换群 S_n 中的任意一个置换,我们可以把

P 表成不相交的轮换之积

$$P = (a_1, a_2, \cdots, a_{i_1})(b_1, b_2, \cdots, b_{i_2}) \cdots (k_1, k_2, \cdots, k_{i_l}),$$

如果其中 n 阶轮换的个数是 c_n，则称

$$1^{c_1} 2^{c_2} \cdots n^{c_n}$$

为该置换的指标. 如果某个 $c_i = 0$，则 i^{c_i} 部分也可以略去不记.

例如 $P_1 = (1)(2,3)(4,5,6,7) \in S_7$，那么 P_1 的指标是 $1^1 2^1 3^0 4^1 5^0 6^0 7^0$，也可以简记为 $1^1 2^1 4^1$. $P_2 = (4,5)(6,7) \in S_7$，P_2 的指标是 $1^3 2^2 3^0 4^0 5^0 6^0 7^0$，也可以简记为 $1^3 2^2$.

对于 S_n 中的任何置换 P，它的指标 $1^{c_1} 2^{c_2} \cdots n^{c_n}$ 满足下面的等式：

$$1 \cdot c_1 + 2 \cdot c_2 + \cdots + n \cdot c_n = n$$

$$(c_i \text{ 为非负整数}, i = 1, 2, \cdots, n). \tag{8.1}$$

定义 8.2 设置换 $P_1, P_2 \in S_n$，如果 P_1 与 P_2 的指标相同，就称 P_1 与 P_2 共轭.

例如在 S_4 中，$(1,2)(3,4)$ 与 $(1,3)(2,4)$ 是共轭的. 而 $(1,4,3)(2)$ 与 $(1,2,4)(3)$ 是共轭的.

显然共轭关系是 S_n 上的一个等价关系，由这个等价关系诱导出对 S_n 的一个划分，划分的每个等价类就叫做相应于它们的指标的共轭类. 不难证明在每个共轭类中置换的奇偶性都一样.

S_n 中有多少个不同的共轭类呢？由 (8.1) 式可以知道，对于这个方程的任何一组非负整数解 $c_1, c_2, \cdots, c_n$，就有一个相应的共轭类指标 $1^{c_1} 2^{c_2} \cdots n^{c_n}$. 所以 S_n 中共轭类的个数就等于方程 (8.1) 的非负整数解的个数. 由上一章的知识，我们知道相应的生成函数是

$$G_n(y) = \frac{1}{(1-y)(1-y^2) \cdots (1-y^n)},$$

例如对于 S_4 有

$$G_4(y) = \frac{1}{(1-y)(1-y^2)(1-y^3)(1-y^4)}$$
$$= 1 + y + 2y^2 + 3y^3 + 5y^4 + \cdots.$$

上式中 y^4 的系数是 5,所以 4 的剖分方案应有 5 种,即
$$4 = 4 = 2+2 = 1+3 = 1+1+2 = 1+1+1+1,$$
相应的共轭类的指标是
$$4^1, 2^2, 1^1 3^1, 1^2 2^1, 1^4.$$

在指标为 $1^{c_1} 2^{c_2} \cdots n^{c_n}$ 的共轭类中有多少个置换呢?请看下面的定理。

定理 8.1 在 S_n 的指标为 $1^{c_1} 2^{c_2} \cdots n^{c_n}$ 的共轭类中有
$$N = \frac{n!}{c_1! c_2! \cdots c_n! \ 1^{c_1} 2^{c_2} \cdots n^{c_n}}$$
个置换。

证明 任何一个在指标为 $1^{c_1} 2^{c_2} \cdots n^{c_n}$ 的共轭类中的置换都可以写成如下的形式:

$$\underbrace{(\cdot)(\cdot)\cdots(\cdot)}_{c_1 \text{个1阶轮换}} \underbrace{(\cdot\cdot)(\cdot\cdot)\cdots(\cdot\cdot)}_{c_2 \text{个2阶轮换}} \cdots \underbrace{(\cdot\cdot \cdots \cdot)}_{c_n \text{个}n\text{阶轮换}}.$$

我们把 $1, 2, \cdots, n$ 填入以上 n 个圆点所代表的位置,总的方法有 $n!$ 种。由于不相交的轮换是可以交换的,交换的方式有 $c_1! \ c_2! \cdots c_n!$ 种,考虑到这种交换造成的重复就要把总的方法数除以 $c_1! \ c_2! \cdots c_n!$。又由于每个 m 阶轮换的首元可以有 m 种,考虑到不同的首元造成的重复,还要把方法数除以每个轮换的阶数,即除以 $1^{c_1} 2^{c_2} \cdots n^{c_n}$。定理得证。

例如 S_3 有三个共轭类,相应的指标分别为 $1^3, 1^1 2^1, 3^1$。在 1^3 类中有 $\frac{3!}{3! \ 0! \ 0! \ 1^3 2^0 3^0} = 1$ 个置换,即 $(1)(2)(3)$;在 $1^1 2^1$ 类中有 $\frac{3!}{1! \ 1! \ 0! \ 1^1 2^1 3^0} = 3$ 个置换,即 $(1)(2,3), (2)(1,3)$ 和 $(3)(1,2)$;而在 3^1 类中有 $\frac{3!}{0! \ 0! \ 1! \ 1^0 2^0 3^1} = 2$ 个置换,即 $(1,2,3)$ 和 $(1,3,2)$。

定义 8.3 设 $N = \{1, 2, \cdots, n\}$,G 是 N 上的一个置换群,对于任意的 $k \in N$,我们称置换的集合

$$Z_k = \{P \mid P \in G \wedge k^P = k\}$$

是 k 的不变置换类[①].

例如 $G=\{I,(1,2),(3,4),(1,2)(3,4)\} \subseteq S_4$,1 的不变置换类 $Z_1=\{I,(3,4)\}$,它也是 2 的不变置换类,而 $Z_3=Z_4=\{I,(1,2)\}$.

对于任何的 $k \in N$,显然在恒等置换的作用下都使得 k 保持不变,所以 $I \in Z_k$.不难证明 Z_k 是 G 的子群.

设 $N=\{1,2,\cdots,n\}$,G 是 N 上的置换群,我们定义 N 上的二元关系

$$R = \{\langle k,l \rangle \mid \exists P(P \in G \wedge k^P = l)\}. \quad (8.2)$$

例如 $G=\{I,(1,2),(3,4),(1,2)(3,4)\}$ 是 $N=\{1,2,3,4\}$ 上的置换群,那么有

$$R = \{\langle 1,1 \rangle, \langle 1,2 \rangle, \langle 2,1 \rangle, \langle 2,2 \rangle,$$
$$\langle 3,3 \rangle, \langle 3,4 \rangle, \langle 4,3 \rangle, \langle 4,4 \rangle\}.$$

不难证明 R 是 N 上的等价关系,由这个等价关系诱导了 N 的一个划分,我们称关于 k 的等价类

$$E_k = \{l \mid kRl \wedge l \in N\}$$

是 k 的轨道.

例如在上面的例子里,R 的关系图如图 8.2 所示,所以有

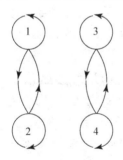

图 8.2 轨道

[①] k 的不变置换类也可以叫做 k 的稳定类.

$$E_1 = E_2 = \{1,2\},$$
$$E_3 = E_4 = \{3,4\}.$$

定理 8.2 设 $N=\{1,2,\cdots,n\}$，G 是 N 上的置换群，对任意的 $k \in N$ 有
$$|Z_k| \cdot |E_k| = |G|.$$

证明 对于任意的 $k \in N$，设 $|E_k|=l$，即
$$E_k = \{a_1 = k, a_2, \cdots, a_l\},$$
$$a_i \in N, i = 1, 2, \cdots, l.$$

设置换 $P_i \in G$，且 $k^{P_i}=a_i, i=1,2,\cdots,l$. 对任意的置换 $Q \in Z_k$ 都有 $QP_i \in G$ 且满足
$$k^{QP_i} = (k^Q)^{P_i} = k^{P_i} = a_i, \quad i = 1, 2, \cdots, l.$$

令
$$Z_k P_i = \{QP_i \mid Q \in Z_k\},$$

则 $Z_k P_i$ 是 G 的子集，并且对于任意的 $i, j (i,j=1,2,\cdots,l, i \neq j)$ 都有
$$Z_k P_i \cap Z_k P_j = \emptyset.$$

若不然，存在 $Q_1 P_i = Q_2 P_j \in Z_k P_i \cap Z_k P_j$，则有 $k^{Q_1 P_i} = k^{Q_2 P_j}$，因此有
$$a_i = k^{P_i} = (k^{Q_1})^{P_i} = k^{Q_1 P_i}$$
$$= k^{Q_2 P_j} = (k^{Q_2})^{P_j} = k^{P_j} = a_j,$$

与 $a_i \neq a_j$ 矛盾.

作所有的 l 个 $Z_k P_i$ 的并集，显然有
$$Z_k P_1 \cup Z_k P_2 \cup \cdots \cup Z_k P_l \subseteq G. \tag{8.3}$$

另一方面，对任意的 $P \in G$，设 $k^P = \nu \in N$，由 E_k 的定义可知 $\nu \in E_k$，即存在 $a_j \in E_k$ 使得 $a_j = \nu$，所以有 $k^P = a_j$. 又因为 $k^{P_j} = a_j$，所以有 $a_j^{P_j^{-1}} = k$，因此
$$k^{PP_j^{-1}} = (k^P)^{P_j^{-1}} = a_j^{P_j^{-1}} = k.$$

这证明了 $PP_j^{-1} \in Z_k$，也就是 $P \in Z_k P_j$. 从而有
$$G \subseteq Z_k P_1 \cup Z_k P_2 \cup \cdots \cup Z_k P_l.$$

把这个包含关系与(8.3)式合起来就得到
$$G = Z_k P_1 \cup Z_k P_2 \cup \cdots \cup Z_k P_l.$$
又由于 $Z_k P_i$ 与 $Z_k P_j$ 不交 $(i \neq j)$,所以有
$$|G| = |Z_k P_1| + |Z_k P_2| + \cdots + |Z_k P_l|$$
$$= |Z_k| \cdot l = |Z_k| \cdot |E_k|.$$

例如 $G = S_3 = \{I, (1,2), (1,3), (2,3), (1,2,3), (1,3,2)\}$,如果令 $k=1$,则 $E_1 = \{1,2,3\}, Z_1 = \{I, (2,3)\}$,那么有
$$|G| = 6, \quad |Z_1| \cdot |E_1| = 2 \times 3 = 6.$$

§2 Polya 定理的特殊形式及其应用

引理(Burnside **引理**) 设 $N = \{1, 2, \cdots, n\}, G$ 是 N 上的置换群,令 $G = \{P_1 = I, P_2, \cdots, P_g\}$. 如果把 $P_k(k=1, 2, \cdots, g)$ 表成不相交的轮换之积,令 $c_1(P_k)$ 表示这个分解式中 1-轮换的个数. 又设 M 是不同的轨道的个数,则有
$$M = \frac{1}{|G|} \sum_{k=1}^{g} c_1(P_k).$$

证明 对于 $k = 1, 2, \cdots, g, c_1(P_k)$ 表示在置换 P_k 作用下保持不变的 N 中元素的个数,那么 $\sum_{k=1}^{g} c_1(P_k)$ 则表示在 G 中所有置换的作用下保持不变的 N 中元素的总数(包括重复计数). 请看表 8.1,其中的元素 S_{kj} 是 0 或 1 $(k = 1, 2, \cdots, g, j = 1, 2, \cdots, n)$,如果 $j^{P_k} = j$,则 $S_{kj} = 1$,否则 $S_{kj} = 0$.

在表的 P_k 所在的一行里,$\sum_{j=1}^{n} S_{kj}$ 的值计数了在 P_k 作用下保持不变的 N 中元素的个数,即 $c_1(P_k)$,由此得

$$\sum_{k=1}^{g} c_1(P_k) = \sum_{k=1}^{g} \sum_{j=1}^{n} S_{kj} = \sum_{j=1}^{n} \sum_{k=1}^{g} S_{kj}, \tag{8.4}$$

表 8.1

G中元素 \ N中元素	1	2	⋯	n	$c_1(P_k)$
$P_1 = I$	S_{11}	S_{12}	⋯	S_{1n}	$c_1(P_1)$
P_2	S_{21}	S_{22}	⋯	S_{2n}	$c_1(P_2)$
⋮	⋮	⋮	⋮	⋮	⋮
P_g	S_{g1}	S_{g2}	⋯	S_{gn}	$c_1(P_g)$
$\|Z_j\|$	$\|Z_1\|$	$\|Z_2\|$	⋯	$\|Z_n\|$	$\sum_{k=1}^{g} c_1(P_k) = \sum_{j=1}^{n} \|Z_j\|$

而 $\sum_{k=1}^{g} S_{kj}$ 又计数了使得 j 保持不变的 G 中置换的个数，即 $\sum_{k=1}^{g} S_{kj}$ $= |Z_j|$，把这个结果代入(8.4)式得

$$\sum_{k=1}^{g} c_1(P_k) = \sum_{j=1}^{n} |Z_j|. \tag{8.5}$$

由定理 8.2 有 $|Z_j| = |G|/|E_j|$，代入(8.5)式得

$$\frac{|G|}{|E_1|} + \frac{|G|}{|E_2|} + \cdots + \frac{|G|}{|E_n|} = \sum_{k=1}^{g} c_1(P_k). \tag{8.6}$$

如果 $i_1, i_2, \cdots, i_l$ 在同一个轨道上，则由等价类的性质得 $E_{i_1} = E_{i_2} = \cdots = E_{i_l}$ 且 $|E_{i_i}| = l$。这说明

$$\frac{1}{|E_{i_1}|} + \frac{1}{|E_{i_2}|} + \cdots + \frac{1}{|E_{i_l}|} = 1.$$

我们把(8.6)式中所有的 $1/|E_j|$ ($j=1,2,\cdots,n$) 按轨道进行合并，每个轨道合并的结果都是 1，因此合并后的(8.6)式就变成了：

$$M \cdot |G| = \sum_{k=1}^{g} c_1(P_k),$$

即

$$M = \frac{1}{|G|} \sum_{k=1}^{g} c_1(P_k).$$

例 8.1 回顾 2×2 方格棋盘的涂两色问题。我们把因棋盘的转动而引起涂色方案的转变看作是涂色方案集合上的置换群的作

用. 设 $\overline{N}$ 是涂色方案的集合，$\overline{G}$ 是置换群. 则

$$\overline{N} = \{c_1, c_2, \cdots, c_{16}\},$$
$$\overline{G} = \{\overline{P}_1 = I, \overline{P}_2, \overline{P}_3, \overline{P}_4\},$$

其中 $\overline{P}_1$ 代表棋盘不动，$\overline{P}_2$ 代表棋盘逆时针转 $90°$，$\overline{P}_3$ 代表棋盘逆时针转 $180°$，$\overline{P}_4$ 代表棋盘逆时针转 $270°$，不难证明 $\overline{G}$ 是一个群. $\overline{G}$ 中各置换的分解式是：

$$\overline{P}_1 = (c_1)(c_2)\cdots(c_{16}),$$
$$\overline{P}_2 = (c_1)(c_2)(c_3, c_4, c_5, c_6)(c_7, c_8, c_9, c_{10})$$
$$(c_{11}, c_{12})(c_{13}, c_{14}, c_{15}, c_{16}),$$
$$\overline{P}_3 = (c_1)(c_2)(c_3, c_5)(c_4, c_6)(c_7, c_9)(c_8, c_{10})$$
$$(c_{11})(c_{12})(c_{13}, c_{15})(c_{14}, c_{16}),$$
$$\overline{P}_4 = (c_1)(c_2)(c_6, c_5, c_4, c_3)(c_{10}, c_9, c_8, c_7)$$
$$(c_{11}, c_{12})(c_{16}, c_{15}, c_{14}, c_{13}).$$

代入 Burnside 引理得

$$M = \frac{1}{2}(16 + 2 + 4 + 2) = 6.$$

不同的涂色方案有 6 种，请看图 8.3.

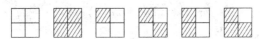

图 8.3 可转动棋盘的涂色方案

Burnside 引理使用起来不太方便. 如果有 n 个物体，用 m 种颜色涂色. 我们先要给出 m^n 种涂色方案，然后分析这些方案在置换群的作用下的结果. 对于稍微大一点的 n 和 m 就是非常繁重的工作，有时候甚至是不可能完成的. Polya 定理是 Burnside 引理的推广. 它们的区别在于：对于 Burnside 引理，置换群 $\overline{G}$ 是 m^n 种涂色方案的集合 $\overline{N}$ 上的群，而 Polya 定理的置换群 G 是 n 个被涂色物体的集合 N 上的群.

定理 8.3（Polya 定理的特殊情况） 设 $N = \{1, 2, \cdots, n\}$，$G = $

$\{P_1, P_2, \cdots, P_g\}$，$G$ 是 N 上的置换群，用 m 种颜色对 N 中的元素进行涂色，则在 G 的作用下不同的涂色方案数是

$$M = \frac{1}{|G|} \sum_{k=1}^{g} m^{c(P_k)},$$

其中 $c(P_k)$ 是置换 P_k 的分解式中包括 1-轮换在内的轮换个数.

证明 设 $\overline{N}$ 是 N 中元素所有的涂色方案的集合. 则有 $|\overline{N}| = m^n$. 对于 G 中的任何一个置换 P, 由于它作用于 N 中的元素, 从而也相应地引起了对 $\overline{N}$ 中涂色方案的置换 $\overline{P}$. 我们把所有的 $\overline{P}$ 构成的群叫做 $\overline{G}$, 显然 $|G| = |\overline{G}|$.

设 P 是 G 中的置换, 且

$$P = \underbrace{(\cdot\cdot \cdots \cdot)(\cdot\cdot \cdots \cdot) \cdots (\cdot\cdot \cdots \cdot)}_{c(P) \text{个轮换}}.$$

如果属于同一个轮换的数字被涂上同样的颜色, 这样的涂色方案在 $\overline{P}$ 的作用下是不变的, 所以它属于 $\overline{P}$ 的不变元素. 另一方面, 如果有一种涂色方案使得 P 的某个轮换中出现了不同的涂色, 则在该轮换中必有两个相邻的数字具有不同的颜色. 于是在 $\overline{P}$ 的作用下必得到不同的涂色方案. 这就证明了在 $\overline{P}$ 作用下不变的涂色方案数 $c_1(\overline{P})$ 应该等于对 P 的同一轮换涂同色的方案数, 即

$$c_1(\overline{P}) = m^{c(P)},$$

把这个等式代入 Burnside 引理得

$$M = \frac{1}{|G|} \sum_{k=1}^{g} m^{c(P_k)}.$$

例 8.2 回顾例 8.1, 我们有

$$N = \{1, 2, 3, 4\}, \quad G = \{P_1 = I, P_2, P_3, P_4\},$$

其中

$$P_1 = (1)(2)(3)(4), \quad P_2 = (1,2,3,4),$$
$$P_3 = (1,3)(2,4), \quad P_4 = (4,3,2,1).$$

代入定理 8.3 得

$$M = \frac{1}{4}(2^4 + 2^1 + 2^2 + 2^1) = \frac{1}{4}(16 + 2 + 4 + 2) = 6.$$

例 8.3 如图 8.4,用三种颜色涂色装有 5 颗珠子的手镯.如果只考虑手镯的旋转,问有多少种涂色方案?

图 8.4 手镯

解 $m=3, N=\{1,2,3,4,5\}, N$ 上的群为 $G, G=\{P_1=I, P_2, P_3, P_4, P_5\}$,
其中

$$P_1 = (1)(2)(3)(4)(5), \quad \text{不动},$$
$$P_2 = (1,2,3,4,5), \quad \text{逆时针转 } 72°,$$
$$P_3 = (1,3,5,2,4), \quad \text{逆时针转 } 144°,$$
$$P_4 = (1,4,2,5,3), \quad \text{逆时针转 } 216°,$$
$$P_5 = (1,5,4,3,2), \quad \text{逆时针转 } 288°.$$

由定理 8.3 得

$$M = \frac{1}{5}(3^5 + 3 + 3 + 3 + 3) = 51.$$

例 8.4 证明 Fermat 小定理:若 p 为素数,则 p 整除 $n^p - n$.

证明 如例 8.3,我们考虑用 n 种颜色涂色装有 p 颗珠子的手镯.若只考虑旋转的作用,则 $|G|=p$.因为 p 为素数,所以在 G 中除了恒等置换 I 以外,其它的置换都是只含有一个轮换的置换.由定理 8.3 得到不同的手镯数

$$M = \frac{1}{p}(n^p + \underbrace{n^1 + n^1 + \cdots + n^1}_{p-1 \uparrow}),$$

化简上式得

$$M = \frac{1}{p}[n^p + (p-1)n] = \frac{1}{p}(n^p - n + pn).$$

因为 M 是正整数,且 p 整除 pn,所以 p 一定整除 n^p-n.

*§3 带权的 Polya 定理

如果我们需要计算带有某些限制条件的着色方案数,或者需要知道具体的着色方案是什么,那么就要用到带权的 Polya 定理.下面先介绍权的概念.

设 $D=\{1,2,\cdots,n\}$ 是 n 个数字的集合,$R=\{c_1,c_2,\cdots,c_m\}$ 是 m 种颜色的集合.对于任何一种颜色 c_r,令 $w(C_r)$ 表示该颜色的权.设 C 是用 R 中的颜色对 D 中元素着色的一种方案,则定义 C 的权为所有被着颜色的权之积.

例 8.5 设 $R=\{红,蓝\}$,$D=\{1,2,3,4\}$,给定颜色的权为 $w(红)=2,w(蓝)=3$,则着色方案 $C=$红蓝红红(1 着红色,2 着蓝色,3 着红色,4 着红色)的权

$$w(C) = w(红) \cdot w(蓝) \cdot w(红) \cdot w(红) = 24.$$

如果令 $w(红)=红,w(蓝)=蓝$,则 C 的权

$$w(C) = 红蓝红红.$$

这就是方案 C 本身.如果令 $w(红)=w(蓝)=1$,则

$$w(C) = 1.$$

令 S 是着色方案的集合,定义 S 的清单 W 为 S 中所有着色方案的权之和,即

$$W = \sum w_i,$$

其中求和是遍取所有的方案.

在例 8.5 中,如果令 $w(红)=红,w(蓝)=蓝$,则任一着色方案的仅就是该方案本身,所以清单恰好以和的形式给出了所有的着色方案.如果令 $w(红)=w(蓝)=1$,则任何一种着色方案的权都是 1,这时清单就是着色方案的总数.

定理 8.4 设 $D=\{1,2,\cdots,n\}$,$R=\{1,2,\cdots,m\}$,R 对 D 的所有可能的着色方案的集合为 S,则 S 的清单是

$$W = [w(1) + w(2) + \cdots + w(m)]^n. \tag{8.7}$$

证明 上述乘积的展开式中的每一项由 n 个因子组成,它的一般形式是

$$w(i_1)w(i_2)\cdots w(i_n),$$

这正是着色方案 $i_1, i_2, \cdots, i_n$ 的权.所有的着色方案是 m^n 种,正好对应了展开式的 m^n 个项,所以

$$W = \sum_{\substack{1 \leq i \leq m \\ j=1,2,\cdots,n}} w(i_1)w(i_2)\cdots w(i_n)$$

就是 S 的清单.

定理 8.5 设 $D = \{1, 2, \cdots, n\}, R = \{1, 2, \cdots, m\}$.我们把 D 划分成 k 个不相交的子集 $D_1, D_2, \cdots, D_k$,然后用 R 中的颜色对 D 中的数字着色.如果要求在同一子集中的数字必须着同色,我们把所有这样的方案构成的集合记作 S,则 S 的清单是

$$W = [w(1)^{|D_1|} + w(2)^{|D_1|} + \cdots + w(m)^{|D_1|}]$$
$$\cdot [w(1)^{|D_2|} + w(2)^{|D_2|} + \cdots + w(m)^{|D_2|}]$$
$$\cdots\cdots\cdots\cdots$$
$$\cdot [w(1)^{|D_k|} + w(2)^{|D_k|} + \cdots + w(m)^{|D_k|}]. \tag{8.8}$$

证明 上述乘积的展开式中的项都是如下的形式:

$$w(i_1)^{|D_1|} w(i_2)^{|D_2|} \cdots w(i_k)^{|D_k|},$$

它是对 D_1 中的数字着 i_1 色,对 D_2 中的数字着 i_2 色,$\cdots$,对 D_k 中的数字着 i_k 色的着色方案的权.因为 $i_1, i_2, \cdots, i_k$ 遍取了所有可能的颜色,共有 m^k 种方案,对应了(8.8)式中的 m^k 个项.所以

$$\sum w(i_1)^{|D_1|} \cdot w(i_2)^{|D_2|} \cdots w(i_k)^{|D_k|}$$

就是 S 的清单.

例 8.6 投掷 5 个骰子 d_1, d_2, d_3, d_4, d_5,有多少种布局使得 d_1, d_2, d_3 的点数相同,d_4, d_5 的点数相同,并且总和为 19.

解 令 $D = \{d_1, d_2, d_3, d_4, d_5\}$.我们将 D 划分成 D_1 和 D_2,使得 $D_1 = \{d_1, d_2, d_3\}, D_2 = \{d_4, d_5\}$.因为每个骰子有六种点数,令颜色的集合 $R = \{1, 2, 3, 4, 5, 6\}$,然后我们规定对任意的颜色 r, r

的权 $w(r)=x^r$. 不难看出，任何一种布局就是一种着色方案，它的权是 x 的幂，而幂指数就是该布局的总点数. 由定理 8.5 得

$$W = [(x^1)^3 + (x^2)^3 + \cdots + (x^6)^3] \cdot [(x^1)^2 + (x^2)^2 + \cdots + (x^6)^2].$$

上面式子中 x^{19} 的系数是 2，它是由 $(x^3)^3 \cdot (x^5)^2 + (x^5)^3 \cdot (x^2)^2$ 而得到的，这就给出两种可能的布局，即

   d_1, d_2, d_3 的点数是 3， d_4, d_5 的点数是 5.

   d_1, d_2, d_3 的点数是 5， d_4, d_5 的点数是 2.

下面我们将要叙述带权的 Burnside 定理和 Polya 定理.

定理 8.6 设 D 是物体的集合，R 是颜色的集合，S 是着色方案的集合，$\overline{G}$ 是 S 上的置换群，对于任意一个着色方案 $C \in S$，C 的权记作 $w(C)$，且满足下面的性质

如果 $\overline{P} \in \overline{G}$，则 $W(C) = W(C^{\overline{P}})$.

即在同一轨道上的着色方案的权都相等. 设关于 $\overline{G}$ 的轨道为 $E_1, E_2, \cdots, E_l$. 定义轨道的权为轨道中着色方案的公共权. 对于任意的 $\overline{P} \in \overline{G}$，令 $\overline{w}(\overline{P})$ 是在 $\overline{P}$ 作用下保持不变的那些着色方案的权之和，则

$$w(E_1) + w(E_2) + \cdots + w(E_l)$$
$$= \frac{1}{|\overline{G}|} [\overline{w}(\overline{P}_1) + \cdots + \overline{w}(\overline{P}_g)]. \tag{8.9}$$

当我们令所有颜色的权都是 1 时，那么着色方案的权也是 1，从而任何轨道的权也是 1. 这时 (8.9) 式的左边就计数了不同的轨道的个数，而右边的每一项 $\overline{w}(P_k)$ 则计数了在 $\overline{P}_k$ 作用下保持不变的方案个数. 这时定理 8.6 就变成了 Burnside 引理. 所以这个定理也叫做带权的 Burnside 定理.

证明 (8.9) 式右边的每一项计数了在 $\overline{P}_k$ 作用下保持不变的着色方案的权之和. 对于方案 C 来说，$w(C)$ 在右边出现的次数就是 $\overline{G}$ 中使得 C 保持不变的置换个数 $|\overline{Z}_C|$，把 $|\overline{Z}_C| = |\overline{G}|/|E_C|$ 代入右边得

$$\left[\frac{w(C_1)}{|E_{C_1}|}+\frac{w(C_2)}{|E_{C_2}|}+\cdots\right].$$

在同一轨道上任何方案的权就等于轨道的权,我们把上式中在同一轨道上的所有的项相加,就得到这个轨道的权.所以整个式子正好是所有的轨道的权之和.

定理 8.7 设 D 是 n 个物体的集合, R 是 m 种颜色的集合, G 是 D 上的置换群且 $G=\{P_1,P_2,\cdots,P_g\}$. 对于任何一种着色方案 $C\in S, w(C)$ 是 C 的权,那么所有不同的轨道的权之和为:

$$\frac{1}{|G|}\big[w_1^{c_1(P_1)}w_2^{c_2(P_1)}\cdots w_n^{c_n(P_1)}$$
$$+w_1^{c_1(P_2)}w_2^{c_2(P_2)}\cdots w_n^{c_n(P_2)}$$
$$+\cdots+w_1^{c_1(P_g)}w_2^{c_2(P_g)}\cdots w_n^{c_n(P_g)}\big],$$

其中

$$w_1=w(1)+w(2)+\cdots+w(m),$$
$$w_2=w(1)^2+w(2)^2+\cdots+w(m)^2,$$
$$\cdots\cdots\cdots\cdots$$
$$w_n=w(1)^n+w(2)^n+\cdots+w(m)^n.$$

证明 由定理 8.6 知道所有的不同轨道的权之和为

$$\frac{1}{|G|}\big[\overline{w}(\overline{P}_1)+\overline{w}(\overline{P}_2)+\cdots+\overline{w}(\overline{P}_g)\big], \quad (8.10)$$

其中 $\overline{w}(\overline{P})$ 是在 $\overline{P}$ 作用下保持不变的着色方案的权之和. 设相当于 $\overline{P}$ 的置换 P 的分解式中有 k 个轮换,即

$$P=D_1D_2\cdots D_k.$$

由定理 8.5,在 $\overline{P}$ 作用下保持不变的着色方案的权之和是 $\overline{w}(\overline{P})$,它等于

$$\big[w(1)^{|D_1|}+w(2)^{|D_1|}+\cdots+w(m)^{|D_1|}\big]$$
$$\cdot\big[w(1)^{|D_2|}+w(2)^{|D_2|}+\cdots+w(m)^{|D_2|}\big]$$
$$\cdot\cdots\cdots\cdots$$
$$\cdot\big[w(1)^{|D_k|}+w(2)^{|D_k|}+\cdots+w(m)^{|D_k|}\big]$$

这个乘积中的每一个因式具有下面的形式

$$w_s = w(1)^s + w(2)^s + \cdots + w(m)^s.$$

而 w_i 出现的次数正好是 P 的分解式中长度为 s 的轮换的个数,即 $c_s(P)$,所以有

$$\overline{w}(\overline{P}) = w_1^{c_1(P)} \cdot w_2^{c_2(P)} \cdot \cdots \cdot w_n^{c_n(P)}. \tag{8.11}$$

把所有的 $\overline{w}(\overline{P}), \overline{P} \in \overline{G}$ 都表成(8.11)式的形式,并代入(8.10)式,定理得证.

这个定理是带权的 Polya 定理. 如果我们令所有的颜色的权都是 1,则在定理中有

$$w_1 = w_2 = \cdots = w_n = m,$$

那么定理的结果就变成

$$\frac{1}{|G|}[m^{c_1(P_1)} m^{c_2(P_1)} \cdots m^{c_n(P_1)} + m^{c_1(P_2)} m^{c_2(P_2)} \cdots m^{c_n(P_2)}$$

$$+ \cdots + m^{c_1(P_g)} m^{c_2(P_g)} \cdots m^{c_n(P_g)}]$$

因为 $c_1(P) + c_2(P) + \cdots + c_n(P)$ 就是 P 中轮换的总个数 $c(P)$,化简上式得

$$\frac{1}{|G|}[m^{c(P_1)} + m^{c(P_2)} + \cdots + m^{c(P_g)}],$$

从而得到了特殊形式的 Polya 定理.

下面举例说明 Polya 定理和带权的 Burnside 定理的应用.

例 8.7 如图 8.5 所示,用四颗珠子穿项链,其中两颗蓝色,一颗红色,一颗黄色,问可以有多少种不同的方案?

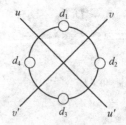

图 8.5 项链的对称性

解 令 $D=\{d_1,d_2,d_3,d_4\}$, $R=\{红,蓝,黄\}$,且规定 $w(蓝)=b, w(红)=r, w(黄)=y$. 因为既要考虑到旋转,也要考虑到翻转,所以作用于 D 上的置换群 G 是

$$G: P_1 = (d_1)(d_2)(d_3)(d_4), \quad 不动,$$
$$P_2 = (d_1, d_2, d_3, d_4), \quad 逆时针旋转 90°,$$
$$P_3 = (d_1, d_3)(d_2, d_4), \quad 逆时针旋转 180°,$$
$$P_4 = (d_4, d_3, d_2, d_1), \quad 逆时针旋转 270°,$$
$$P_5 = (d_1)(d_3)(d_2, d_4), \quad 以 d_1 d_3 为轴翻转 180°,$$
$$P_6 = (d_2)(d_4)(d_1, d_3), \quad 以 d_2 d_4 为轴翻转 180°,$$
$$P_7 = (d_1, d_2)(d_3, d_4), \quad 以 vv' 为轴翻转 180°,$$
$$P_8 = (d_1, d_4)(d_2, d_3), \quad 以 uu' 为轴翻转 180°,$$

且

$$w_1 = b + r + y, \quad w_2 = b^2 + r^2 + y^2,$$
$$w_3 = b^3 + r^3 + y^3, \quad w_4 = b^4 + r^4 + y^4.$$

代入定理 8.7 得

$$w = \frac{1}{8}[w_1^4 + w_4^1 + w_2^2 + w_4^1 + w_1^2 w_2$$
$$+ w_1^2 w_2 + w_2^2 + w_2^2]$$
$$= \frac{1}{8}[w_1^4 + 2w_4 + 2w_1^2 w_2 + 3w_2^2]$$
$$= \frac{1}{8}[(b+r+y)^4 + 2(b^4 + r^4 + y^4)$$
$$+ 2(b+r+y)^2(b^2 + r^2 + y^2) + 3(b^2 + r^2 + y^2)^2]$$
$$= b^4 + r^4 + y^4 + b^3 r + b^3 y + br^3 + r^3 y + by^3 + ry^3$$
$$+ 2b^2 r^2 + 2b^2 y^2 + 2r^2 y^2 + 2b^2 ry + 2br^2 y + 2bry^2.$$

上式中 $b^2 ry$ 的系数是 2,因此有两种方案,它们是 $bbry$ 和 $brby$,对应的项链给在图 8.6 中.

这个例子是有限制条件的着色问题. 如果要求找出全部的着色方案,我们只须代入定理 8.7,所得的结果就是全部方案的清

单. 但在做乘法时不可交换相乘的次序,例如 bbry 与 brby 被认为是不同的项,不能合并,因为它们代表了不同的方案.

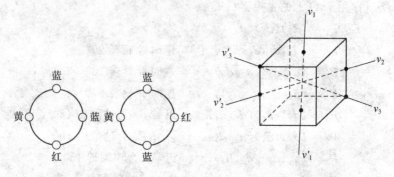

图 8.6 两种方案   图 8.7 正六面体

例 8.8 用六种颜色给一个立方体着色,要求每个面的颜色必须不同,且立方体可以在空间随意转动,问有多少种不同的方案?

解 如图 8.7,先分析群的结构. G 中的置换可分成以下几类:
恒等置换 1 个

以过每一对平面的中心的直线(如 v_1v_1')为轴,逆时针旋转 $90°, 180°, 270°$ 有 3 个置换,那么三对平面共有 9 个置换.

以过每一对顶点的直线(如 v_3v_3')为轴转动 $120°$ 或 $240°$ 有 2 个置换,那么四对顶点共有 8 个置换.

以过每一对棱的中心的直线(如 v_2v_2')为轴转动 $180°$ 有 1 个置换,那么六对棱共有 6 个置换.

综上所述,群 G 中有 24 个置换,其中除了恒等置换以外,在别的置换的作用下涂色方案都要发生变化. 而在恒等置换的作用下,不变的涂色方案是 $6!$ 个. 如果令所有的颜色的权都是 1,由定理 8.6 得

$$M = \frac{1}{24} \times 6! = 30.$$

习 题 八

8.1 写出 S_4 的所有共轭类的指标,并列出相应于每一个指标的共轭类中的置换.

8.2 P 是指标为 $1^{c_1}2^{c_2}\cdots n^{c_n}$ 的置换,证明 P 的奇偶性和 $c_2+c_4+c_6+\cdots$ 的奇偶性一样.

8.3 证明 $\sum \dfrac{1}{c_1!\ c_2!\ \cdots c_n!\ 1^{c_1}2^{c_2}\cdots n^{c_n}} = 1$,其中求和是对方程 $c_1+2c_2+\cdots+nc_n=n$ 的一切非负整数解来求.

8.4 1) 证明 S_n 中含有 k 个不相交的轮换的置换有 $\begin{bmatrix}n\\k\end{bmatrix}$ 个,其中 $\begin{bmatrix}n\\k\end{bmatrix}$ 是第一类 Stirling 数.

2) 证明 $\begin{bmatrix}n\\1\end{bmatrix}+\begin{bmatrix}n\\2\end{bmatrix}+\cdots+\begin{bmatrix}n\\n\end{bmatrix}=n!$.

8.5 写出 S_4 的所有不变的置换类.

8.6 设 $N=\{1,2,\cdots,n\}$,G 是 N 上的置换群,对于任意的 $k\in N$,证明 k 的不变置换类 Z_k 是 G 的子群.

8.7 证明(8.2)式定义的二元关系 R 是 N 上的等价关系.

8.8 设 $N=\{1,2,\cdots,n\}$,G 是 N 上的置换群,如果 $G=\{I\}$,I 为恒等置换,那么用 m 种颜色涂染 N 中的数字,应该有多少种不同的涂色方案?

8.9 在第 8.8 题中,如果 $G=S_n$,那么所求的涂色方案又是多少种?

8.10 有一个正八面体,每个面都是正三角形,用两种颜色给八个面着色,如果八面体可以在空间转动,问有多少种方案?

8.11 1) 证明给一个立方体的八个顶点着成黑白两色的不同方案数是 23;

2) 证明用 x 种颜色给立方体的顶点着色的不同方案数是

$$\frac{1}{24}(x^8+17x^4+6x^2);$$

3) 证明如果 n 是正整数,则 24 可以整除 $n^8+17n^4+6n^2$.

8.12 如图 8.8,设 T 是一棵七个结点的树,我们用黑白两色对 T 的结点着色.如果交换 T 的某个左子树与右子树以后,一种着色方案 c_1 就变成另一种着色方案 c_2,则认为 c_1 和 c_2 是同样的着色方案.问不同的着色方案有多少种?

图 8.8 树 T

*8.13 一个立方体可以在空间转动,我们用黑白两色对它的六个面着色.

1) 若要求三个面着黑色,三个面着白色,那么不同的方案有多少种?

2) 若要求四个面着黑色,二个面着白色,那么不同的方案有多少种?

3) 如果不加任何限制,有多少种着色方案?

4) 证明用 m 种颜色给立方体的面着色,不加任何限制的着色方案数是

$$\frac{1}{24}(m^6+3m^4+12m^3+8m^2).$$

*8.14 用 m 种颜色对一根 8 尺长的棍子着色,每尺着一种颜色,如果相邻的二尺不能着同色,问有多少种着色方案?

第九章 动态规划

从这一章起,我们将介绍一些常用的组合算法.动态规划的方法是一种优化的算法,它是求解组合优化问题的一般性算法之一.

§1 动态规划方法的基本思想

先看下面的例子.

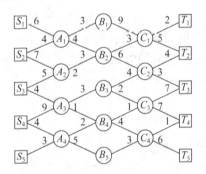

图 9.1 道路网

例 9.1 图 9.1 是一个道路网,其中 $S_1, S_2, \cdots, S_5$ 是起点,$T_1, T_2, \cdots, T_5$ 是终点.每条边上的数字是这条路的长度.我们的问题是要找到从某个起点到某个终点的最短路径.

解决这个问题的一种方法就是计算所有的从 S_i 到 T_j ($i, j = 1, 2, 3, 4, 5$)的道路长度,然后进行比较,从中找出最短的一条.这种方法的计算量比较大.能不能找到一种比较简便的办法呢?

首先通过观察可以发现以下的事实:

一条最短路径的任何子路径相对它自己的端点也是最短的路

径.例如,假定路径 $D=(S_2,A_1,B_2,C_2,T_3)$ 是一条最短路径,那么它的子路径 $D_1=(S_2,A_1,B_2)$ 也是从 S_2 到 B_2 的最短路径.若不然,如存在一条从 S_2 到 B_2 的路径 D_1',其长度小于 D_1 的长度,我们用 D_1' 取代 D_1,则得到一条从 S_2 到 T_3 的路径,其长度小于 D 的长度.这与 D 是最短路径相矛盾.

我们可以把一条最短路径描绘成有限步的对于方向的一个判断序列,在每一步给出方向是向上还是向下.例如在图 9.1 中,从终点的前一个结点开始,对于 C_1 点,向上的路长是 2,向下的路长是 5,显然向上的路更短些,所以在 C_1 点标记 $u,2$(u 表示向上,2 表示 C_1 到终点的最短长度).类似地,对于 C_2 点标记为 $d,3$(d 表示向下),对 C_3 点标记为 $\overset{d}{u},7$,对 C_4 点标记为 $u,1$.然后考虑 B_i($i=1,2,3,4,5$)点,重复以上的判断过程.对于 B_1 点来说,只能向下走,并且到终点的最短路径长是 $9+2$,所以在 B_1 点标记为 d,11.而对 B_2 点,向上走的最短路径长是 $3+2$,向下走的最短路径长是 $6+3$,因为

$$\min\{3+2,6+3\}=5,$$

所以应该在 B_2 点标记 $u,5$.一般地说,如果令 $F(x)$ 表示从 x 点到终点的最短路径的长度,则有

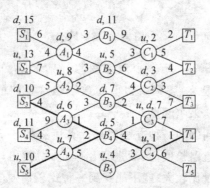

图 9.2 多步判断

$$F(C_l) = \min_m \{C_l T_m\},$$
$$F(B_k) = \min_l \{B_k C_l + F(C_l)\},$$
$$F(A_j) = \min_k \{A_j B_k + F(B_k)\},$$
$$F(S_i) = \min_j \{S_i A_j + F(A_j)\}.$$

按照这种办法,我们依次标记完所有的 B_k, A_j 和 S_i. 标记的结果如图 9.2 所示. 从中可以找到两条最短的路径 $(S_3, A_3, B_4, C_4, T_4)$ 和 $(S_5, A_4, B_4, C_4, T_4)$,如图中粗线所示.

在上面的标记过程中,我们发现在每一步作判断的时候只须考虑与它有关的前一步的标记和这两点之间的长度,而与以前各步的判断没有关系. 例如我们在考虑 A_3 的标记时只须考虑 B_3, B_4 的标记结果以及 A_3 到这两点的长度,而不会涉及到 B_3 或 B_4 点右边的网络. 概括地说,解决这个问题的方法就是,首先把问题化成多步判断的问题,在每一步作判断的时候,只考虑由初始决策所确定的当前状态,这种方法就是动态规划的方法. 让我们再看一个例子.

例 9.2 用动态规划的方法求解巡回售货员的问题.

解 设有 n 个结点的完全图 $G = \langle V, E, W \rangle$, $V = \{1, 2, \cdots, n\}$ 是 n 个城市的集合,E 是连接这些城市的道路的集合,W 是道路的长度 C_{ij} 的集合,其中 C_{ij} 表示城市 i 和 j 之间不经过其他城市的直接距离. 巡回售货员问题就是要从 G 中找一条经过所有城市并且每个城市只经过一次的最短的回路.

定义 $T(i; j_1, j_2, \cdots, j_k)$ 表示从 i 出发,途径 $j_1, j_2, \cdots, j_k$ 每个结点一次,且不经过其他结点最终到达结点 1 的最短路径. 类似于例 9.1,我们有下面的等式:

$$T(i; j_1, j_2, \cdots, j_k)$$
$$= \min_{1 \le m \le k} \{C_{ij_m} + T(j_m; j_1, j_2, \cdots, j_{m-1}, j_{m+1}, \cdots, j_k)\} \quad (9.1)$$

初始条件是
$$T(i; j) = C_{ij} + C_{j1}. \quad (9.2)$$

我们所要求的解就是 $T(1; 2, 3, \cdots, n)$. 当 $n = 5$ 时,以上的计算过

程可以表示成图 9.3 中的一棵树.

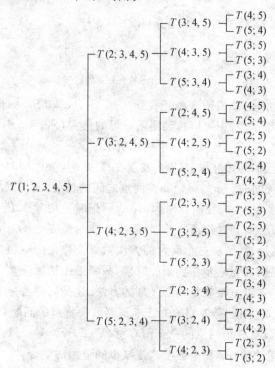

图 9.3 一个巡回售货员问题的求解

在上面的两个例子里,我们都使用了优化原则.对于一个组合优化问题,如果我们把从初始状态到结束状态的一系列判定叫做一个策略,那么**优化原则**就是:

一个最优策略的子策略一定是关于它本身的初始与结束状态的最优策略.

证明 设最优策略 T 的子策略 T_{ij} 不是从 i 到 j 的最优策略,则一定存在着最优子策略 T'_{ij},我们用 T'_{ij} 代替 T 中的 T_{ij},所得到的 T' 一定优于 T,这就与 T 是最优的策略相矛盾.

由优化原则可以知道,一个最优的策略可以分成若干个子策略,而每个子策略也是最优的. 这就是我们使用动态规划方法的基础. 如果一个组合优化问题不满足优化原则,即使每一步的判断都是优化的,但最后的结果不一定是最优的.

例 9.3 如图 9.4,有 10 个结点,它们是 $S,1,2,3,4,5,6,7,8,T$,边上的数字表示道路的长度. 我们定义从 S 到 T 的路径中其长度除以 10 所得的余数最小的路径是最优的路径. 如果路径取从 S 到 T 的所有的上弧,则结果为

$$\underbrace{(1+1+\cdots+1)}_{9\uparrow}\bmod 10 = 9,$$

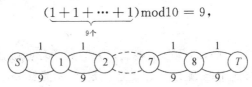

图 9.4 路径问题

如果取从 S 到 T 的所有的下弧,则结果为

$$\underbrace{(9+9+\cdots+9)}_{9\uparrow}\bmod 10 = 1,$$

由于任何从 S 到 T 的路径由奇数段构成,而每段的长度也是奇数,所以路径总长也是奇数. 这就是说,任何路径的长除以 10 的余数不会是 0,因此所有的下弧构成的路径就是从 S 到 T 的最优路径. 但它的子路径,比如说 $(S,1,2)$ 并不是从 S 到 2 的最优子路径. 因为

$$(9+9)\bmod 10 = 8,$$

而从 S 到 2 的路径,如果取一条上弧和一条下弧,则结果为

$$(9+1)\bmod 10 = 0.$$

对于这个路径问题,由于优化原则不成立,因而不能使用动态规划的方法.

一般的优化问题经常给出约束条件和目标函数,所谓的优化就是使目标函数在给定的约束条件下达到最大值或最小值. 在满足优化原则的条件下用动态规划方法求解这种问题的基本步骤是:

1. 将这个问题分解成若干个子问题,也就是把整个问题的最

优解与子问题的局部最优解用递推的等式联系起来.

2. 找到边界条件.

3. 把边界条件代入递推等式,逐步求得最优解.

例 9.4 让我们考虑一个钱的分配问题. 有 m 元钱用来从事 n 项工作. 已知对第 i 项工作投入 x 元以后的经济效益是 $f_i(x)$ 元. 问如何分配这 m 元钱才能得到最大的经济效益?

首先我们把这个优化问题表述为下面的形式.

$$\max[f_1(x_1)+\cdots+f_n(x_n)], \tag{9.3}$$

$$x_1+x_2+\cdots+x_n=m, \tag{9.4}$$

其中 $x_i(i=1,2,\cdots,n)$ 是非负整数,(9.3)式是目标函数,(9.4)式是约束条件. 这个问题的总策略是决定将 m 元钱分配给 n 项工作. 子策略就是:假设 $p(p\leqslant m)$ 元钱已经分配给了前 $k(k\leqslant n)$ 项工作,那么决定把 $m-p$ 元钱分配给后面的 $n-k$ 项工作. 显然问题满足优化原则的条件. 下面我们就 $m=5,n=4$ 的简单情况来求解一个具体的分配问题.

设这个问题的目标函数和约束条件是:

$\max[f_1(x_1)+f_2(x_2)+f_3(x_3)+f_4(x_4)]$, $x_1,\cdots,x_4$ 为非负整数.
$x_1+x_2+x_3+x_4=5$,

有关的经济效益函数给在表 9.1 中.

表 9.1 $f_i(x)$ 单位:元

x \ $f_i(x)$	$f_1(x)$	$f_2(x)$	$f_3(x)$	$f_4(x)$
0	0	0	0	0
1	11	0	2	20
2	12	5	10	21
3	13	10	30	22
4	14	15	32	23
5	15	20	40	24

首先定义 $F_k(x)$ 是对前 k 项工作投入 x 元所得到的最大的经济效益. 问题的解就是 $F_4(5)$. 列出递推等式如下:

$$F_4(x) = \max_{0 \leqslant x_4 \leqslant x} [f_4(x_4) + F_3(x - x_4)],$$

$$F_3(x) = \max_{0 \leqslant x_3 \leqslant x} [f_3(x_3) + F_2(x - x_3)],$$

$$F_2(x) = \max_{0 \leqslant x_2 \leqslant x} [f_2(x_2) + F_1(x - x_2)],$$

$$F_1(x) = f_1(x) \quad (\text{边界条件}).$$

表 9.2 $F_i(x)$ 和 $x_i(x)$

x	$F_1(x)$	$x_1(x)$	$F_2(x)$	$x_2(x)$	$F_3(x)$	$x_3(x)$	$F_4(x)$	$x_4(x)$
1	11	1	11	0	11	0	20	1
2	12	2	12	0	13	1	31	1
3	13	3	16	2	30	3	33	1
4	14	4	21	0	41	3	50	1
5	15	5	26	4	43	4	61	1

将边界条件代入递推等式, 依次计算出 $F_2(x), F_3(x)$ 和 $F_4(x)$. 所得的结果列在表 9.2 中. 表中的 $x_i(x)$ 是对于给定的 x 当 $F_i(x)$ 取得最大值时的 x_i 的值.

由表中可以看到 $F_4(5) = 61$ 是最大的经济效益的值. 这时有 $x_4 = 1$, 从而得到

$$x_1 + x_2 + x_3 = 5 - 1 = 4.$$

再看 $F_3(4)$, 这时对应的 $x_3 = 3$, 所以有

$$x_1 + x_2 = 4 - 3 = 1.$$

再找 $F_2(1)$, 找到对应的 $x_2 = 0$, 因此得

$$x_1 = 1 - 0 = 1.$$

所以这个问题的解是

$$\begin{cases} x_1 = 1, x_2 = 0, x_3 = 3, x_4 = 1. \\ F_4(5) = 61. \end{cases}$$

§2 背包问题

在优化问题中,如果目标函数和约束条件都是线性函数,则称这种问题为线性规化问题. 通常可以写成:

$$\min_{(\text{或max})} z = \sum_{j=1}^{n} c_j x_j, \tag{9.5}$$

$$\sum_{j=1}^{n} a_{ij} x_j \geqslant b_i \quad (i=1,2,\cdots,m), \quad x_i \geqslant 0 \tag{9.6}$$

其是 x_j 是变元,a_{ij},b_i,c_j 是常数.

在上面的式子里如果限制 x_j 是非负整数,那么这种线性规划问题就叫做整数规划问题. 许多组合优化问题可以归入这一类问题.

我们考虑一种最简单的整数规划问题,即在(9.6)式中只有一个约束条件的问题,我们把它叫做**背包**问题. 背包问题是这样叙述的:

一个徒步旅行者准备随身携带一个背包. 有许多种东西可以放入背包,每种东西都有一定的重量和价值. 他希望在背包的总重量不超过某个数的条件下使得所装入的东西具有最大的价值. 问应该怎样选择装入背包的东西?

设有 n 种东西可以装入背包,w_j 是第 j 种东西的重量,v_j 是它的价值,x_j 是装入背包中的第 j 种东西的个数. 设 $b>0$ 是背包总重量的最大值,则背包问题可以表示为:

$$\max \sum_{j=1}^{n} v_j x_j, \quad v_j \geqslant 0$$

$$\sum_{j=1}^{n} w_j x_j \leqslant b, \quad w_j \geqslant 0$$

(x_j 为非负数整).

我们设 $F_k(y)$ 是背包只装前 k 种东西,总重限制为 y 的情况下所具有的最大价值. 即

$$F_k(y) = \max \sum_{j=1}^{k} v_j x_j \quad (0 \leqslant k \leqslant n),$$

$$\sum_{j=1}^{k} w_j x_j \leqslant y \quad (0 \leqslant y \leqslant b).$$

这两个式子就是子问题的目标函数和约束条件. 不难看出背包问题是满足优化原则的, 我们可以使用动态规划的方法, 所得的递推等式和边界条件是:

$$F_k(y) = \max\{F_{k-1}(y), F_k(y-w_k)+v_k\},$$
$$F_0(y) = 0, \quad 对一切 y, 0 \leqslant y \leqslant b,$$
$$F_k(0) = 0, \quad 对一切 k, 0 \leqslant k \leqslant n, \quad (9.7)$$
$$F_1(y) = [y/w_1] \cdot v_1 \text{①}.$$

为了求解的方便, 我们定义当 y 是负数时, $F_k(y) = -\infty$. 下面给出一个具体的例子.

例 9.5 求解以下的背包问题. 设背包总重的限制 $b=10$, 四种东西的重量和价值如下:

$$v_1 = 1, v_2 = 3, v_3 = 5, v_4 = 9,$$
$$w_1 = 2, w_2 = 3, w_3 = 4, w_4 = 7.$$

解 将以上的数值代入(9.7)式, 计算出 $F_k(y)$, 所得的结果给在表 9.3 中.

表 9.3 $F_k(y)$

k \ y	1	2	3	4	5	6	7	8	9	10
1	0	1	1	2	2	3	3	4	4	5
2	0	1	3	3	4	6	6	7	9	9
3	0	1	3	5	5	6	8	10	10	11
4	0	1	3	5	5	6	9	10	10	12

由 $F_4(10)=12$ 知道最大的价值是 12, 但还不知道对应的 x_1,

---

① 这个式子的含义是: 如果只能放第一种东西, 那么在不超过总重限制的条件下要尽可能地多放.

x_2, x_3, x_4 的值. 这里不能使用例 9.4 中的方法来找 x_1, x_2, x_3 和 x_4，因为约束条件不是等式. 为了求得 x_j，我们定义 $i(k, y)$ 是在 $F_k(y)$ 中所用到的 x_j 中的最大的 j，即

$$i(k, y) = \begin{cases} i(k-1, y), & \text{如果 } F_{k-1}(y) > F_k(y - w_k) + v_k \\ k, & \text{如果 } F_{k-1}(y) \leqslant F_k(y - w_k) + v_k. \end{cases}$$

$$i(1, y) = \begin{cases} 0, & \text{如果 } F_1(y) = 0, \\ 1, & \text{如果 } F_1(y) \neq 0. \end{cases}$$

我们在计算 $F_k(y)$ 的同时，就可以记下 $i(k, y)$ 的值. 在这个例子里 $i(k, y)$ 的值给在表 9.4 中.

表 9.4 $i(k, y)$

k \ y	1	2	3	4	5	6	7	8	9	10
1	0	1	1	1	1	1	1	1	1	1
2	0	1	2	2	2	2	2	2	2	2
3	0	1	2	3	3	3	3	3	3	3
4	0	1	2	3	3	3	4	4	4	4

由 $F_4(10) = 12$，在表 9.4 中查到相应的 $i(4, 10) = 4$，从而确定 $x_4 \geqslant 1$. 如果从背包中把第 4 种东西拿走 1 个，这时背包的重量变成 $10 - 7 = 3$，再查 $i(4, 3)$，由 $i(4, 3) = 2$ 可知 $x_4 = 1, x_3 = 0$，$x_2 \geqslant 1$. 然后从背后中把第 2 种东西拿走 1 个，这时背包的重量变成 0，而 $i(2, 0) = 0$，从而确定 $x_2 = 1, x_1 = 0$. 这样就得到了问题的解

$$x_1 = 0, \quad x_2 = 1, \quad x_3 = 0, \quad x_4 = 1.$$

这时背包的重量是 10，价值是 12.

不难看出，在计算 $F_k(y)(0 \leqslant y \leqslant b)$ 的时候，我们只用到 $F_{k-1}(y)$，而不涉及到前边的值. 这说明对于表中的某个元素，只要它下面一行对应的元素计算完以后就可以把它从表中删掉，所以在计算过程中不需要保留整个的表，从而为节省存储空间提供了条件. 这也是许多动态规划算法的共同优点.

*§3 最小代价的字母树

给定一个正整数的序列,比如说是 $4,1,2,3$,我们不改变数的位置把它们相加,并且用括号来标记每一次加法所得到的和.例如

$$((4+1)+(2+3)) = ((5)+(5)) = (10).$$

在这个相加的过程中产生了三个中间和,即 $5,5$ 和 10.这三个数的总和是 $5+5+10=20$.如果我们采用另一种加法的顺序,比如说

$$(4+((1+2)+3)) = (4+((3)+3)) = (4+(6)) = (10),$$

那么中间和是 $3,6$ 和 10,它们的总和是 19.这说明对于不同的加法顺序,所得的中间和的总和不同.我们的问题是:对于给定的 n 个正整数的序列,怎样放置 $n-1$ 个括号才能使得这 $n-1$ 个中间和的总和最小?

这个问题可以用一棵带权的二元树来描述.令 n 片树叶表示给定序列中的 n 个正整数,树叶的权就是所对应的正整数的值.如果用一对括号把两个正整数括起来,则它们所对应结点的父亲的权就是由这次加法所产生的中间和.这样就把任何一种加括号的方法与一棵带权的二元树对应起来了.在上面的例子里给出的两种加括号的方法分别对应了图 9.5 中的两棵二元树,我们把这种树叫做**字母树**.

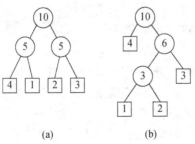

图 9.5 两棵字母树

一棵字母树的代价就是树中所有圆结点的权之和.对于给定顺序的 n 片树叶,代价最小的字母树叫做最优的字母树.我们的问题就变成了:对于给定顺序的 n 片树叶,怎样求所对应的最优的字母树?

不难看出,如果一棵字母树是最优的,那么它的任何一棵子树对于这棵子树的树叶来说也是最优的,所以最优字母树的问题满足优化原则,可以使用动态规划的方法.对于这个问题在决策时要考虑到树叶序列的划分方案.请看图 9.6.

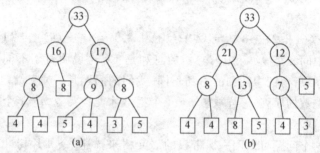

图 9.6 两棵字母树

这是两棵 7 片树叶的字母树,图(a)中的树的左子树是 3 片树叶,右子树是 4 片树叶,这就对应了树叶序列的一种划分方案,我们把它记作(3,4),其代价为 91.图(b)中的树则对应了树叶序列的另一种划分方案,我们把它记作(4,3),它的代价是 94.由于树叶的划分方案不同,所得到字母树的代价也不同.对于 7 片树叶的字母树,可以有(1,6),(2,5),(3,4),(4,3),(5,2),(6,1)六种划分方案.对于每一种划分方案找出代价最小的字母树,然后再把这六种代价最小的字母树进行比较,找出最优的字母树.当然我们做决策的前提还是优化原则.这就是说,对于每一种划分方案,比如说(3,4),我们要知道由前三个数 4,4,8 作为树叶所构成的最优的子字母树是什么,也要知道由后四个数 5,4,3,5 作为树叶所构成的最优的子字母树是什么.根据优化原则,由这两棵最优的子字母树合成的字母树一定是对于(3,4)划分方案的最优的字母树.通过以上的分析可以看出来,这个优化问题比起前面讲过的优化问题更复杂,它的每一步决策不仅与前一步决策的结果有关,而且与前若干步决策的结果有关.

我们从树叶开始考虑这个递推的过程.定义只有一片树叶的字母树的代价是0,定义只有两片树叶的字母树的代价就是这两片树叶的权之和.设 c_{ik} 表示树叶序列的权依次为 $w_i,\cdots,w_k$ 的最优字母树的代价,而把这棵树的根的权记作 w_{ik}.根据上面的分析,我们可以得到递推的等式:

$$w_{ik} = w_i + w_{i+1} + \cdots + w_k,$$
$$c_{ik} = \min_{i \leqslant j < k}[c_{ij} + c_{(j+1)k}] + w_{ik}, \quad (9.8)$$

其中求最小是对所有的划分来求,边界条件是

$$c_{ii} = 0.$$

例如树叶的权为(4,4,8)的最优字母树的代价是

$$c_{13} = \min(c_{11} + c_{23}, c_{12} + c_{33}) + w_{13}$$
$$= \min(0 + 12, 8 + 0) + (4 + 4 + 8)$$
$$= 8 + 16 = 24.$$

对于权分别为 4,4,8,5,4,3,5 的树叶序列,利用公式(9.8),我们可以依次计算每 3 片顺序的树叶构成的最优子字母树的代价.这种树有 5 种,即(4,4,8),(4,8,5),(8,5,4),(5,4,3)和(4,3,5).然后再计算每 4 片顺序的树叶构成的最优子字母树的代价,这种子字母树有 4 种,即(4,4,8,5),(4,8,5,4),(8,5,4,3)和(5,4,3,5).接下去是每 5 片树叶的,每 6 片树叶的,直到 7 片树叶的.以上每次计算的结果(权与代价)都给在图 9.7 中.由图可以知道,树叶序列为(4,4,8,5,4,3,5)的最优的字母树就是图 9.6(a)中的树,它的代价是 91.这个代价就是通过(9.8)式不断迭代得到的 c_{17}.而在每次计算 c_{ik} 时使得它取得最小值的那个 j,则代表了树叶的划分.即权为 $(w_i,\cdots,w_k)$ 的最优字母树的左子树的树叶应该是 $(w_i,\cdots,w_j)$,右子树的树叶应该是 $(w_{j+1},\cdots,w_k)$.我们根据这一

系列的 j 的值,可以得到这棵最优字母树的结构.

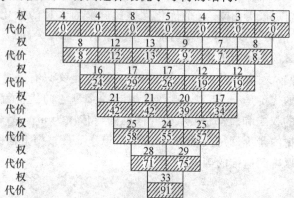

图 9.7 最优字母树的计算

从最短路径问题,钱的分配问题,背包问题和最优字母树的问题可以看出,对于符合优化原则的组合优化问题可以使用动态规划的方法求解.我们首先要求把这个问题分解成若干个子问题,然后从边界条件开始逐步来求解这些子问题,一般把这种方法叫做自底向上的方法.在前三种问题中,递推关系比较简单,而后一种问题则比较复杂.它的子问题的联系很密切,每一步的决策都要涉及到以前各步决策的结果,而不是一步决策的结果.即使在这种比较复杂的情况下,对大多数问题来说,动态规划算法的复杂性很可能是多项式级的,所以动态规划算法是一种用途广泛的组合算法.但是也有例外,比如巡回售货员问题,使用动态规划算法仍然是指数级的.我们知道,对它至今还没有找到多项式级的算法,这是当今计算复杂性理论的重要课题之一.

习 题 九

9.1 用动态规划的方法求解优化问题:

$$\max \quad z = g_1(x_1) + g_2(x_2) + g_3(x_3),$$
$$x_1^2 + x_2^2 + x_3^2 \leqslant 20,$$

x_1, x_2, x_3 为非负整数,

其中函数 $g_1(x), g_2(x), g_3(x)$ 的值给在表 9.5 中.

表 9.5

x	$g_1(x)$	$g_2(x)$	$g_3(x)$
0	2	5	8
1	4	10	12
2	7	15	17
3	11	20	22
4	13	24	19

9.2

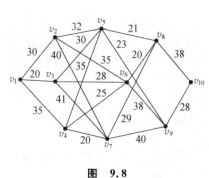

图 9.8

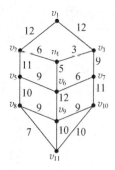

图 9.9

1) 用动态规划的方法求图 9.8 中从 v_1 到 v_{10} 的最短路径；
2) 用动态规划的方法求图 9.9 中从 v_1 到 v_{11} 的最短路径.

9.3 用动态规划的方法求出图 9.10 中的一条最短的哈密尔顿回路.

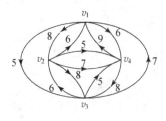

图 9.10

9.4 用动态规划的方法求解以下的背包问题. 设七种物体的重量和价值如下：

$$w_1 = 40, \quad w_2 = 50, \quad w_3 = 30, \quad w_4 = 10,$$
$$w_5 = 40, \quad w_6 = 30, \quad w_7 = 10,$$
$$v_1 = 40, \quad v_2 = 60, \quad v_3 = 10, \quad v_4 = 10,$$
$$v_5 = 20, \quad v_6 = 60, \quad v_7 = 3.$$

且规定背包重量的限制是 100.

*9.5 对于下面给定的树叶序列求最优的字母树：

1) 设树叶的权依次为 $3,4,6,5,4,2$.

2) 设树叶的权依次为 $1,5,3,2,4,3,7,6$.

第十章 回　　溯

§1　回溯算法的基本思想

在许多组合问题中需要找出满足特定要求的所有可能的布局.求解这类问题的一种方法就是一个接一个地生成所有可能的解,这种技术通常叫做穷尽搜索技术.以系统的方法隐含搜索所有可能的解的一种技术就是**回溯**,它是穷尽搜索的方法之一.请看下面的例子.

例 10.1 要在 4×4 的棋盘上放置四个皇后,并且使得任何一个皇后都不能攻击其它的皇后,请给出所有可能的放法.要使任何两个皇后不能彼此攻击实际上就是要求它们不能放在同一行、同一列或者同一斜线上.图 10.1 的放法就是一种可行的放法.为了找到所有的解,我们可以先列出放置 4 个棋子的所有的方法,有 $\binom{16}{4}=1820$ 种,

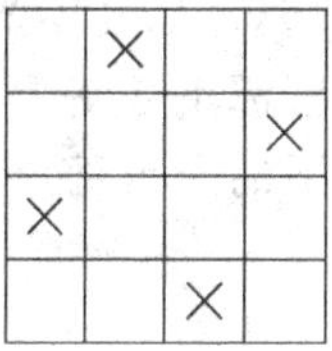

图 10.1　四后问题的一个解

然后从中选出满足要求的解.这种算法太繁了,我们把算法做一点改进.由于每一行只能放一个皇后,一个解就可以表示成一个向量 (x_1,x_2,x_3,x_4),其中 x_i 表示第 i 行放置皇后的位置.如图 10.1 的解就可以记作 $(2,4,1,3)$.因为每个 x_i 可以取值 $1,2,3$ 或 4,共有 $4^4=256$ 个向量,其中有一部分向量对应了问题的解.

我们使用回溯算法从 $(1,1,1,1)$ 开始,到 $(4,4,4,4)$ 为止,按字典顺序搜索所有的解向量,从中找出可行解.这个搜索过程可以用一棵树来表示,我们称这棵树为决策树.在图 10.2 中我们只画了这棵决策树的一小部分.在第 0 层,只有 1 个结点 A,它是树根.在

第一层有 4 个结点：B,C,D,E. 因为每个结点又有 4 个儿子，所以第二层有 16 个结点. 这样下去，第三层 64 个结点，最下边的一层，也就是第四层有 256 个结点，正好对应了 256 个解向量. 所谓回溯技术就是按深度优先的顺序从根开始行遍这棵决策树，从而找出所有可行的解向量. 但在搜索过程中，我们并不是真正地行遍整个的树，而是隐含着搜索整个的树. 因为四后问题有以下的特点：设 $P_4(x_1,x_2,x_3,x_4)$ 表示在棋盘的四行上分别处在 x_1,x_2,x_3,x_4 位置的四个皇后互相都不能攻击的性质，设 $P_2(x_1,x_2)$ 表示在棋盘的前两行上分别处在 x_1,x_2 位置的两个皇后不能互相攻击的性质. 那么如果 P_4 被满足，则 P_2 也一定被满足. 反过来说，如果 P_2 不满足，则 P_4 一定不满足. 所以当 P_2 不满足时，我们就不必扩展解向量 (x_1,x_2) 继续向下搜索 (x_1,x_2,x_3) 或 (x_1,x_2,x_3,x_4) 了. 例如在图 10.2 中，从 A 出发，令 $x_1=1$，就到达 B. 再令 $x_2=1$，到达 F，这时第一行和第二行的皇后都在第一列，可以互相攻击，$P_2(1,1)$ 已经不满足要求了. 如果再向下搜索，无论 x_3 和 x_4 取什么值都不会使 $P_4(1,1,x_3,x_4)$ 满足要求. 所以我们不必再搜索 F 以下的子树，而是回到 B 点，再继续搜索 G 点，….

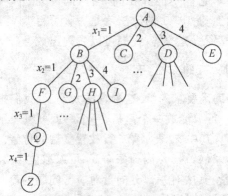

图 10.2 四后问题的决策树

一般来说，设某个组合问题的解是 $(x_1,x_2,\cdots,x_n)$，并且这个问题具有以下的性质：

$P_{k+1}(x_1,x_2,\cdots,x_{k+1}) \to P_k(x_1,x_2,\cdots,x_k)$,① $0<k<n$.
设 x_i 取值的集合为 $X_i, i=1,2,\cdots,n$. 又设当 $x_1,x_2,\cdots,x_{k-1}$ 选定以后, x_k 可取的值的集合为 S_k, 显然有 $S_k \subseteq X_k$. 那么对这个问题使用回溯算法的一般步骤是:

1. 对 $i=1,2,\cdots,n$ 确定集合 X_i;
2. 令 $k=1$;
3. 求 S_k;
4. 如果 $S_k \neq \varnothing$, 则从 S_k 中取最小的 x_k, 且令 $S_k = S_k - \{x_k\}$, 然后做:
   1) 如果 $k<n$, 则令 $k \leftarrow k+1$, 转 3,
   2) 如果 $k=n$, 则 $(x_1,\cdots,x_k)$ 是解,
   3) 转 4.
5. 如果 $S_k = \varnothing$, 若 $k=1$, 则算法停止, 若 $k \neq 1$, 则令 $k \leftarrow k-1$ 并转 4.

我们把这个算法使用到四后问题上,各步的 S_i 和 x_i 的值给在表 10.1 中,从中可以得到两个解: $(2,4,1,3)$ 和 $(3,1,4,2)$.

例 10.2 求满足以下条件

$$\begin{cases} 3x_1 + 4x_2 + x_3 \leqslant 10, \\ 1 \leqslant x_i \leqslant 3, \quad x_i \text{ 为整数}, i=1,2,3. \end{cases}$$

的所有的解 (x_1,x_2,x_3).

这个问题的部分决策树如图 10.3 所示. 我们观察到,如果 $3x_1+4x_2+x_3 \leqslant 10$, 则有 $3x_1+4x_2 \leqslant 10, 3x_1 \leqslant 10$. 这个问题具有多米诺性质,可以使用回溯算法. 根据算法依次访问的结点是 A, B,C,D,E,F, 其中 D,E,F 对应了可行解. 除了这些树叶外,其它的树叶都对应了不可行解. 因为当 $x_1=1$ 时, x_2 只能等于 1. 如果取 $x_2=2$, 则 $3x_1+4x_2>10$, 即 $P(x_1,x_2)$ 为假,由多米诺性质,无

---

① 这条性质可以等价地表述为
$\to P_k(x_1,x_2,\cdots,x_k) \to \to P_{k+1}(x_1,x_2,\cdots,x_{k+1})$.
类似于多米诺牌的游戏,我们把这个性质叫做多米诺性质.

论 x_3 取什么值也是无意义的.所以该回溯算法访问到 F 点,然后一直回溯到 A 点,接着访问 L 点…直到结束.

表 10.1

	S_1	x_1	S_2	x_2	S_3	x_3	S_4	x_4
1	$\{1,2,3,4\}$	1	$\{3,4\}$	3	$\varnothing$			
2			$\{4\}$	4	$\{2\}$	2	$\varnothing$	
3					$\varnothing$			
4			$\varnothing$					
5	$\{2,3,4\}$	2	$\{4\}$	4	$\{1\}$	1	$\{3\}$	3
6							$\varnothing$	
7					$\varnothing$			
8			$\varnothing$					
9	$\{3,4\}$	3	$\{1\}$	1	$\{4\}$	4	$\{2\}$	2
10							$\varnothing$	
11					$\varnothing$			
12			$\varnothing$					
13	$\{4\}$	4	$\{1,2\}$	1	$\{3\}$	3	$\varnothing$	
14					$\varnothing$			
15			$\{2\}$	2	$\varnothing$			
16			$\varnothing$					
17	$\varnothing$							

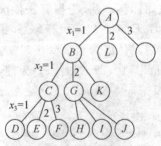

图 10.3 决策树

如果把这个问题稍加变动,例如求满足以下条件
$$\begin{cases} 3x_1 + 4x_2 - x_3 \leqslant 10, \\ 1 \leqslant x_i \leqslant 3, \quad x_i \text{ 是整数}, i = 1,2,3. \end{cases}$$
的所有的解 (x_1, x_2, x_3),这时不能使用回溯算法.因为由 $3x_1 + 4x_2 > 10$ 不能得到 $3x_1 + 4x_2 - x_3 > 10$. 即
$$\nrightarrow P_2(x_1, x_2) \nrightarrow \rightarrow P(x_1, x_2, x_3),$$
多米诺性质不成立了.为了使用回溯算法,我们不妨做以下的变换.令 $x_3 = 3 - x_3'$,则原来的条件变成了
$$\begin{cases} 3x_1 + 4x_2 + x_3' \leqslant 13, \\ 1 \leqslant x_1, x_2 \leqslant 3, \quad 0 \leqslant x_3' \leqslant 2, \quad x_1, x_2, x_3' \text{ 为整数}. \end{cases}$$
这时就满足了多米诺性质,可以使用回溯算法求出所有的解向量 (x_1, x_2, x_3'),从而得到原来问题的所有的解向量 (x_1, x_2, x_3).

§2 改进回溯算法的一些途径

回溯算法对于比较复杂的问题常常因为搜索时间太长而不能实现.针对某些具体问题可以采取一些措施以提高回溯的效率.

例如八后问题,就是在 8×8 的棋盘上放置八个皇后,使得任何一个皇后都不能攻击其它的皇后,要求找出所有可能的放法.这个问题有 92 个解.通过对这些解进行分析不难发现,其中的某些解可以通过棋盘的旋转或者翻转而变成另外的一些解.比如解 $(1,5,8,6,3,7,2,4)$ 可以与图 10.4 的解互相转换.我们称这样的解是等价的.如果我们能设计算法只搜索所有不等价的解,然后再生成所有可行的解,就可能大大减少搜索的工作量.对于某些组合问题,这是可能改进回溯算法的途径.

如果设计只搜索不等价的解的算法比较困难,我们也可以利用所求的问题中解的对称性来减少搜索的工作量.在图 10.4 中 (a) 与 (e) 关于于 yy' 轴成镜面反射,所以我们只须搜索满足 $x_1 \leqslant 4$ 的解 $(x_1, x_2, \cdots, x_8)$,然后令
$$x_i' = 9 - x_i, \quad i = 1, 2, \cdots, 8.$$

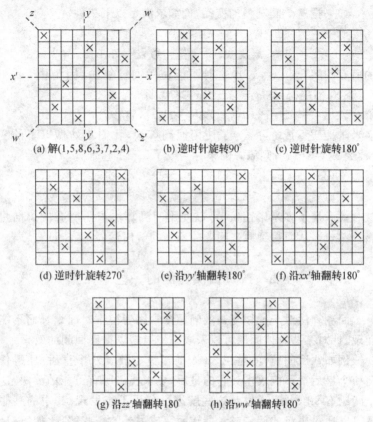

图 10.4 与解 $(1,5,8,6,3,7,2,4)$ 等价的解

就可以得到对应的解 $(x_1', x_2', \cdots, x_8')$. 这样就减少了一半的工作量. 对于一般的回溯问题, 这就相当于决策树中有一部分子树是完全同构的. 我们只须搜索一部分子树, 而把同构的子树从中裁掉. 例如八后问题的决策树中左半棵子树与右半棵子树完全一样, 所以只搜索左半棵子树就可以了解整个树的结构了.

除了以上的方法以外, 还可以考虑把整个搜索问题分解成若干个子问题. 对每个子问题逐个搜索, 然后将所有子问题的解组合到一起, 从而得到整个问题的解. 如果某个问题对于大小为 n 的

输入求解需要 $c \cdot 2^n$ 的时间,那么将它分解成 k 个子问题以后求解的时间是 $k \cdot c \cdot 2^{n/k} + T$,其中 T 是把子问题的解组合到一起所需要的时间.当子问题的解比较少,组合起来比较容易的时候,T 的值就比较小.这时候使用这种办法就能够有效地减少工作时间.

§3 估计回溯算法的效率

怎样估计回溯算法的效率呢? 一种方法是计数决策树的结点数,但这是很不精确的.因为根据算法有些结点可能根本不会搜索到.下面介绍一种实际可行的 Monte Carlo 方法.这种方法的步骤是:

1. $k=1$;
2. 随机从 S_k 中分配给 x_k 一个值,如果 $k=n$,则转 4,否则 $k \leftarrow k+1$;
3. 如果 $S_k \neq \varnothing$,则转 2,否则转 4;
4. 假定实际搜索的决策树的其它路径与前 3 步所随机选择的路径一样,然后计数决策树的结点数;
5. 重复执行步 1 到步 4 若干次,计算出这些决策树的平均结点数.

例如四后问题,如果 x_1 随机选取 1,x_2 从 $\{3,4\}$ 中随机选取 4,那么 x_3 只能取 2.这时假定所搜索的决策树的各棵子树都与选定的这一枝形状一样.那么这棵树就和图 10.5 中的(a)一样.如果随机选取的结果是 $x_1=1, x_2=3$,这时假定的决策树就和图 10.5 中的(b)一样.如果随时选取的结果是 $x_1=2, x_2=4, x_3=1, x_4=3$,这时所假定的决策树就和图 10.5 中的(c)一样.而实际的决策树是图 10.5 中的(d).我们分别计算图 10.5 中的(a),(b),(c)和(d)中的结点数,它们是:

$$1+4+4\times 2+4\times 2=21,$$
$$1+4+4\times 2=13,$$
$$1+4+4+4+4=17,$$

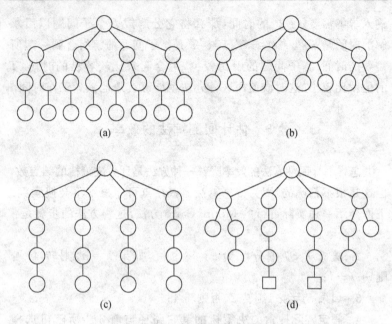

图 10.5 Monte Carlo 方法

$$1+4+2\times 2+1\times 2+1\times 4+2=17.$$

如果在 4 次随机选择的过程中,(a)中的树被选中 2 次,(b)和(c)中的树各被选中 1 次,那么按照 Monte Carlo 方法所估计的结点数是

$$\frac{1}{4}(21\times 2+13+17)=18,$$

这与决策树中真正搜索到的结点数 17 是相当接近的.

§4 分支与界方法

分支与界方法是回溯算法的一种演变. 在回溯中, 如果部分向量 $(x_1,x_2,\cdots,x_k)$ 已经不满足约束条件, 那么它的后代 $(x_1,x_2,\cdots,x_k,x_{k+1},\cdots)$ 也不会满足约束条件, 所以在结点 $(x_1,x_2,\cdots,x_k)$ 以下的搜索是没有意义的, 从而发生回溯. 如果对所有的解和部分解赋以一定的权,称作它的代价,并且适当地选择代价的表达式使得可行解的代价最小,那么我们的问题就变成找出所有代价最小的解的问题. 和多米诺性质相似,在求极小代价的问题中必须选择合适的代价,以使得对一切 x_k 有

$$(x_1, x_2, \cdots, x_{k-1}) \text{ 的代价} \leqslant (x_1, x_2, \cdots, x_{k-1}, x_k) \text{ 的代价}.$$

因此在一棵决策树中,父亲的代价总是小于等于儿子的代价. 在这种情况下,当我们知道一片树叶 V_x 的代价是 B 的时候,在以后的搜索中如果发现某个内部结点 V_y 的代价大于 B,那么对 V_y 的儿子就不必搜索了,因为它们的代价也大于 B. 这就是分支与界法的基本思想. 使用这种方法按深度优先顺序旅行决策树的时候,要记下所得到的第一个最小代价的解 V_1,这就是界. 在以后的搜索中当部分向量 V_y 的代价超过 V_1 的代价时,则对 V_y 不再分支搜索. 如果找到更好的解 V_2,就用 V_2 代替 V_1 作为界并继续搜索的过程.

分支与界方法也可以用于求最大的问题,只要我们把代价最高的解作为界就行了. 那么在搜索中,如果部分向量的代价小于这个界,则对它不再分支搜索. 因此在这种问题中父亲的代价总是大于等于儿子的代价.

请看下面的例子.

例 10.3 用分支与界方法求解背包问题

$$\begin{cases} \max x_1 + 3x_2 + 5x_3 + 9x_4, \\ 2x_1 + 3x_2 + 4x_3 + 7x_4 \leqslant 10. \end{cases} \quad x_i \text{ 为非负整数}, i = 1, 2, 3, 4.$$

我们首先对变元重新排序,使得 $\dfrac{V_i}{W_i} \geqslant \dfrac{V_{i+1}}{W_{i+1}}$,也就是说要把单位重量的价值越高的东西排在前边,因此得到

$$\begin{cases} \max 9x_1 + 5x_2 + 3x_3 + x_4, \\ 7x_1 + 4x_2 + 3x_3 + 2x_4 \leqslant 10, \end{cases} \tag{10.1}$$

其中 x_i 为非负整数,$i = 1, 2, 3, 4$.

对于结点 $(x_1, x_2, \cdots, x_k)$,背包的重量是 $\sum\limits_{i=1}^{k} W_i x_i$,如果这个

重量大于背包总重的限制,则它的儿子$(x_1,x_2,\cdots,x_k,x_{k+1})$所对应的背包重量$\sum_{i=1}^{k+1}W_ix_i$显然也大于这个限制.因此可以确定,如果决策树的某个结点的背包重量大于总重的限制,则对它不再分支.如果背包重量等于总重限制,则这个结点是一片树叶,对应了一个可行解,对它也不再分支,它的价值就是一个界.我们规定结点$(x_1,x_2,\cdots,x_k)$的价值是:

$$\sum_{i=1}^{k}V_ix_i + (b - \sum_{i=1}^{k}W_ix_i)V_{k+1}/W_{k+1} \quad (10.2)$$

(若对某个$j>k$有$b-\sum_{i=1}^{k}W_ix_i \geqslant W_j$),

$$\sum_{i=1}^{k}V_ix_i \quad (若对所有的j>k有b-\sum_{i=1}^{k}W_ix_i<W_j),(10.3)$$

分析这两个式子可以知道,$\sum_{i=1}^{k}V_ix_i$是已经放入k种东西以后背包的价值.在这种情况下,背包最多还能放入的重量为$b-\sum_{i=1}^{k}W_ix_i$.如果这个限制比剩余的每一种东西的重量都小,那么背包就不能再放任何东西了,这时背包的价值就是$\sum_{i=1}^{k}V_ix_i$.如果这个限制大于等于第j种东西的重量.那么背包还可以继续放东西.由于我们对变元早已排序,使得

$$\frac{V_{k+1}}{W_{k+1}} \geqslant \frac{V_{k+2}}{W_{k+2}} \geqslant \cdots$$

成立,不管怎么放,背包所放入的新东西的价值不会超过

$$(b-\sum_{i=1}^{k}W_ix_i)V_{k+1}/W_{k+1},$$

因此背包的价值不会大于

$$\sum_{i=1}^{k}V_ix_i + (b-\sum_{i=1}^{k}W_ix_i)V_{k+1}/W_{k+1}.$$

这正是(10.2)式的结果.当我们使用(10.2)及(10.3)式对背包的

价值给出估计以后,不难看出这种估计的结果满足以下的性质:父亲的价值一定大于它的儿子的价值.因此我们可以规定,如果决策树的某个结点的背包价值小于等于界——当时最好的可行解的值,则对这个结点不再分支.

根据以上的分析,我们在图 10.6 中给出对于(10.1)式的背包问题使用分支与界方法的结果.访问结点的顺序是 $V_A, V_B, V_C, V_D, \cdots, V_M$. 由于重量超过限制,所以对结点 V_C, V_D, V_F, V_G 不再分支.在结点 V_H,由于背包重量等于限制,所以不再分支,得到有关背包价值的第一个界,这个界是 12. 由于结点 V_I, V_K, V_L, V_M 的价值小于等于 12,所以对它们也不再分支,整个的搜索就完成了. V_H 是最优解,即 $x_1=1, x_3=1$,背包的最大价值是 12,重量是 10.

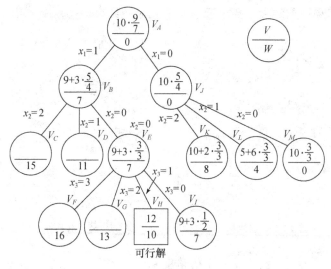

图 10.6 背包问题

*§5 游戏树与 α-β 裁剪技术

有些游戏.比如对奕可以用一棵根树来描述.对于这棵根树使

用分支与界的方法就可以预言游戏的结局.当然这里要假设游戏的双方都不能失误,否则结局是不可判定的.下面我们以火柴游戏为例加以说明.

设有一堆火柴,共 6 根,由 a,b 两人轮流拿取,每次至多拿 3 根,不可不拿.谁最后拿光剩下的火柴谁得胜,并且拿走了几根火柴就赢几分.

我们取开始布局(6 根火柴)作为树根.设 a 先拿,则他可以拿 3 根、2 根或者 1 根,有三种选择,这时所剩的火柴数分别为 3,4,5.对于这三种布局中的任何一种,b 也有三种选择,因此我们可以用一棵三元树来描述这个游戏,请看图 10.7.我们把这种树叫做游戏树.它的结点内标明了堆中的火柴数,边上标的是拿走的火柴数,如果所剩的火柴数小于等于 3,则游戏结束.

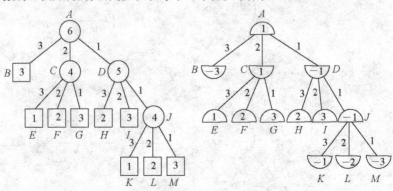

图 10.7　游戏树　　　　　　图 10.8　游戏树

为了方便,我们站在 a 的角度来分析问题.如果说赢 x 分,就是指 a 赢了 x 分,当 x 是负数时,则表示 b 赢了 $|x|$ 分.这样火柴问题就可以表述为:a 希望所赢的分数 x 越大越好,而 b 希望 x 越小越好.我们称 a 为极大化者,称 b 为极小化者.当轮到 a 拿火柴时,结点画成⌒,当轮到 b 拿火柴时,结点画成⌒.按照这个规定,我们在图 10.8 中重新画了这棵游戏树.对于结点 K,L,M,恰好轮到 b

价值给出估计以后,不难看出这种估计的结果满足以下的性质:父亲的价值一定大于它的儿子的价值.因此我们可以规定,如果决策树的某个结点的背包价值小于等于界——当时最好的可行解的值,则对这个结点不再分支.

根据以上的分析,我们在图 10.6 中给出对于(10.1)式的背包问题使用分支与界方法的结果.访问结点的顺序是 $V_A, V_B, V_C, V_D, \cdots, V_M$.由于重量超过限制,所以对结点 V_C, V_D, V_F, V_G 不再分支.在结点 V_H,由于背包重量等于限制,所以不再分支,得到有关背包价值的第一个界,这个界是 12.由于结点 V_I, V_K, V_L, V_M 的价值小于等于 12,所以对它们也不再分支,整个的搜索就完成了. V_H 是最优解,即 $x_1=1, x_3=1$,背包的最大价值是 12,重量是 10.

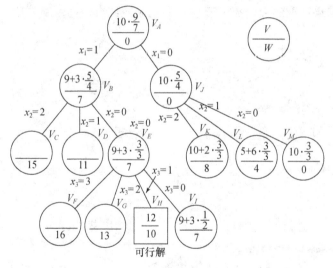

图 10.6 背包问题

*§5 游戏树与 α-β 裁剪技术

有些游戏.比如对奕可以用一棵根树来描述.对于这棵根树使

用分支与界的方法就可以预言游戏的结局.当然这里要假设游戏的双方都不能失误,否则结局是不可判定的.下面我们以火柴游戏为例加以说明.

设有一堆火柴,共 6 根,由 a,b 两人轮流拿取,每次至多拿 3 根,不可不拿.谁最后拿光剩下的火柴谁得胜,并且拿走了几根火柴就赢几分.

我们取开始布局(6 根火柴)作为树根.设 a 先拿,则他可以拿 3 根、2 根或者 1 根,有三种选择,这时所剩的火柴数分别为 3,4,5.对于这三种布局中的任何一种,b 也有三种选择,因此我们可以用一棵三元树来描述这个游戏,请看图 10.7.我们把这种树叫做游戏树.它的结点内标明了堆中的火柴数,边上标的是拿走的火柴数,如果所剩的火柴数小于等于 3,则游戏结束.

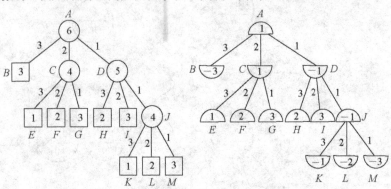

图 10.7　游戏树　　　　图 10.8　游戏树

为了方便,我们站在 a 的角度来分析问题.如果说赢 x 分,就是指 a 赢了 x 分,当 x 是负数时,则表示 b 赢了 $|x|$ 分.这样火柴问题就可以表述为:a 希望所赢的分数 x 越大越好,而 b 希望 x 越小越好.我们称 a 为极大化者,称 b 为极小化者.当轮到 a 拿火柴时,结点画成⌒,当轮到 b 拿火柴时,结点画成⌣.按照这个规定,我们在图 10.8 中重新画了这棵游戏树.对于结点 K,L,M,恰好轮到 b

拿，b 可以拿光所有的火柴，所以 a 是输者，也就是说他赢的分数 x 是负数. 我们把这些 x 写在结点内. 再看结点 J，这时轮到 a 拿. 由于 a 要求 x 值越大越好，所以 a 应该取 K,L,M 中的最大值 -1，在 J 内填上 -1. 这表示如果遇到布局 J，无论 a 怎样拿，至少要输 1 分. 再看结点 E,F,G,H,I. 其中的数字表示 a 赢的分数. 对于 b 来说，他是极小化者，因此 b 应该在可能的赢分中选择最小的. 所以在 C 点，b 应该取 1，在 D 点 b 应该取 -1. 由于 B 点的 x 是 -3，因此极大化者 a 在 A 点应该取 $-3,1$ 和 -1 中的最大值 1. 这就得到了游戏的结果：如果在 a,b 都不失误的情况下，最后一定是 a 赢 1 分.

对于一个比较复杂的游戏，如果我们采用这种分析方法，从树叶开始一步一步地向回推，直到树根为止，实际上这几乎是不可能的. 能不能采用分支与界的方法，不用搜索整个的游戏树就确定最后的结果呢？对某些问题是可以这样做的，这种技术就是 α-β 裁剪.

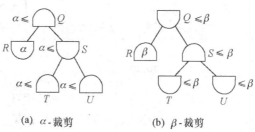

(a) α-裁剪 (b) β-裁剪

图 10.9 α-β 裁剪

在图 10.9(a) 中，Q 是极大化点，R 是 Q 的一个儿子且 $R=\alpha$. 当 S 的值 $<\alpha$ 时，在搜索中就可以删去 S 和它的儿子，也就是说可以把以 S 为根的子树从游戏树中裁掉，我们称之为 α-裁剪，值 α 叫做 Q 的下裁剪值. 对于 Q 的后代，凡是小于 Q 的下裁剪值的都要裁掉. 不难看出，如果 Q 的下裁剪值为 α，则 Q 的所有后代的下裁剪值也是 α. 因为对于 Q 的后代，比如 S，它是极小化点，只有当 S 的所有的儿子都大于等于 α 时，S 的值才能够大于等于 α. 所以对 S 的所有小于 α 的儿子根本不必考虑. 类似地我们可以定义 Q 的

上裁剪值 β. 在图 10.9(b) 中, Q 是极小化点, R 是 Q 的一个儿子且 $R=\beta$. 如果 $S>\beta$, 则可以把以 S 为根的子树从游戏树中裁掉. 我们把这叫做 β-裁剪, 并称 β 为 Q 的上裁剪值. 不难看出, 当 Q 的上裁剪值是 β 时, Q 的所有后代的上裁剪值也是 β.

下面我们具体地分析一个使用 α-β 裁剪技术的例子. 请看图 10.10 中的游戏树.

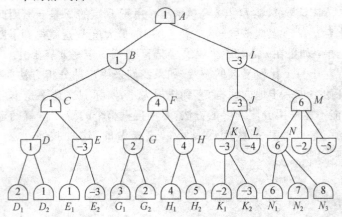

图 10.10 游戏树

按照深度优先顺序从树根 A 开始, 然后经过 B, C, D 到达 D_1 和 D_2. $D_1=2, D_2=1, D$ 是极小化点, 所以 $D=1$. 根据 α-裁剪的定义可以确定 C 和 E 的下裁剪值都是 1. 然后在 C 和 E 的旁边标上这个值. 接着访问结点 E_1, $E_1=1$, 这时由 β-裁剪的定义可以知道 E 的上裁剪值也是 1, 在 E 的旁边标上这个上裁剪值. 由于 E 的上、下裁剪值都是 1, 我们不再搜索 E 的其它儿子, 而在 E 中标记 1. 这不是 E 的实际的值, 但这样标记对 C 的值没有影响, 因为我们最终感兴趣的是根 A 的值. 由 D 和 E 的值得到
$$C = \max\{D, E\} = 1,$$
在 C 点标记 1. C 的值是 B 和它的后代 F, G, H 等的上裁剪值, 依次搜索 B, F, G, 并在旁边标上这个上裁剪值. 经过 G 到 G_1 和 G_2, 由于 G 是极小化点, 所以

$$G = \min\{G_1, G_2\} = 2,$$

2大于G的上裁剪值,而2又是F的下裁剪值,在F点标上这个下裁剪值.这时我们发现F的下裁剪值反而大于它的上裁剪值了.在这种情况下规定:如果F是极大化点,则在F内填上它的下裁剪值,如果F是极小化点,则在F内填上它的上裁剪值.不难看出这样规定并不影响B的值.根据这个规定,我们在F内标记2.由于B是极小化点,所以有

$$B = \min\{C, F\} = 1,$$

B的值是A和它的后代的下裁剪值.我们按搜索顺序在结点A, I, J, K标上这个下裁剪值.由于$K_1 = -2$,所以K的上裁剪值是-2.根据上面的规定,K是极小化点,应该在K中填上-2.J是极大化点,所以有

$$J = \max\{K, L\} = -2.$$

J的值又是I的上裁剪值,在I旁边记上这个值.这时I的下裁剪大于上裁剪值,根据规定在I内应填上-2.从而得到

$$A = \max\{B, I\} = 1.$$

整个的搜索过程给在图 10.11 中.

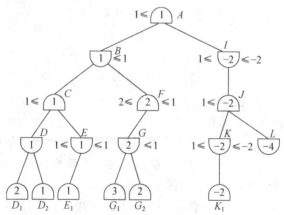

图 10.11 $\alpha\text{-}\beta$ 裁剪的实例

习 题 十

10.1 用回溯算法解下面的方程
$$\begin{cases} x_1 + 2x_2 + 3x_3 = 10, \\ x_1, x_2, x_3 \leqslant 5, \end{cases} \quad x_i \text{ 是非负整数}, i=1,2,3.$$

10.2 一个四阶拉丁方是一个 4×4 的方格,把它的每个格子填入 $1,2,3$ 或 4,并且使得每一行每一列都正好构成 $\{1,2,3,4\}$ 的一个排列. 图 10.12 就是一个四阶拉丁方. 试用回溯算法找出所有的第一行为 $1,2,3,4$ 的四阶拉丁方.

1	2	3	4
3	4	1	2
4	3	2	1
2	1	4	3

图 10.12 拉丁方

10.3 用分支与界的方法求解习题 9.4 的背包问题.

10.4 用分支与界方法求解巡回售货员问题. 设距离矩阵是

$$\begin{array}{c} & v_1 & v_2 & v_3 & v_4 & v_5 \\ \begin{matrix}v_1\\v_2\\v_3\\v_4\\v_5\end{matrix} & \begin{bmatrix} \infty & 24 & 34 & 14 & 15 \\ 19 & \infty & 20 & 9 & 6 \\ 7 & 9 & \infty & 6 & 8 \\ 23 & 10 & 22 & \infty & 7 \\ 20 & 8 & 11 & 20 & \infty \end{bmatrix} \end{array}$$

*10.5 有两堆火柴,一堆 2 根,一堆 3 根. a,b 两人轮流从这两堆中拿取. 每次每个人只能从其中的一堆中取 1,2 或 3 根,不能不取. 谁最后取完谁赢,且所取走的火柴数就是赢的分数. 假设 a 先取,试画出游戏树. 如果 a,b 都不失误,请预测游戏的结果.

*10.6 针对上一题的游戏树试用 α-β 裁剪技术给出游戏的结果,并画出使用这一技术的搜索图.

*10.7 图 10.13 给出一棵游戏树. 试用 α-β 裁剪技术给出游戏的结果,并画出使用这一技术的搜索图.

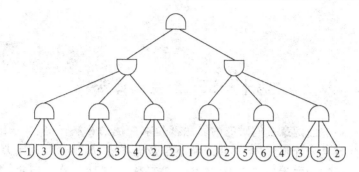

图 10.13 游戏树

第十一章 启发式算法

在前面两章我们研究的算法都是求最优的算法,这些算法给出的解是最优解.但对有些问题使用最优算法,如果输入比较大,那么计算的工作量就很大,甚至大到不能完成.对于这些问题,能不能找到一种简便的近似算法?这种算法的解与最优解的误差有多大?这些都是值得研究的课题.本章就近似算法的问题做一些简单的介绍,而启发式算法就是近似算法中最常用的一种.如果一个启发式算法能够对问题的大多数输入进行求解,并且求解的结果与最优解之间的误差是可允许的,那么我们宁可使用这个启发式算法,而不要一个费时过长的最优化的算法.

§1 贪心法

所谓启发式算法就是在决策的时候根据人的直觉.比如以下象棋为例.对这个问题的最优解是将死对方的帅(或将).一个启发式算法可以这样规定:在走每一步的时候以尽可能多地吃掉对方的子为原则来决定自己的行动.直观看来这样规定是有一定道理的,因为每吃掉对方的子就增加了自己的局部优势.但是实际上这种下法很可能会导致全盘输掉.这种启发式算法并不能给出最优解.但对某些问题,每一步的最优能够得到问题的最优解,例如求最小生成树的逐步短接法.按照这种算法,每一次从图中选权最小的一条边作为生成树的一枝,最后得到的树就是图的最小生成树.但把这种方法用到求最小哈密尔顿网路的问题就不行了,大家都知道最邻近法有时会得到很坏的结果.这种以局部最优为原则的启发式算法就叫做贪心法.下面我们研究一些贪心法的例子.

考虑一个找零钱的问题.比如说要付给对方 0.78 元,我们希望付出钱的张数越少越好.一种可能的方案是:一张五角的,一张二角的,一张五分的,一张二分的和一张一分的,总共五张零钱.在这个方案中使用了贪心法.根据要找的钱数先选择币值尽可能大的钱来用,然后对剩下的余额再选择币值尽可能大的来用,….对于通常使用的钱币系统,用贪心法总可以得到最优解.但是对于另一个问题,比如付邮票的问题,就不一定能得到最优解了.例如有面值为 1 分,9 分和 1 角的三种邮票.要付出三角六分的邮票.如果用贪心法,付法就是三张 1 角的和六张 1 分的,总共九张,但是实际上四张 9 分的就可以了.

一般地说,设 $w_1, w_2, \cdots, w_n$ 是零钱的重量,$v_1, v_2, \cdots, v_n$ 是零钱的价值,x_i 是第 i 种零钱的个数,y 是要找的钱数,那么找零钱的问题可以这样描述:

$$\min \sum_{i=1}^{n} w_i x_i,$$
$$x_i \text{ 为非负整数},$$
$$\sum_{i=1}^{n} v_i x_i = y,$$

不难看出这个问题实际上是背包问题,只不过由求极大变成求极小罢了.

我们不妨假设 $w_i > 0$,v_i 是正整数,且满足
$$1 = v_1 < v_2 < \cdots < v_n,$$
$$\frac{w_1}{v_1} \geqslant \frac{w_2}{v_2} \geqslant \cdots \geqslant \frac{w_n}{v_n}, \tag{11.1}$$

这表明第 n 种零钱是最好的,也就是说它的单位价值的重量最轻.

定义函数 $F_k(y)$ 是当钱数为 y 时按照优化算法找钱且只能使用前 k 种零钱的总重,那么

$$F_k(y) = \min \sum_{i=1}^{k} w_i x_i,$$
$$x_i \text{ 为非负整数}.$$
$$\sum_{i=1}^{k} v_i x_i = y,$$

根据动态规划的方法有以下的递推等式和边界条件：

$$F_{k+1}(y) = \min_{0 \leq x_{k+1} \leq \lfloor y/v_{k+1} \rfloor}[F_k(y - v_{k+1}x_{k+1}) + w_{k+1}x_{k+1}],$$

(11.2)

$$F_1(y) = w_1 \lfloor y/v_1 \rfloor = w_1 y \quad (\because v_1 = 1),$$

定义函数 $G_k(y)$ 是当钱数为 y 时按照贪心法找钱且只能使用前 k 种零钱的总重，那么有

$$G_{k+1}(y) = w_{k+1} \lfloor y/v_{k+1} \rfloor + G_k(y(\mathrm{mod}\, v_{k+1})) \quad (11.3)$$

$$G_1(y) = w_1 \lfloor y/v_1 \rfloor = w_1 y$$

从(11.3)式可以看出找钱的时候要尽可能使用第 $k+1$ 种零钱，然后对比 v_{k+1} 小的剩余的钱数再用贪心法来求解。

比较优化算法和贪心法，它们的初值一样，即

$$G_1(y) = F_1(y).$$

我们也不难证明 $G_2(y) = F_2(y)$。因为我们取 x_2 和 $x_2 - 1$ 分别代入 $F_2(y)$ 中的 x_2 的位置时有

$$F_1(y - v_2 x_2) + w_2 x_2 = w_1(y - v_2 x_2) + w_2 x_2,$$
$$F_1[y - v_2(x_2 - 1)] + w_2(x_2 - 1)$$
$$= w_1(y - v_2 x_2) + w_1 v_2 + w_2 v_2 - w_2.$$

而由(11.1)式可知 $\dfrac{w_1}{v_1} \geq \dfrac{w_2}{v_2}$，即

$$v_2 w_1 \geq v_1 w_2 = w_2,$$

所以有

$$F_1(y - v_2 x_2) + w_2 x_2 \leq F_1[y - v_2(x_2 - 1)] + w_2 x_2 - 1.$$

这说明当 x_2 取比较大的值时所得的总重量比较小，因此对应的解就更优，这与贪心法的结果一样。所以 $G_2(y) = F_2(y)$。

对于 $i \geq 3$ 显然有 $F_i(y) \leq G_i(y)$，对于某些钱币系统可以有 $F_i(y) = G_i(y)$。请看下面的定理。

定理 11.1 对某个正整数 k，假设对所有的非负整数 y 有 $G_k(y) = F_k(y)$。令 $v_{k+1} > v_k$ 且 $v_{k+1} = pv_k - \delta$，其中 $0 \leq \delta < v_k$，p 为正整数，则下面的四个命题互相等价：

(1) $G_{k+1}(y) \leqslant G_k(y)$,对一切正整数 y;
(2) $G_{k+1}(y) \leqslant F_{k+1}(y)$,对一切正整数 y;
(3) $G_{k+1}(pv_k) = F_{k+1}(pv_k)$;
(4) $w_{k+1} + G_k(\delta) \leqslant pw_k$.

先看这几个命题的含义. 命题(1)是比较两个贪心法的解,其中 $G_{k+1}(y)$ 是使用 $k+1$ 种零钱的, $G_k(y)$ 是使用 k 种零钱的. 命题(2)断定对一切 y 贪心法的解就是最优解. 命题(3)是说在钱数等于 pv_k 时贪心法的解是最优解. 因此这个定理也叫做一点定理. 而命题(4)则给出了贪心法在 δ 的值应该满足的条件, 这个条件的验证是很方便的. 如果条件成立,由定理可知贪心法就是最优算法. 下面给出定理的证明.

证明 我们采用以下的证明顺序:$(1) \Rightarrow (2)$, $(2) \Rightarrow (3)$, $(3) \Rightarrow (4)$, $\neg(1) \Rightarrow \neg(4)$.

$(1) \Rightarrow (2)$ 假设(1)成立,由 $F_{k+1}(y)$ 的最优性可得

$$F_{k+1}(y) \leqslant G_{k+1}(y) \leqslant G_k(y) \quad \text{(对一切 } y), \tag{11.4}$$

如果在 $F_{k+1}(y)$ 中有 $x_{k+1} = 0$,则 $F_{k+1}(y) = F_k(y)$. 又由定理的假设,对一切 y 有 $G_k(y) = F_k(y)$,所以有

$$G_k(y) = F_k(y) = F_{k+1}(y) \leqslant G_{k+1}(y) \leqslant G_k(y),$$

这就得到了 $F_{k+1}(y) = G_{k+1}(y)$.

如果在 $F_{k+1}(y)$ 中 $x_{k+1} \neq 0$,这时有

$$F_{k+1}(y) = w_{k+1} x_{k+1} + F_k(y'), \tag{11.5}$$

其中

$$y' = y - v_{k+1} x_{k+1}.$$

因为在 y' 中没有使用第 $k+1$ 种零钱,即

$$F_k(y') = F_{k+1}(y'),$$

又根据定理的假设有

$$G_k(y') = F_k(y') = F_{k+1}(y'),$$

再利用(11.4)式得

$$G_k(y') = F_k(y') = F_{k+1}(y') \leqslant G_{k+1}(y') \leqslant G_k(y'),$$

从而得到
$$F_{k+1}(y') = G_{k+1}(y'). \tag{11.6}$$
根据贪心法的定义又有
$$G_{k+1}(y' + v_{k+1}x_{k+1}) = w_{k+1}x_{k+1} + G_{k+1}(y'), \tag{11.7}$$
因此由(11.5),(11.6)和(11.7)式得
$$\begin{aligned} F_{k+1}(y) &= w_{k+1}x_{k+1} + F_k(y') = w_{k+1}x_{k+1} + F_{k+1}(y') \\ &= w_{k+1}x_{k+1} + G_{k+1}(y') = G_{k+1}(y' + v_{k+1}x_{k+1}) \\ &= G_{k+1}(y'). \end{aligned}$$

(2)⇒(3) 在(2)中令 $y = pv_k$ 即可。

(3)⇒(4) 因为使用 $k+1$ 种零钱的最优重量不会大于使用 k 种零钱的最优重量,所以对一切 y 有
$$F_{k+1}(y) \leqslant F_k(y) = G_k(y).$$
令 $y = pv_k$,由(3)可得
$$G_{k+1}(pv_k) = F_{k+1}(pv_k) \leqslant F_k(pv_k) = G_k(pv_k). \tag{11.8}$$
根据贪心法的定义有
$$G_{k+1}(pv_k) = w_{k+1} + G_{k+1}(pv_k - v_{k+1}),$$
其中 $v_{k+1} = pv_k - \delta, v_k > \delta \geqslant 0$.
$$G_k(pv_k) = pw_k.$$
把这两个式子代入(11.8)式得
$$w_{k+1} + G_{k+1}(\delta) \leqslant pw_k.$$
又因为 $v_{k+1} > v_k > \delta$,所以
$$G_{k+1}(\delta) = G_k(\delta).$$
代入上面的式子得
$$w_{k+1} + G_k(\delta) \leqslant pw_k.$$

¬(1)⇒¬(4) 假设 $\overline{y}$ 是使用(1)不成立的最小的正整数,显然 $\overline{y} > v_{k+1}$,那么有
$$G_k(\overline{y}) < G_{k+1}(\overline{y}) = w_{k+1} + G_{k+1}(\overline{y} - v_{k+1}).$$
在这个不等式两边加上 $G_k(\delta)$ 得
$$G_k(\delta) + G_k(\overline{y}) < w_{k+1} + G_k(\delta) + G_{k+1}(\overline{y} - v_{k+1}). \tag{11.9}$$

由定理的假设,贪心法对于 k 种零钱来说是最优的算法,所以有
$$G_k(\overline{y}+\delta) \leqslant G_k(\delta)+G_k(\overline{y}), \tag{11.10}$$
而
$$\overline{y}+\delta = (v_{k+1}+\delta)+(\overline{y}-v_{k+1}) = pv_k+(\overline{y}-v_{k+1}).$$
所以
$$G_k(\overline{y}+\delta) = G_k[pv_k+(\overline{y}-v_{k+1})] = pw_k+G_k(\overline{y}-v_{k+1}). \tag{11.11}$$
由(11.11),(11.10)和(11.9)式得
$$\begin{aligned}pw_k+G_k(\overline{y}-v_{k+1}) &= G_k(\overline{y}+\delta) \leqslant G_k(\delta)+G_k(\overline{y})\\ &< G_k(\delta)+w_{k+1}+G_{k+1}(\overline{y}-v_{k+1}),\end{aligned}$$
即
$$pw_k+G_k(\overline{y}-v_{k+1})-G_{k+1}(\overline{y}-v_{k+1}) < w_{k+1}+G_k(\delta). \tag{11.12}$$
因为 $\overline{y}$ 是使得(1)不成立的最小的正整数,所以对一切 $y<\overline{y}$ 有(1)成立,即对 $\overline{y}-v_{k+1}$ 有(1)成立,所以
$$G_{k+1}(\overline{y}-v_{k+1}) \leqslant G_k(\overline{y}-v_{k+1}).$$
把这个式子代入(11.12)式得
$$pw_k < w_{k+1}+G_k(\delta).$$

利用这个定理,我们可以判断对什么样的找零钱问题使用贪心法能得到最优解.请看下面的例子.

例 11.1 设 $v_1=1, v_2=5, v_3=14, v_4=18, w_1=w_2=w_3=w_4=1$.

根据前面的分析可以知道对一切 y 有
$$G_1(y) = F_1(y), \quad G_2(y) = F_2(y).$$
当 $v_3=14$ 时,由 $v_2=5$ 得
$$v_3 = 3 \times v_2 - 1.$$
所以得以 $p=3, \delta=1$. 因此有
$$w_3+G_2(\delta) = 1+G_2(1) = 1+1 = 2,$$
$$pw_2 = 3 \times 1 = 3.$$

即 $w_3+G_2(\delta)\leqslant pw_2$,定理 11.1(4)成立,所以对一切 y 有
$$G_3(y)=F_3(y).$$
当 $v_3=14,v_4=18$ 时,用类似的方法求得 $p=2,\delta=10$,所以有
$$w_4+G_3(\delta)=1+G_3(10)=1+2=3,$$
$$pw_3=2\times 1=2.$$
这时 $w_4+G_3(\delta)\not\leqslant pw_3$,定理 11.1(4)的条件不满足,所以有
$$G_4(y)\neq F_4(y).$$
根据定理可以知道有
$$G_4(pv_3)\neq F_4(pv_3),$$
实际上有
$$G_4(pv_3)=G_4(2\times 14)=\lfloor \frac{28}{18}\rfloor+\lfloor \frac{10}{5}\rfloor=3,$$
$$F_4(pv_3)=F_4(28)=\frac{28}{14}=2.$$

用定理 11.1(4)的条件中检验贪心法对找零钱问题能否得到最优解是很方便的,因为这个验证与 y 的大小无关.实际上贪心法比动态规划算法要快得多.如果经过验证使用贪心法可以得到最优解,那么就不必再使用动态规划的算法了.

§2 装箱问题

考虑下面的例子.

我们需要 n 根木杆,其长度分别为 $a_1,a_2,\cdots,a_n$.这些木杆都要从长为 B_j 的木杆原料上截取,问至少需要多少根原料?

设有 n 种任务,在一台标准型号的机器上完成它们的时间分别为 $t_1,t_2,\cdots,t_n$.如果我们要求在 T 时间内完成所有的任务,问至少需要多少台标准型号的机器?

有 n 个物体,其长度分别为 $a_1,a_2,\cdots,a_n$.要把它们装入长为 l 的箱子,如果只考虑长度的限制,问至少需要多少个箱子?

这些问题都是同一种优化问题,我们把它们叫做装箱问题.装

箱问题的一般描述是：

设每个箱子的大小是1，设 a_i 是第 i 个物体的体积，令
$$L = (a_1, a_2, \cdots, a_n), \quad 0 < a_i \leqslant 1, \quad i = 1, 2, \cdots, n.$$
并称 L 为装箱问题的输入。设箱子的编号为 $B_1, B_2, \cdots, B_m$，其中 B_m 是最后一个非空的箱子。我们把在箱子 B_j 中装入的所有物体的体积之和叫做 B_j 的容量，记作 $C(B_j)$，而把 B_j 的剩余空间 $1 - C(B_j)$ 叫做 B_j 的空隙。那么装箱问题就是求满足以下条件的最小的正整数 m。

$$\sum_{i=1}^{n} a_i = \sum_{j=1}^{m} C(B_j), \quad C(B_j) \leqslant 1, \quad j = 1, 2, \cdots, m.$$

下面讨论几个启发式算法。

1. 下次适合法——NF 算法

设 $L = (a_1, \cdots, a_n)$ 是输入。按照 NF 算法，我们把 $a_1, a_2, \cdots, a_i$ 顺序装入 B_1，直到 $a_{i+1} > 1 - C(B_1)$ 为止，然后把 $a_{i+1}, a_{i+2}, \cdots, a_j$ 顺序装入 B_2，直到 $a_{j+1} > 1 - C(B_2)$ 为止，$\cdots$。换句话说，只要 B_l 的空隙大于等于 a_k，就要把 a_k 装入 B_l，否则把 a_k 装入 B_{l+1}。如果 a_k 不能装入 B_l，那么 B_l 的空隙就永远存在，即使后面有某个 $a_t \leqslant 1 - C(B_l)$，也不能把 a_t 装入 B_l。

设 $NF(L)$ 是对输入 L 根据 NF 算法所计算的箱子个数。L^* 是根据最优算法所计算的箱子个数。定义
$$R(NF) = \frac{NF(L)}{L^*}$$
是该算法相对于输入 L 的误差。因为 $R(NF)$ 与问题的输入 L 有关，为了对算法做出估计，我们定义
$$r(NF) = \lim_{k \to \infty} \left[\max_{L^* = k} \frac{NF(L)}{L^*} \right]$$
是该算法的误差。下面计算 $r(NF)$ 的上界。

任取箱子 $B_j (j = 1, 2, \cdots, m-1)$，则有
$$C(B_j) + C(B_{j+1}) > 1,$$
否则，依照算法可以把 B_{j+1} 中的物体装到 B_j 中去了。所以当 m 为

偶数时有
$$C(B_1)+C(B_2)+\cdots+C(B_{m-1})+C(B_m)>\frac{m}{2},$$
当 m 为奇数时有
$$C(B_1)+C(B_2)+\cdots+C(B_{m-2})+C(B_{m-1})>\frac{m-1}{2}.$$
这说明物体的总体积大于 $\frac{m-1}{2}$，因此最优的装法满足
$$L^* > \frac{m-1}{2},$$
即 $m<2L^*+1$，从而得到
$$NF(L)=m<2L^*+1,$$
令 $L^* \to \infty$ 得
$$r(NF) \leqslant 2.$$

另一方面，我们可以设计某个输入 L，对于 L 使用 NF 算法所用的箱子数正好就是最优算法所用箱子数的 2 倍.

令
$$L=\left(\frac{1}{2},\frac{1}{2N},\frac{1}{2},\frac{1}{2N},\cdots,\frac{1}{2}\right),$$
其中有 $2N$ 个 $\frac{1}{2}$，$2N-1$ 个 $\frac{1}{2N}$，共 $4N-1$ 个物体. 最优的装法是把每两个 $\frac{1}{2}$ 的物体装入一个箱子，共需要 N 个箱子，其余的 $2N-1$ 个 $\frac{1}{2N}$ 的物体装入一个箱子，所以 $L^*=N+1$. 而使用 NF 算法装箱的情况如图 11.1 所示，恰好要 $2N$ 个箱子. 这就证明了对任意大的 L^* 存在着某个输入 L 使得
$$2L^*-2 \leqslant NF(L) < 2L^*+1$$
成立，所以有
$$r(NF) \geqslant \lim_{L^* \to \infty} \frac{2L^*-2}{L^*} = 2.$$

这是 $r(NF)$ 的一个下界,综合上界与下界的结果可得
$$r(NF) = 2.$$
这说明 NF 算法是个不好的算法,误差达到了 100%. 其原因

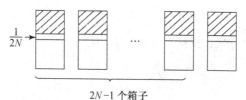

图 11.1　NF 算法的一个实例

是多方面的. 首先对物体的体积没有任何限制,如果加上某些限制条件,NF 算法的结果会更好一些. 其次,我们把 a_k 装入箱子 B_l 时并没有考虑 a_k 后面的物体的体积,也就是说,并不是从 a_k, a_{k+1}, $\cdots, a_n$ 中选择最合适的物体装入 B_l. 结果在装 a_k 的时候考虑到 a_k 后面的物体,那么也有可能改进算法的结果. 这时得到的算法就是后面介绍的 FF 算法和 BF 算法.

定理 11.2　如果 L 中的物体的体积是 t 或小于 $t\left(0 < t \leqslant \dfrac{1}{2}\right)$, 则
$$NF(L) < \frac{L^*}{1-t} + 1.$$

证明　因为物体的体积都小于等于 t,所以除 B_m 之外,每个箱子的空隙都小于 t,即对 $j = 1, 2, \cdots, m-1$ 有
$$C(B_j) > 1 - t,$$
所以
$$\sum_{j=1}^{m-1} C(B_j) > (m-1)(1-t),$$
即
$$L^* > (m-1)(1-t).$$
把这个式子变形,不难得到

$$NF(L) = m < \frac{L^*}{1-t} + 1.$$

我们可以找到某个输入 L,对于它有

$$NF(L) \geqslant (L^* - 1)\left(\frac{1}{1-t} - \varepsilon\right),$$

其中 ε 是正的常数. 根据 $NF(L)$ 的上界与下界不难得到

$$r(NF) = \frac{1}{1-t}.$$

从这个式子可以看出,如果 t 比较小,使用 NF 算法的误差就比较小,而 t 就是对物体体积的限制.

下面考虑 FF 算法和 BF 算法. 这也是改进的 NF 算法.

2. 首次适合法——FF 算法

这个启发式算法是:对于物体 a_k,依次检查 $B_1, B_2, \cdots$ 的空隙,找到第一个空隙大于等于 a_k 的箱子 B_j,就把 a_k 装入. 换句话说,如果 a_k 装入了 B_j,则有

$$1 - C(B_j) \geqslant a_k,$$
$$1 - C(B_l) < a_k, \quad 对一切 l < j.$$

3. 最佳适合法——BF 算法

最佳适合法就是:对于物体 a_k,依次检查 $B_1, B_2, \cdots$ 的空隙,如果哪个箱子放入 a_k 后的空隙最小,就把 a_k 放入这个箱子. 如果有几个箱子放入 a_k 后的空隙都是最小,就把 a_k 放入其中标号最小的箱子. 换句话说,如果 a_k 放入了 B_j,则对一切满足 $1 - C(B_l) \geqslant a_k$ 的 l 有

$$1 - C(B_j) - a_k \leqslant 1 - C(B_l) - a_k.$$

下面给出一个使用 FF 算法和 BF 算法的装箱问题的实例.

例 11.2 设

$$L = (a_1, a_2, \cdots, a_9)$$
$$= (0.1, 0.1, 0.3, 0.6, 0.7, 0.7, 0.4, 0.3, 0.8)$$

使用 FF 算法和 BF 算法装箱的结果如图 11.2 所示,两种算法所用的箱子数都是 5.

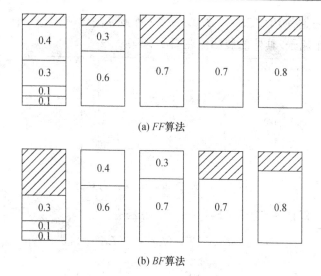

(a) *FF* 算法

(b) *BF* 算法

图 11.2 *FF* 和 *BF* 算法的实例

可以证明对于 FF 算法和 BF 算法有

$$\frac{17}{10}L^* - 2 \leqslant FF(L) \leqslant \frac{17}{10}L^* + 2,$$

$$\frac{17}{10}L^* - 2 \leqslant BF(L) \leqslant \frac{17}{10}L^* + 2.$$

这说明 FF 算法和 BF 算法的误差达到 70%.

4. 递降首次适合算法——*FFD* 算法

这个算法是对 FF 算法的进一步改进. 使用 FFD 算法, 我们首先把输入 L 中的物体排序, 使得

$$a_1 \geqslant a_2 \geqslant \cdots \geqslant a_n,$$

然后再使用 FF 算法.

5. 递降最佳适合算法——*BFD* 算法

和 FFD 算法类似, 在使用 BFD 算法时, 首先要对输入 L 中的物体按递降次序排序, 然后再使用 BF 算法.

以例 11.2 中的装箱问题为例. 我们首先把输入 L 写作

$$L' = (0.8, 0.7, 0.7, 0.6, 0.4, 0.3, 0.3, 0.1, 0.1),$$

然后分别使用 FFD 和 BFD 算法,两种算法的解正好相同,总共用 4 个箱子. 具体的装法给在图 11.3 中.

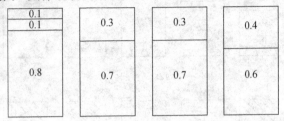

图 11.3 FFD 和 BFD 算法的实例

可以证明,对于 FFD 和 BFD 算法有
$$\frac{11}{9}L^* \leqslant FFD(L) \leqslant \frac{11}{9}L^* + 4,$$
$$\frac{11}{9}L^* \leqslant BFD(L) \leqslant \frac{11}{9}L^* + 4.$$

从这两个式子可以看出 FFD 与 BFD 算法的误差达到 22%.

还有许多的近似算法,由于篇幅所限,我们就不再介绍了.综上所述,我们以装箱问题为例对有关的算法进行了分析,所用的分析方法是这样的:

从一个简单而合理的算法(NF 算法)开始,分析它的性能. 首先对于该算法对一切输入所达到的上界给出证明,然后设计一个具体的输入实例,使得对于这个输入,该算法确实达到或者接近于这个上界,这样确定了算法的界,也就是给出了对算法误差的估计. 如果这个误差比较大,就要分析产生误差的原因,针对这些原因来改进算法,对于装箱问题的 FF, BF, FFD, BFD 算法就是改进的 NF 算法. 按照对初始算法的分析方法,我们再进一步地对改进的算法做出分析,以便求得更好的结果. 这就是算法分析工作的一般方法.

§3 工作安排问题

设某项计划中有 n 项工作 $T_1, T_2, \cdots, T_n$. 由于技术上的原因在这些工作之间存在着偏序关系,如果 $T_i < T_j$,则表明当工作 T_i 完成之后才能开始工作 T_j. 我们可以把这项计划用 n 个结点的有向图来描述. 所谓工作安排问题就是:

如果对每项工作 T_i 在一台机器上完成需要 t_i 的时间. 设有 m 台同样的机器,问怎样安排这些工作才能使得完成整个计划的时间最短?

为了便于问题的分析,我们假设

1. 所有的机器都相同,对任何机器都可以任意地安排工作.

2. 如果某台机器空着,而恰好此时又有某项工作可以开始做,那么不允许这台机器闲置.

3. 当某台机器正在从事某项工作时,中间不允许插入其它的工作.

4. 对于 n 项工作要事先给定相应的优先权表 $L = (T_{i_1}, T_{i_2}, \cdots, T_{i_n})$. 在任何时刻,如果某台机器有空,就从优先权表中选择可以开始的并且优先权最高的工作分配给它.

5. 对所有空闲的机器,从最小编号的开始分配.

下面给出一个按照这个假设来分配工作的具体例子.

例 11.3 设工作计划如图 11.4 所示,优先权表是 $L = (T_1, T_2, T_3, \cdots, T_9)$. 如果有 3 台机器 P_1, P_2, P_3. 那么分配方案如图 11.5 所示,总的完成时间是 12.

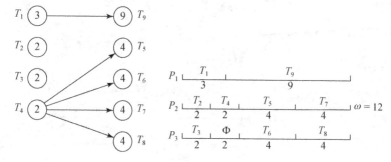

图 11.4 工作计划   图 11.5 使用 3 台机器的分配方案

上面的假设是不是合理呢？首先可以断定第 3 条是合理的．因为如果一项工作 T 要占用 t_1+t_2 的时间才能完成，当做了 t_1 时间以后又插入了另一项工作，那么我们就可以把 T 看成两项工作 T_1 和 T_2，其中 $T_1<T_2$，并且完成它们分别要用 t_1 和 t_2 的时间，这样就可以认为在做某项工作的过程中不允许插入其它的工作．再看第 2 条，它不允许机器闲置．这条假设的使用有可能产生一些看起来不合理的现象．

例如：增加机器数反而可能会增加总的完成时间．在例 11.3 中，如果机器由 3 台增加到 4 台，其它的条件都不变．那么总的完成时间却由 12 变成了 15．请看图 11.6．

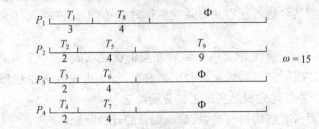

图 11.6 使用 4 台机器的分配方案

放松偏序的限制也有可能增加总的完成时间．还是考虑例 11.3，如果去掉 $T_4<T_5$，$T_4<T_6$，其它的条件不变，那么总的完成时间反而由 12 增加到 16．请看图 11.7．

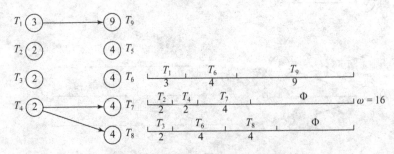

图 11.7 放松偏序的限制以后的分配方案

减少单项任务的执行时间也可能会增加总的完成时间. 在例 11.3 中如果每项工作减少 1 个单位的执行时间, 那么总的完成时间却由 12 变成了 13. 请看图 11.8.

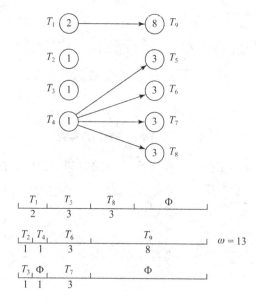

图 11.8 减少单项任务的时间后的分配方案

可能有人会说产生以上现象的原因是由于优先权表不好, 那么我们再看一个例子. 在图 11.9 中给出了两个工作计划, (b) 中的计划相对于 (a) 中的计划放松了某些偏序的限制, 每项工作也减少了 1 个单位的执行时间. 现在使用 2 台机器来完成计划 (a), 总的完成时间是 30, 但是使用 3 台机器来完成计划 (b), 无论优先权表怎样安排, 总的完成时间却达到了 31.

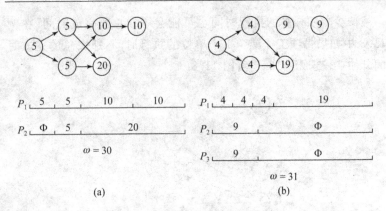

(a)   (b)

图 11.9 两个工作计划的实例

即使所有的工作都占用 1 个单位的时间,增加机器数仍有可

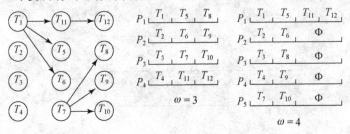

图 11.10 一个工作计划及它的分配方案

能增加总的完成时间,例如图 11.10 中的工作计划就是这样的.尽管存在着这些不合理的现象,我们还是对大多数实例来进行一般的讨论.

先考虑优先权表的选择对总完成时间的影响.

设有一个计划,其全体工作为 $T_1, T_2, \cdots, T_n$,令 $J = \{1, 2, \cdots, n\}$ 为所有工作标号的集合. 设该计划最优的优先权表为 L,最短完成时间为 ω,如果当优先权表变为 L' 时的最短完成时间为 ω',则有

$$\omega' \leqslant \frac{2m-1}{m}\omega, \quad m \text{ 为机器数}.$$

证明 首先应该注意到这样一个事实:在某台机器上的任何

一段闲置时间 Φ 的末端一定与另一台机器上某项工作的完成时间相一致. 考虑根据优先权表 L' 所做的安排, 假设机器 P_j 上有一段闲置时间 Φ_j, 后面接着是工作 T_j, 那么一定在另一台机器上有工作 T_i, $T_i < T_j$. 如果 T_i 的执行时间比 Φ_j 长, 就说 T_i 覆盖 Φ_j. 如果 T_i 的执行时间比 Φ_j 短, 那么一定存在工作 T_q, $T_q < T_i$, 否则 T_i 可以提早安排到 P_j 上去做. 这样下去, 我们一定可以找到一个不交的工作序列, 它们持续覆盖了所有的闲置时间. 例如在图 11.11 中, T_{11}, T_{12} 覆盖 Φ_6, T_{15}, T_9 覆盖 Φ_4, T_2, T_7 覆盖 Φ_2 和 T_6 盖 Φ_1, T_7, T_2, T_9, T_{15} 覆盖 Φ_5. 那么覆盖了所有闲置时间的不交的工作序列是

$$T_6 < T_7 < T_2 < T_9 < T_{15} < T_{11} < T_{12}.$$

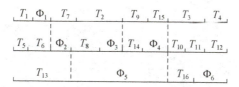

图 11.11 一个工作安排

我们把这个序列中工作标号的集合记作 J^*, $J^* \subseteq J$, 显然有

$$\sum_{i \in J^*} t(T_i) \leqslant \omega,$$

其中 ω 表示最优安排下完成计划的总时间. 设根据优先权表 L' 所做的安排下完成计划的总时间为 ω', 则

$$\omega' = \frac{1}{m}\Big[\sum_{j \in J} t(T_j) + \sum_{i} t(\Phi_i)\Big], \qquad (11.13)$$

其中 $\sum_{j \in J} t(T_j)$ 是各项工作的执行时间之和, 而 $\sum_{i} t(\Phi_i)$ 是所有的闲置时间之和. 不难看出有

$$\sum_{j \in J} t(T_j) \leqslant m\omega,$$

又由于在任何时刻, 至多有 $m-1$ 台机器闲置, 所以有

$$\sum_i t(\Phi_i) \leqslant (m-1)\sum_{i\in J^*} t(T_i) \leqslant (m-1)\omega.$$

把这两个式子代入(11.13)式得

$$\omega' \leqslant \frac{1}{m}(m\omega + (m-1)\omega) = \frac{2m-1}{m}\omega.$$

这个上界是有可能达到的,图 11.12 中给出了关于 $m=2,3,4$ 的实例,它们都满足

$$\omega' = \frac{2m-1}{m}\omega.$$

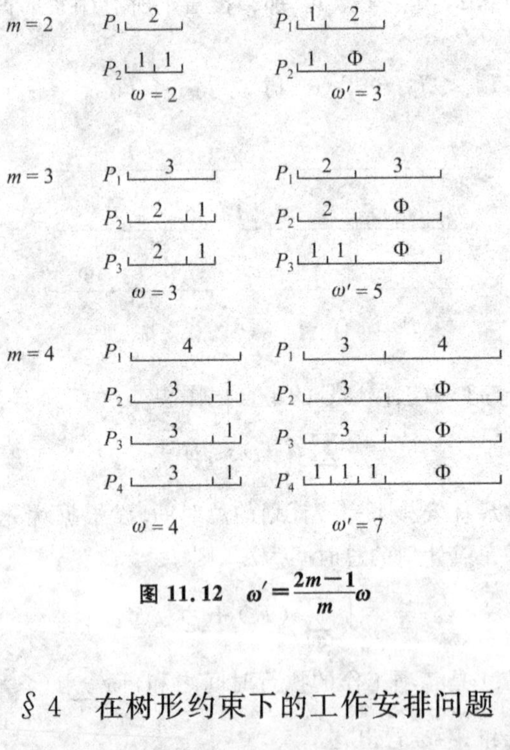

图 11.12 $\omega' = \dfrac{2m-1}{m}\omega$

§4 在树形约束下的工作安排问题

在上一节我们已经看到,对于一般的工作安排问题很难找到一个优化的算法,因为存在着许多异常的现象. 本节就一些特殊约

束条件下的工作安排问题加以讨论.

如果各项工作之间不存在偏序约束,那么工作安排问题可以看作装箱问题来处理.如果机器的台数不受限制,这个问题就变成图论中学过的 PERT 图的问题,已经有了最优的算法.对于只有两台机器的特殊情况,也得到了有效的算法[1].下面我们考虑在树形约束下的工作安排问题.

假设计划中所有的工作都需要 1 个单位的完成时间,工作之间没有优先权的限制,只有偏序关系存在,并且这个偏序是树形的.例如图 11.13 就是这样的工作计划.我们称树叶为开始结点,图中 $T_I, T_J, T_K, T_L, T_G, T_H, T_D$ 都是开始结点,其中 T_I, T_J, T_K, T_L 是第四层的,T_E, T_F, T_G, T_H 是第三层的,T_B, T_C, T_D 是第二层的,树根 T_A 是第一层的.整个树的高度是 4.任何一条从最高层的结点到树根的路径叫做图的关键路径.下面我们给出一种优化的算法——关键路径算法.

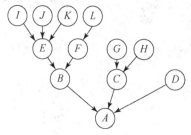

图 11.13 树形约束的工作计划

该算法规定,从图的最高层开始,从左到右陆续移走图中的结点和由该结点出发的边.每移走一个结点就相当于把这个工作安排到机器上去完成.依次进行,直到树根为止.在图 11.13 中,如果设 $m=3$,则执行关键路径的算法是:先移走 T_I, T_J, T_k,第二次移

---

[1] 参阅 E. G. Coffman, R. L. Graham, "Optimal Scheduling for Two-provessor Systems", *Acta Informatica I* (1972), pp. 200—213.

走 T_L, T_E, T_G,第三次移走 T_F, T_H, T_D,第四次移走 T_B, T_C,最后移走 T_A. 显然对高度为 h 的树,不管 m 多大,至少也要移 h 次. 这恰好是图中关键路径的长度.

下面我们证明关键路径的算法是最优的.

定义 $p(a)$ 是第 a 层的结点数,$s(a)$ 是第 a 层的树叶数,$c(a)$ 是第 a 层被覆盖的(具有父亲的)结点数,那么有
$$p(a) = s(a) + c(a).$$
令 $p_t(a), s_t(a)$ 分别表示经过时间 t 以后所剩余的图的 $p(a)$ 和 $s(a)$. 例如在图 11.13 中有

$$p(4) = 4, \quad s(4) = 4, \quad p(3) = 4, \quad s(3) = 2, \quad c(3) = 2,$$
$$p_1(4) = 1, \quad p_2(3) = 2, \quad s_2(3) = 2, c_2(3) = 0,$$

等等. 定义
$$S_t(a) = \sum_{j \geq a} s_t(j)$$
是 t 时刻的第 a 层及以上各层的树叶总数,那么 $S_t(1)$ 就是整个图在 t 时刻所具有的树叶数.

设 ω_0 是完成整个计划所用的最短时间,那么有
$$\omega_0 \geq h. \tag{11.14}$$
又因为整个图的结点数不可能超过 $\omega_0 m$,所以有
$$\omega_0 \geq \lceil \sum_{j=1}^{h} p(j)/m \rceil. \tag{11.15}$$
我们把(11.14)式叫做高度约束,(11.15)式叫做宽度约束,把这两种约束综合到一起得
$$\omega_0 \geq \lceil \sum_{j=r+1}^{h} p(j)/m \rceil + \gamma \quad (0 \leq \gamma \leq h). \tag{11.16}$$
因为上式的第一项表示图中第 $\gamma+1$ 层及其以上各层所有的结点按每次移出 m 个全部移走所用的最少次数,当移动完成以后,树的高度是 γ,那么至少要 γ 次才能移完整个的树,所以(11.16)式成立. 不难看出,当 $\gamma=h$ 时,(11.16)式就变成了(11.14)式,而当 $\gamma=0$ 时,(11.16)式就变成了(11.15)式.

可以证明,对于任何一棵树总存在着 $\gamma+1$,使得

$$\omega_0 = \lceil \sum_{j=\gamma+1}^{h} p(j)/m \rceil + \gamma \qquad (11.17)$$

成立. 怎样确定 $\gamma+1$ 的值呢? 请看下面的例子. 在图 11.14 中,如果 $m=3$,则移出结点的步骤是:$(\underline{A},B,C),(\underline{D},\underline{E},\underline{F}),(\underline{G},I,J)$,$(\underline{H},K,L),(\underline{M},\underline{N},\underline{O}),(\underline{P},R,T),(\underline{Q}),(\underline{S}),(\underline{U})$. 底下画线的结点是当时在树的最高层的结点. 处在树的最高层的所有结点可能在一步之内全部从图中移走,也可能要剩下一部分结点. 如果把能在一步内移走的层数记作 Y,不能在一步内移走的层数记作 N,那么在图 11.14 中的树的各层的标记给在表 11.1 中.

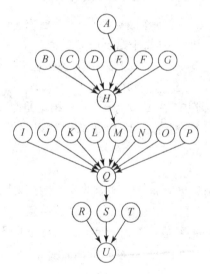

图 11.14 一个树形约束的计划

表 11.1

层	7	6	5	4	3	2	1
是否一次移完	Y	N	Y	N	Y	Y	Y

令 $\gamma+1$ 等于标记为 N 的最低层的层号. 那么对于 $\gamma+1$ 层及以上

各层的结点全部移走需要 $\lceil \sum_{j=\gamma+1}^{h} p(j)/m \rceil$ 次,而剩下的高为 γ 的树可以在 γ 步内移走. 这时必然有

$$\omega_0 = \lceil \sum_{j=\gamma+1}^{h} p(j)/m \rceil + \gamma$$

成立.

下面证明使用关键路径算法移走全部结点所需的次数是 $\omega = \lceil \sum_{j=\gamma+1}^{h} p(j)/m \rceil + \gamma$. 为此只要证明移走 $\gamma+1$ 以及以上各层结点用的次数是 $\lceil \sum_{j=\gamma+1}^{h} p(j)/m \rceil$ 就可以了. 换句话说,只要证明在 $\gamma+1$ 层移空之前,每次移出的 m 个结点都在 $\gamma+1$ 层或 $\gamma+1$ 层以上即可.

因为计划是树形图,每个结点至多 1 个儿子,所以随着 t 的增加,第 $\gamma+1$ 层以及 $\gamma+1$ 层以上的树叶总数将单调地减少,即

$$S_t(\gamma+1) \geqslant S_{t+1}(\gamma+1). \tag{11.18}$$

如果所有层的标记都是 N,则 $\gamma+1=1$,结论是显然的. 如果有某一层 $a(a>\gamma+1)$ 的标记为 Y,则在某个时刻 t,即 a 处在最高层时有

$$p_t(a) = S_t(a) \leqslant m.$$

若 $p_t(a)=m$,则移出的 m 个结点都是 $\gamma+1$ 层以上的. 若 $p_t(a)<m$,会不会有 $\gamma+1$ 层以下的结点与 a 层的结点一起移走呢?由 $\gamma+1$ 的定义可以知道,在某个时刻 $t'(t'>t)$ $\gamma+1$ 层变成树的最高层时,由于该层不能在一步内移完全部的结点,所以有

$$p_{t'}(\gamma+1) > m,$$

即 $s_{t'}(\gamma+1) > m$,因此有

$$S_{t'}(\gamma+1) > m.$$

又根据(11.18)式得

$$S_t(\gamma+1) \geqslant s_{t'}(\gamma+1) > m.$$

这说明在任何时刻 $t \leqslant t'$,$\gamma+1$ 层及以上各层的树叶数大于 m. 根据关键路径算法,在 $\gamma+1$ 层移空以前,每次移出的 m 个结点都在

$\gamma+1$ 层或 $\gamma+1$ 层以上. 所以关键路径算法移出全部结点的次数是 ω_0,它是最优的算法.

下面考虑另一个问题:如果要求某项计划一定在 $h+c$ 步结束,问需要多少台机器?

定理 11.3 如果工作计划是高为 h 的树,那么在 $h+c$ 时间内完成整个计划所需要的机器数 m 满足以下的条件:

$$m-1 < \frac{1}{h-\gamma^*+c}\sum_{j=r^*+1}^{h} p(j) \leqslant m, \tag{11.19}$$

其中

$$\frac{1}{h-\gamma^*+c}\sum_{j=r^*+1}^{h} p(j) = \max \frac{1}{h-\gamma+c}\sum_{j=r+1}^{h} p(j).$$

$$\tag{11.20}$$

证明 先证只用 $m-1$ 台机器是不可能在 $h+c$ 的时间内完成整个计划的. 因为从 γ^*+1 层到 h 层的结点总数是

$$\sum_{j=r^*+1}^{h} p(j) > (m-1)(h-\gamma^*+c).$$

如果每步只移走 $m-1$ 个结点,到 $h-\gamma^*+c$ 步以后,在 γ^*+1 层还存在着结点,这时树高是 γ^*+1,那么至少还需要 γ^*+1 步才能完成整个的计划. 所以总的步数是

$$(h-\gamma^*+c)+(\gamma^*+1) = h+c+1.$$

再证使用 m 台机器是可以在 $h+c$ 步内完成整个计划的. 假设每一层的结点都可以在一步内移走,那么整个计划的完成时间是 h,显然满足要求. 如果存在着不能在一步内移走的层,我们取其中最低的一层,叫做 $\gamma+1$ 层. 根据关键路径算法,移走 $\gamma+1$ 层及以上各层结点的时间是

$$\lceil \sum_{j=\gamma+1}^{h} p(j)/m \rceil.$$

由(11.19)式和(11.20)式得:

$$\frac{1}{h-\gamma+c}\sum_{j=\gamma+1}^{h} p(j) \leqslant \frac{1}{h-\gamma^*+c}\sum_{j=\gamma^*+1}^{h} p(j) \leqslant m,$$

即

$$\frac{1}{m}\sum_{j=\gamma+1}^{h}p(j)\leqslant h-\gamma+c.$$

这就得到了

$$\lceil\sum_{j=\gamma+1}^{h}p(j)/m\rceil\leqslant h-\gamma+c,$$

而剩下的 γ 层可以在 γ 步内移完，所以总的完成时间要小于等于 $h-\gamma+c+\gamma=h+c$.

习 题 十一

11.1 在找零钱的问题中，假设各种零钱的重量相等，且零钱的价值分别是 $1,4,7,9$. 问使用贪心法能否得到最优解？如果零钱的价值是 $1,5,14$ 和 18，结果又怎样？

11.2 证明人民币的零钱系统 $(1,2,5,10,20,50)$ 对于找零钱问题使用贪心法总能得到最优解.

11.3 举出一个装箱问题的实例，对于它 FFD 算法要用 3 只箱子，而最优算法只用 2 只箱子.

*11.4 举出一个装箱问题的实例，对于它 FFD 算法所用的箱子数恰好等于最优算法所用箱子数的 $\frac{11}{9}$.

11.5 设优先权表是 $(T_1,T_2,\cdots,T_{16})$，对图 11.11 中的计划画出各任务之间的约束图.

11.6 图 11.15 给出一个工作计划，假设每个任务的执行时间都是 1，并且有 3 台机器，请用关键路径算法作出这个计划的安排，并求出总的完成时间.

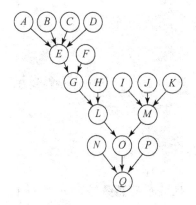

图 11.15　一个工作计划

部分习题的解答或提示

习 题 二

2.1 2) $m_n = n^2 + 1$.

2.2 **提示** 证明这些整数除以 m 所得的余数中必有一个是 0.

2.3 **提示** 设有理数为 $\frac{p}{q}(q>0)$,考虑每一步除法所得的余数. 若余数为 0,则命题显然成立,若余数不为 0,它们的取值只能是 $1, 2, \cdots, q-1$,那么至多在 q 步除法之内就有两步除法的余数相等.

2.4 **提示** 考虑数列 $7, 77, 777, \cdots, \underbrace{77\cdots 7}_{N \uparrow 7}$,观察它们除以 N 所得的余数.

2.5 **提示** 考察它们除以 n 所得的余数.

2.6 **提示** 参考例 2.6.

2.7 **提示** 分为以下两种情况讨论当组内有 n 个人时每个人可能认识的人数:

1. 如果有人谁也不认识;
2. 每个人至少要认识一个人.

2.8 **证** 考虑三维空间中坐标为 (x_1, y_1, z_1) 与 (x_2, y_2, z_2) 的两个格点,其连线的中点坐标为 $\left(\dfrac{x_1+x_2}{2}, \dfrac{y_1+y_2}{2}, \dfrac{z_1+z_2}{2}\right)$. 当 x_1 与 x_2,y_1 与 y_2,z_1 与 z_2 的奇偶性相同时,上述中点坐标也为整数. 对于 1 个格点坐标 (x, y, z),每个 x, y, z 可以是奇数,也可以是偶数,有 2 种选择. 3 个坐标的总的选择模式为 8 种. 取 9

个格点,根据鸽巢原理,其中必有 2 个格点的选择模式相同.根据前面的分析,选择模式相同的 2 个格点的连线的中点必为格点.

2.9 证 假如在左上(或者右下)的 $k \times k$ 方格中有两个棋子在同行或同列,则命题为真.下面假设左上和右下的 $k \times k$ 方格中任两个棋子都不在同一行,也不在同一列,则这 $2k$ 个棋子必分布在 $2k-1$ 条对角线上.由鸽巢原理必有两个棋子在同一条对角线上.

2.10 证 考虑序列 $2^0, 2^1, 2^2, \cdots, 2^{n-1}$,设这 n 个数除以 n 的余数分别为 $r_0, r_1, \cdots, r_{n-1}$.因为 n 是大于 2 的奇数,所以不存在 $r_j = 0, j = 0, 1, \cdots, n-1$.根据鸽巢原理,必存在 r_i, r_j,使得 $r_i = r_j, 0 \leq i < j \leq n-1$,即
$$2^i - 1 = nq_i + r_i$$
$$2^j - 1 = nq_j + r_j$$
从而 n 整除 $2^i(2^{j-i}-1)$.由于 n 是奇数,必有 n 整除 $2^{j-i}-1, 1 \leq j-i \leq n-1$.

2.11 证 51 个 1 分布在 8 行上,根据鸽巢原理,存在行 i 至少含有 $\lceil 51/8 \rceil = 7$ 个 1,其中 $i \in \{1, 2, \cdots, 8\}$.根据类似的分析,必存在列 j 也至少含有 7 个 1,其中 $j \in \{1, 2, \cdots, 8\}$.考虑在 i 行与 j 列的 15 个数中,若 i 行 j 列的公共元素 $a_{ij} = 1$,则至少有 13 个 1;若 $a_{ij} = 0$,则至少有 14 个 1.

2.12 证 设 36 个扇形依次记为 $A_1, A_2, \cdots, A_{36}$.令三个连续扇形 $A_i A_{i+1} A_{i+2}$ 构成的区域记为 $B_i (i = 1, 2, \cdots, 34)$,此外 B_{35} 和 B_{36} 分别代表区域 $A_{35} A_{36} A_1$ 和 $A_{36} A_1 A_2$.所有区域 $B_1 \sim B_{36}$ 的上的数之和等于
$$3 \times (1 + 2 + \cdots + 36) = 3 \times 37 \times 36/2 = 1998.$$
根据鸽巢原理,必存在一个 B_i 使得其上的数之和至少等于 $\lceil 1998/36 \rceil = 56$.

*2.14 答案可以有多种.图 1 就是其中的一种.图中虚线代表红色,实线代表蓝色.

*2.15 提示 先证明 K_9 中一定存在着顶点 P,P 至少连接着 4 条蓝边或 6 条红边,用反证法.然后用定理 2.3 中的分析方法证明 K_9 中一定存在着一个蓝三角形或一个红色完全四边形.

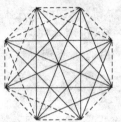

图 1　$R(3,4)>8$

习 题 三

3.1　1) $P(4,4)=24$;

2) $P(4,1)+P(4,2)+P(4,3)+P(4,4)=64$;

3) $C(4,1)+C(4,2)+C(4,3)+C(4,4)=15$.

3.2　1) $P(5,5)=120$;

2) $P(4,4)=24$;

3) $P(5,5)-P(4,4)=96$.

3.3　$C(5,4) \cdot C(3,2)=5 \times 3=15$.

3.4　1) $C(100,3)=161700$;

2) $C(100,3)-C(98,3)=9604$;

3) $C(2,1) \cdot C(98,2)=9506$.

3.5　$C(8,1) \cdot C(7,1) \cdot C(6,1) \cdot C(5,2)=3360$.

3.6　$C(10,4)=210$.

3.8　1) 93;2) 672.

3.9　112.

3.10　1) 把 be 看成一个字母参加全排列,总数为 5!$=120$;

2) 六个字母的全排列有 6! 种,其中 b 在 e 的左边与 b 在 e 的右边的机会均等,所以 b 在 e 的左边的排列有 $\frac{1}{2} \times 6! = 360$ 种.

3.11 $C(8,5) \cdot 5! \cdot C(8,4) \cdot 4! \cdot C(7,5) \cdot 5!$.

3.12 1) $9!$;

2) 把5本黑皮书放在一起的方法数是 $5!$,然后把它们看成一本书参加与其它4本红皮书的排列,方法数又是 $5!$,所以总的方法数是 $5! \cdot 5!$;

3) $5! \cdot 4! \cdot 2!$.

4) 把黑皮书看成格子的分界,构成方法数是 $5!$,在每个格子里放入红皮书,放法为 $4!$. 总方法数为 $5! \cdot 4!$.

3.13 解 设 $a_1, a_2, \cdots, a_5$ 是从24卷中任取5卷且卷号不相继的一种选法,且 $a_1 < a_2 < \cdots < a_5$. 令 $a_1' = a_1, a_2' = a_2 - 1, a_3' = a_3 - 2, a_4' = a_4 - 3, a_5' = a_5 - 4$,则 $a_1', a_2', \cdots, a_5'$ 正好是 $\{1, 2, \cdots, 20\}$ 的一个5-组合. 反之,任给 $\{1, 2, \cdots, 20\}$ 的一个5-组合 $a_1', a_2', \cdots, a_5'$, $a_1' < a_2' < \cdots < a_5'$. 令 $a_1 = a_1', a_2 = a_1' + 1, a_3 = a_3' + 2, a_4 = a_4' + 3, a_5 = a_5' + 4$,就得到 $\{1, 2, \cdots, 24\}$ 的一个5-组合 $a_1, a_2, \cdots, a_5$,且它们互不相继. 因此所求的取法有 $C(20, 5)$ 种.

3.16 1) $26^2 \times 10^4$; 2) $P(26, 2) \times 10^4$.

3.17 1) $C(200, 3) \cdot C(200, 3)$;

2) $C(200, 5) \cdot C(195, 25) \cdot C(170, 25)$.

3.18 1) $C(15, 5) \cdot C(10, 5)$;

2) $C(15, 5) \cdot C(10, 5)/6$.

3.19 把方法分成四类:3名低年级学生全是女生,其中有2名女生,有1名女生,没有女生.由加法法则总方法数是
$$2[C(25,1) \cdot C(25,3) \cdot C(25,4)]$$
$$+ C(25,1) \cdot [C(25,2)]^2 \cdot C(25,3).$$

3.20 用类似于例3.11的方法得到选法总数是
$C(250,3) + 3C(250,2) \cdot C(250,1) + [C(250,1)]^3$.

3.21 $\dfrac{10!}{4! \ 3! \ 3!}$.

3.22 **解** 第一位有 $C(3,1)$ 种选法,第二位不能与第一位相同,所以有 $C(2,1)$ 种选法,同理从第三位到第 n 位都有 $C(2,1)$ 种选法,所以总的排法数是 $C(3,1) \cdot [C(2,1)]^{n-1} = 3 \cdot 2^{n-1}$.

3.23 **解** 从 $\{\infty \cdot 0, \infty \cdot 1, \cdots, \infty \cdot 9\}$ 中任取 n 个元素排列所得的数必小于 10^n,这样的取法为 $C(n+10-1,n)$ 种. 对于每一种取法,n 个数字从小到大的排列只有一种,所以小于 10^n 且数字从左到右具有非降顺序的整数有 $C(n+9,n)$ 个. 但 n 个 0 的排列不是正整数,故所求的正整数有 $C(n+9,n)-1$ 个.

3.24 $\dfrac{5!}{2! \, 3!} \cdot C(22,5) \cdot C(17,5) \cdot C(12,4) \cdot C(8,4) \cdot C(4,4)$.

3.25 相当于 $2n$ 个球放到 n 个相同的盒子里,每个盒子 2 个球的放法,结果是 $\dfrac{(2n)!}{\underbrace{2! \cdots 2!}_{n \text{个}} \cdot n!} = \dfrac{(2n)!}{2^n \cdot n!}$.

3.26 2) **解** 所求方法数相当于方程 $x_1 + x_2 + \cdots + x_n = r$ 且 $x_1, \cdots, x_n \geqslant q$ 的整数解个数,也就是方程 $x_1' + x_2' + \cdots + x_n' = r - nq$ 的非负整数解个数,因此方法数是 $C(r-nq+n-1, r-nq) = C(r-nq+n-1, n-1)$.

3.27 $C(15-1, 5-1) = C(14,4)$.

3.28 **证明** 把这个问题看成 r 个不同的球和 $n+1$ 个 1(盒子边)的排列. 在排列中两边一定是 1,那么 r 个球和 $n-1$ 个 1 的排列方法有 $(r+n-1)!$ 种. 考虑到 $n-1$ 个 1 是没区别的,所以要除以 $(n-1)!$,即得

$$\frac{(r+n-1)!}{(n-1)!} = (r+n-1)(r+n-2) \cdots (n+1)n.$$

3.29 **解** a, b, c 的排序有六种,即 $(a,b,c), (a,c,b), (b,a,c), (b,c,a), (c,a,b)$ 和 (c,b,a). 由对称性可知每种排序的排列个数相等,所以 a 在 b 左边,b 在 c 左边的排列数是

$$\frac{1}{6} P(8,8) = 56 \cdot 5!.$$

3.30 证明 重复数为 $1, n_2, \cdots, n_k$ 的多重集的线排列数为 $\dfrac{(n+1)!}{1! \, n_2! \cdots n_k!}$，所以环排列数为

$$\frac{(n+1)!}{1! \, n_2! \cdots n_k!} \cdot \frac{1}{n+1} = \frac{n!}{n_2! \cdots n_k!}.$$

3.32 解 当 $k=1$ 时，$S_1 = \{n_1 \cdot a_1\}$，S_1 的组合为 $\varnothing, \{a_1\}, \{2 \cdot a_1\}, \cdots, \{n_1 \cdot a_1\}$，有 $n_1 + 1$ 个. 当 $k=2$ 时，$S_2 = \{n_1 \cdot a_1, n_2 \cdot a_2\}$，显然 S_1 的组合都是 S_2 的组合，如果对 S_1 的组合加入 a_2，就可以构成 S_2 的含 a_2 的组合. S_1 的组合有 $n_1 + 1$ 个，对其中的每一个组合加入 a_2 的方法有 n_2 种. 由乘法法则，S_2 中含 a_2 的组合有 $(n_1 + 1) \cdot n_2$ 个，所以 S_2 的组合有 $(n_1 + 1) + (n_1 + 1) \cdot n_2 = (n_1 + 1)(n_2 + 1)$ 个. 由归纳法不难证明 $S = \{n_1 \cdot a_1, n_2 \cdot a_2, \cdots, n_k \cdot a_k\}$ 的各种组合的总数是 $(n_1 + 1) \cdot (n_2 + 1) \cdots \cdot (n_k + 1)$.

3.33 逆序数最小的排列是 $12\cdots n$，它的逆序数是 0，逆序数最大的排列是 $n(n-1)\cdots 21$，它的逆序数是 $\dfrac{n(n-1)}{2}$.

3.34 1) 35168274 的逆序序列是 $2, 4, 0, 4, 0, 0, 1, 0$. 83476215 的逆序序列是 $6, 5, 1, 1, 3, 2, 1, 0$.

4) 设给定的整数序列是 $b_1, b_2, \cdots, b_n$，且满足 $0 \leqslant b_1 \leqslant n-1$, $0 \leqslant b_2 \leqslant n-2, \cdots, 0 \leqslant b_{n-1} \leqslant 1, b_n = 0$. 我们采用下面的算法构造逆序序列为 $b_1, b_2, \cdots, b_n$ 的排列.

1. 写下 n.

2. 考虑 b_{n-1}，若 $b_{n-1} = 0$，则把 $n-1$ 放在 n 的前边，否则把 $n-1$ 放在 n 的后边.

3. 考虑 b_{n-2}，若 $b_{n-2} = 0$，则把 $n-2$ 放在上一步所得排列的前边，若 $b_{n-2} = 1$，则把 $n-2$ 放在该排列的第一个数的后面，若 $b_{n-2} = 2$，则把 $n-2$ 放在该排列的第二个数的后面.

  $\cdots\cdots\cdots\cdots$

$k+1$. 考虑 b_{n-k}，若 $b_{n-k} = 0$，则把 $n-k$ 放在上一步所得排列的前边，若 $b_{n-k} = 1$，若把 $n-k$ 放在该排列的第一个数的后面，若

$b_{n-k}=2$,则把 $n-k$ 放在该排列的第二个数的后面,…. 若 $b_{n-k}=k$,则把 $n-k$ 放在该排列的第 k 个数的后面,也就是排列的后面.

....

直到把 1 放好为止. 这样得到了逆序序列为 $b_1,\cdots,b_n$ 的排列.

5) 逆序序列为 2,5,5,0,2,1,1,0 的排列是 48165723. 逆序序列为 6,6,1,4,2,1,0,0 的排列是 73658412.

3.35 1 个排列有 15 个逆序,5 个排列有 14 个逆序,14 个排列具有 13 个逆序.

习 题 四

4.4 2) $\sum_{k=0}^{n}\binom{n}{k}r^k = (r+1)^n$.

4.5 **提示** 考虑 $(-1+3x)^n$ 的展开式.

4.7 **提示** 参照等式 (4.6) 的证法二.

4.8 **证明** 令等式左边的值是 P,则有

$$(n+1)\cdot P = n+1+\frac{n+1}{2}\binom{n}{1}+\frac{n+1}{3}\binom{n}{2}+\cdots+\frac{n+1}{n+1}\binom{n}{n}$$

$$= \binom{n+1}{1}+\binom{n+1}{2}+\cdots+\binom{n+1}{n+1}$$

$$= 2^{n+1}-1.$$

所以有 $P=\dfrac{2^{n+1}-1}{n+1}$.

4.9 1) $\dfrac{1}{n+1}$; 2) $\binom{2n+1}{n}$.

4.11 **提示** 利用等式 (4.4) 和 (4.6) 的结果.

4.12 **证明** 由二项式定理有 $(1+x)^n = \sum_{k=0}^{n}\binom{n}{k}x^k$,对它两边积分得 $\dfrac{1}{n+1}(1+x)^{n+1}-\dfrac{1}{n+1} = \sum_{k=0}^{n}\binom{n}{k}\dfrac{1}{k+1}x^{k+1}$,再令 $x=2$ 即可.

4.13 **证明** 用数学归纳法,当 $n=1$ 时显然等式成立. 假设

$n=k$ 时等式成立,那么有

$$\binom{k+1}{1} - \frac{1}{2}\binom{k+1}{2} + \cdots + (-1)^k \frac{1}{k+1}\binom{k+1}{k+1}$$

$$= \left[\binom{k}{0} + \binom{k}{1}\right] - \frac{1}{2}\left[\binom{k}{1} + \binom{k}{2}\right]$$

$$+ \cdots + \frac{(-1)^k}{k+1} \cdot \binom{k}{k}$$

$$= \left[\binom{k}{0} - \frac{1}{2}\binom{k}{1} + \cdots + \frac{(-1)^k}{k+1}\binom{k}{k}\right]$$

$$+ \left[\binom{k}{1} - \frac{1}{2}\binom{k}{2} + \cdots + \frac{(-1)^{k-1}}{k}\binom{k}{k}\right]$$

$$= \frac{1}{k+1} + 1 + \frac{1}{2} + \cdots + \frac{1}{k} \text{ (由习题 4.9}$$

1) 的结果和归纳假设).

  4.14 **提示** 利用数学归纳法和等式(4.3).

  4.15 **证明** $\binom{n}{0}\binom{n}{1} + \binom{n}{1}\binom{n}{2} + \cdots + \binom{n}{n-1}\binom{n}{n}$

$$= \binom{n}{0}\binom{n}{n-1} + \binom{n}{1}\binom{n}{n-2} + \cdots$$

$$+ \binom{n}{n-1}\binom{n}{0}$$

$$= \binom{2n}{n-1} = \frac{(2n)!}{(n-1)!\,(n+1)!}$$

(由等式(4.9)).

  4.16 **提示** 参照习题 4.12 的证法.

  4.17 **证明** $\sum_{k=2}^{n-1}(n-k)^2\binom{n-1}{n-k} = \sum_{k=1}^{n-2}k^2\binom{n-1}{k}$

$$= \sum_{k=1}^{n-1}k^2\binom{n-1}{k} - (n-1)^2\binom{n-1}{n-1}$$

$$= n(n-1)2^{n-3} - (n-1)^2$$

(由等式(4.7)).

4.18 1) $\binom{n+1}{m}$; 2) $\binom{u+v}{m}$.

4.19 **解** 对于某个字母来说,它在 k-组合中出现的次数就是包含它的 k-组合数 $\binom{n-1}{k-1}$,对 k 求和,$\sum_{k=1}^{n}\binom{n-1}{k-1}=2^{n-1}$ 就是这个字母出现的总次数.

4.23 12600.

4.24 -13440.

4.26 **提示** 参照图2,考虑从$(0,0)$点到$(n-k,k+1)$点的非降路径数,将这些路径分类:经$(0,k)$向上,经$(1,k)$向上,$\cdots$,经$(n-k,k)$向上的,然后利用加法法则就可证明等式(4.11).

参照图3,采用同样的方法可证明等式(4.12).

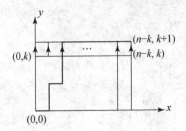 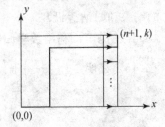

图2 从$(0,0)$点到$(n-k,k+1)$点的路径都要经过横线上的某一点向上.

图3 从$(0,0)$点到$(n+1,k)$点的路径都要经过竖线上的某一点向右.

4.27 **提示** 类似于习题4.26,考虑从$(0,0)$点到$(n+r+1-m,m)$点的非降路径数,把它们按照经过 $x=r$ 直线上的不同的点向右而分类.注意把每条路径分成两段,从$(0,0)$点到(r,k)点,从$(r+1,k)$点到$(n+r+1-m,m)$点.

4.28 **提示** 用类似于例4.4的方法,结果为 $\dfrac{2}{n+1}\binom{2n}{n}$.

习 题 五

5.1　5334.

5.2　9883.

5.3　**解**　设 $S=\{x\,|\,x$ 是整数且 $1\leqslant x\leqslant 500\}$，设 A_1,A_2,A_3 分别是 S 中能被 3,5 或 7 整除的数构成的集合. 求得

$|A_1|=166$，$|A_2|=100$，$|A_3|=71$，$|A_1\cap A_2|=33$，

$|A_1\cap A_3|=23$，$|A_2\cap A_3|=14$，$|A_1\cap A_2\cap A_3|=4$.

能被 3 整除但不能被 7 整除的数是 $N_1=|A_1|-|A_1\cap A_3|=143$ 个，能被 5 整除但不能被 7 整除的数是 $N_2=|A_2|-|A_2\cap A_3|=86$ 个，能被 3 和 5 整除的数有 $N_3=|A_1\cap A_2|=33$ 个，能被 3 和 5 整除但不能被 7 整除的数有 $N_4=N_3-|A_1\cap A_2\cap A_3|=29$ 个. 由定理 5.1 的推论，所求的数是 $N=N_1+N_2-N_4=200$ 个.

对于这种题也可以利用文氏图求解. 请看图 4. 我们先在 $A_1\cap A_2\cap A_3$ 中填入元素数 4，然后在 $(A_1\cap A_2)-A_3$ 中填上元素数 $|A_1\cap A_2|-|A_1\cap A_2\cap A_3|=29$. 类似地再填上 19 和 10. 从 A_1 的元素数减去 29,19 和 4 得到 114，把它填在相应的子集内. 同样也把 57 和 38 填入相应的子集内. 所求的元素数是 $|(A_1\cup A_2)-A_3|$ $=114+29+57=200$.

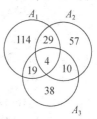

图 4　文氏图

5.4　158.

5.5　1) 57；2) 48.

5.6　1) $D_7=1854$；

2) $7!-D_7=5040-1854=3186$；

3) $7!-D_7-7D_6=3186-7\times 265=1331$.

5.7　$\binom{n}{k}D_{n-k}$.

5.10　$\binom{9}{342}-\left[\binom{7}{142}+\binom{6}{312}+\binom{8}{341}\right]$

247

$$+\left[\binom{4}{112}+\binom{6}{141}+\binom{5}{311}\right]-\binom{3}{111}=871.$$

5.11 由棋盘多项式 $1+16x+72x^2+96x^3+24x^4$ 得 $r_2=72$.

5.12 $1+6x+7x^2+x^3$.

5.13 3.

5.14 $8!-2\times 6!+4!=38904$.

5.15 $3^{20}-3\cdot 2^{20}+3$.

5.16 1) $10^6-4\cdot 9^6+6\cdot 8^6-4\cdot 7^6+6^6$.

2) $4+4^2+4^3+4^4+4^5+4^6$.

5.17 **解** 将 n 个丈夫记为 $x_1, x_2, \cdots, x_n$, 他们的妻子分别记为 $y_1, y_2, \cdots, y_n$. 设性质 p_i 表示 x_i 与 y_i 相邻, 其中 $i=1, 2, \cdots, n$. 令 S 为 $2n$ 个人的全体环排列构成的集合, S 的满足性质 p_i 的子集为 A_i, $i=1,2,\cdots,n$. 那么有

$$|S| = (2n(1)!$$
$$|A_i| = 2(2n(2)!, \qquad i=1,2,\cdots,n$$
$$|A_i \cap A_j| = 2^2(2n(3)! \qquad 1\leqslant i<j\leqslant n$$
$$\cdots$$
$$|A_1 \cap A_2 \cap \cdots \cap A_n| = 2^n(n-1)!$$

由包含排斥原理得到

$$N=(2n-1)!-\binom{n}{1}2(2n-2)!+\binom{n}{2}2^2(2n-3)!$$
$$-\binom{n}{3}2^3(2n-4)!+\cdots+(-1)^n\binom{n}{n}2^n(n-1)!$$

5.18 **解** 由于 $11^2=121$, 不超过 120 的合数含有的素因子可能是 $2, 3, 5, 7$, 令

$$S=\{x|x\in Z, 1\leqslant x\leqslant 120\}, \quad |S|=120$$

被 $2, 3, 5, 7$ 整除的集合分别为 A_1, A_2, A_3, A_4, 所求的元素数为

$$N=|\overline{A_1}\cap\overline{A_2}\cap\overline{A_3}\cap\overline{A_4}|+3.$$

上述公式中加 3 的理由是：2,3,5,7 四个数是能够被 2,3,5 或 7 整除的，但是它们是素数，因此素数的个数应该加上 4；此外，1 是不能被 2,3,5 和 7 整除的，但是 1 不是素数. 因此需要再减去 1. 具体计算过程是

$|A_1| = 60, |A_2| = 40, |A_3| = 24, |A_4| = 17$

$|A_1 \cap A_2| = 20, |A_1 \cap A_3| = 12, |A_1 \cap A_4| = 8,$

$|A_2 \cap A_3| = 8, |A_2 \cap A_4| = 5, |A_3 \cap A_4| = 3$

$|A_1 \cap A_2 \cap A_3| = 4, |A_1 \cap A_2 \cap A_4| = 2, |A_1 \cap A_3 \cap A_4| = 1,$

$|A_2 \cap A_3 \cap A_4| = 1, |A_1 \cap A_2 \cap A_3 \cap A_4| = 0$

$|\overline{A_1} \cap \overline{A_2} \cap \overline{A_3} \cap \overline{A_4}|$

$= 120 - (60 + 40 + 24 + 17) + (20 + 12 + 8 + 8 + 5 + 3)$

$\quad - (4 + 2 + 1 + 1) + 0$

$= 120 - 141 + 56 - 8 - 27$

于是得到 $N = 30$.

5.19 解 设 S 表示 $\sum$ 上的长为 k 的字符串的集合，构造子集

$A = \{x \mid x \in S, x \text{ 不含 } a\}, B = \{x \mid x \in S, x \text{ 不含 } b\}$

其中

$|S| = n^k, \quad |A| = |B| = (n-1)^k, \quad |A \cap B| = (n-2)^k$

根据包含排斥原理，所求的字符串的个数为

$|\overline{A} \cap \overline{B}| = |S| - |A| - |B| + |A \cap B|$

$= n^k - 2(n-1)^k + (n-2)^k.$

5.20 解 设所有的分配方案构成集合 S，雇员 i 没有得到工作的分配方案构成子集 $A_i, i = 1, 2, 3, 4$. 那么

$|S| = 4^5,$

$|A_i| = 3^5, i = 1, 2, 3, 4$

$|A_i \cap A_j| = 2^5, 1 \leqslant i < j \leqslant 4,$

$|A_i \cap A_j \cap A_k| = 1^5, 1 \leqslant i < j < k \leqslant 4,$

$|A_1 \cap A_2 \cap A_3 \cap A_4| = 0$

代入包含排斥原理得到
$$|\overline{A_1} \cap \overline{A_2} \cap \overline{A_3} \cap \overline{A_4}| = 4^5 - 4 \times 3^5 + 6 \times 2^5 - 4 \times 1^5 + 0 = 240.$$

习 题 六

6.1 $(-1)^n f(n-1)+1$.

6.2 1) 提示 $f(2n)=f(n-1)f(n+1)+f(n-2)f(n)$.

2) 提示
$$f(n)f(n+1)-f(n-1)f(n-2)$$
$$=f(n-1)f(n)-f(n-1)f(n-2),$$
然后利用 1)的结果.

3) 提示 $f(3n+2)=f(2n+1)f(n+1)+f(2n)f(n)$,而 $f(2n+1)=f(n)f(n+1)+f(n-1)f(n)$, $f(2n)=f(n)f(n)+f(n-1)f(n-1)$.

6.3 2) 当 n 为奇数时为 -1,当 n 为偶数时为 1.

6.4 $H_n = \left(\dfrac{3\sqrt{5}-5}{10}a - \dfrac{\sqrt{5}-5}{10}b\right)\left(\dfrac{1+\sqrt{5}}{2}\right)^n$
$+ \left(\dfrac{-3\sqrt{5}-5}{10}a + \dfrac{\sqrt{5}+5}{10}b\right)\left(\dfrac{1-\sqrt{5}}{2}\right)^n.$

6.5 $C_1 = -4, C_2 = 4$.

6.6 1) $a_n = 10 \cdot 3^n - 6 \cdot 4^n$.

2) 解 特征方程为 $x^2+1=0$,通解为
$$a_n = c_1 i^n + c_2(-i)^n, \quad i^2 = -1.$$
代入初值得
$$\begin{cases} c_1 + c_2 = 0, \\ ic_1 - ic_2 = 2. \end{cases}$$
解得 $c_1 = -i, c_2 = i$. 所以解是
$$a_n = -i^{n+1} + (-1)^n i^{n+1}.$$
当 $n=2k$ 时,有 $a_{2k}=0$,当 $n=2k+1$ 时,有 $a_{2k+1}=(-1)^k \cdot 2$.

3) $a_n = \left(-\dfrac{1}{12}n - \dfrac{3}{16}\right)(-3)^n + \dfrac{3}{16}$.

4) $a_n = 3 \cdot 2^n - n + 1$.

5) $a_n = \dfrac{8}{3} \cdot 2^n + \dfrac{11}{6} \cdot 5^n - \dfrac{9}{2} \cdot 3^n$.

6.7 $c_0 = \dfrac{1}{2}, c_1 = -\dfrac{7}{2}, c_2 = 6$.

6.8 1) $\begin{cases} a_n = -\dfrac{2}{3n}(-1)^n + \dfrac{2}{3n} \cdot 2^n, & n \geqslant 1, \\ a_0 = 273. \end{cases}$

2) $a_n = 2(\tfrac{1}{2})^{n+1}$.

3) $a_n = n!\,(n+2)$.

6.9 **证明** 设 $S = \{x_1, x_2, \cdots, x_{n+1}\}$，任取元素 x_1，令 $S' = S - \{x_1\}$. 把 S 的划分分类：$\{x_1\}$ 自己构成一划分块的划分数是 $a_n = \binom{n}{0} a_n$, 取 S' 中的一个元素与 x_1 构成划分块的划分数是 $\binom{n}{1} a_{n-1}$, 取 S' 中的二个元素与 x_1 构成划分块的划分数是 $\binom{n}{2} a_{n-2}, \cdots, x_1$ 和 S' 的所有元素构成划分块的划分数是 $\binom{n}{n} a_0$. 所以 S 的划分数是

$$a_{n+1} = \sum_{i=0}^{n} \binom{n}{n-i} a_i = \sum_{i=0}^{n} \binom{n}{i} a_i = \sum_{i=0}^{\infty} \binom{n}{i} a_i.$$

6.10 2) $a_n = \dfrac{1}{24}(n-1)(n-2)(n^2 - 3n + 12)$.

6.11 $d_n = n + 1$.

6.12 递推关系是 $\begin{cases} a_n = a_{n-1} + n, \\ a_1 = 2, \end{cases}$ 解是 $a_n = \dfrac{1}{2}(n^2 + n + 2)$.

6.13 递推关系是 $\begin{cases} a_n = a_{n-1} + a_{n-2}, \\ a_2 = 3, a_1 = 2, \end{cases}$ 通解是

$$a_n = \dfrac{5 + 3\sqrt{5}}{10} \left(\dfrac{1+\sqrt{5}}{2} \right)^n + \dfrac{5 - 3\sqrt{5}}{10} \left(\dfrac{1-\sqrt{5}}{2} \right)^n.$$

6.14 **解** 设 a_n 表示 n 微秒传送的不同信息数，得到递推关

系如下：
$$\begin{cases} a_n = a_{n-1} + 2a_{n-2} \\ a_1 = 1, \ a_2 = 3 \end{cases},$$

解得 $a_n = \dfrac{2^{n+1} + (-1)^n}{3}$.

6.15 解 设 a_n 为 n 条封闭曲线把平面划分成的区域个数. 假设前 n 条封闭曲线已经存在，当加入第 $n+1$ 条封闭曲线时，这条曲线与前 n 条曲线交于 $2n$ 个点，这些交点将第 $n+1$ 条曲线划分成 $2n$ 段，每段都会增加一个区域，因此得到递推关系如下：
$$\begin{cases} a_{n+1} = a_n + 2n \\ a_1 = 2 \end{cases},$$

解得 $a_n = n^2 - n + 2$.

6.16 解 设 a_n 是不含两个连续 0 的 n 位 0-1 字符串的个数，b_n 是以 0 结尾且不含两个连续 0 的 n 位 0-1 字符串的个数，c_n 是以 1 结尾且不含两个连续 0 的 n 位 0-1 字符串的个数，那么 $a_n = b_n + c_n$. 且满足如下递推关系：
$$b_n = c_{n-1}$$
$$\begin{cases} c_n = b_{n-1} + c_{n-1} = c_{n-1} + c_{n-2} \\ c_1 = 1, c_2 = 2 \end{cases}$$

解得

$$c_n = \frac{1}{\sqrt{5}} \left(\frac{1+\sqrt{5}}{2} \right)^{n+1} - \frac{1}{\sqrt{5}} \left(\frac{1-\sqrt{5}}{2} \right)^{n+1}$$

$$b_n = \frac{1}{\sqrt{5}} \left(\frac{1+\sqrt{5}}{2} \right)^n - \frac{1}{\sqrt{5}} \left(\frac{1-\sqrt{5}}{2} \right)^n$$

$$a_n = b_n + c_n = \frac{5+3\sqrt{5}}{10} \left(\frac{1+\sqrt{5}}{2} \right)^n + \frac{5-3\sqrt{5}}{10} \left(\frac{1-\sqrt{5}}{2} \right)^n$$

6.17 解 设 n 千万元的投资方案数为 $f(n)$，那么 $f(n)$ 满足如下递推关系：
$$\begin{cases} f(n) = f(n-1) + 2f(n-2) \\ f(1) = 1, \ f(2) = 3 \end{cases},$$

解出 $f(n) = \dfrac{2^{n+1} + (-1)^n}{3}$.

6.18 **解** 设所有 n 位长的有效的码字为 a_n 个，那么 a_n 满足如下递推关系：
$$\begin{cases} a_n = 7a_{n-1} + 8^{n-1} - a_{n-1} \\ a_1 = 7 \end{cases}$$

解出 $a_n = \dfrac{(6^n + 8^n)}{2}$.

6.19 1) 令 $T(n)$ 表示 Power 算法最坏情况下的计算复杂度，则 $T(n)$ 满足
$$T(n) = T(n/2) + 1, \quad T(1) = 0$$
从而得到 $T(n) = O(\log n)$.

2) 提示：对 n 归纳.

3) 提示：根据 2) 中的公式利用 Power 算法计算出这个 2 阶矩阵的 $n-1$ 次幂，就得到了 F_n，完成整个计算需要 $O(\log n)$ 次乘法. 而按照定义直接从初值计算 F_n 需要 $O(n)$ 次加法.

6.20 **解** 设比较次数为 $T(n)$，则
$$\begin{cases} T(n) = 2T(n/2) + 2 \\ T(2) = 1 \end{cases}$$
用 $n = 2^k$ 换元求解得到 $T(n) = 3n/2 - 2$.

习 题 七

7.2 1) $\dfrac{1}{(1+x)^2}$; 2) $\dfrac{1}{1+2x}$;

3) $\dfrac{5-4x}{(1-x)^2}$; 4) $\dfrac{x^3}{(1-x)^4}$.

7.3 1) $A(x) = (x + x^3 + x^5 + \cdots)^4 = \dfrac{x^4}{(1-x^2)^4}$;

2) $A(x) = (1 + x^3 + x^6 + x^9 + \cdots)^4 = \dfrac{1}{(1-x^3)^4}$;

3) $A(x)=(1+x)(1+x+x^2+\cdots)^2=\dfrac{1+x}{(1-x)^2}$;

4) $A(x)=(x+x^3+x^{11})(x^2+x^4+x^5)(1+x+x^2+\cdots)^2$;

5) $A(x)=(x^{10}+x^{11}+\cdots)^4=\dfrac{x^{40}}{(1-x)^4}$.

7.4 解 方法一 根据题意给出递推方程

$a_0 b_0 = c_0 \Rightarrow b_0 = 1$

$a_0 b_1 + a_1 b_0 = c_1 \Rightarrow b_1 = 2$

$a_2 b_{n-2} + a_1 b_{n-1} + a_0 b_n = c_n \Rightarrow b_n + 3b_{n-1} + 2b_{n-2} = 5^n$

将已知条件代入得

$$\begin{cases} b_n + 3b_{n-1} + 2b_{n-2} = 5^n \\ b_0 = 1, b_1 = 2 \end{cases}$$

解得 $b_n = \dfrac{4}{7}(-2)^n - \dfrac{1}{6}(-1)^n + \dfrac{25}{42} \cdot 5^n$.

方法二 根据已知条件得到

$$C(x) = \sum_{n=0}^{\infty} 5^n x^n = \dfrac{1}{1-5x}, \quad A(x) = \sum_{n=0}^{\infty} a_n x^n = 1 + 3x + 2x^2,$$

于是得到

$$\begin{aligned} B(x) &= \dfrac{C(x)}{A(x)} = \dfrac{1}{(1-5x)(1+3x+2x^2)} \\ &= \dfrac{25}{42} \dfrac{1}{1-5x} + \dfrac{4}{7} \dfrac{1}{1+2x} - \dfrac{1}{6} \dfrac{1}{1+x} \\ &= \dfrac{25}{42} \sum_{n=0}^{\infty} 5^n x^n + \dfrac{4}{7} \sum_{n=0}^{\infty} (-2)^n x^n - \dfrac{1}{6} \sum_{n=0}^{\infty} (-1)^n x^n, \end{aligned}$$

从而得到

$$b_n = \dfrac{25}{42} \cdot 5^n + \dfrac{4}{7}(-2)^n - \dfrac{1}{6}(-1)^n.$$

7.5 $a_n = 4^{n-1} + 2^{n-1}$, $n \geqslant 1$.

7.7 提示 考察两个问题对应的生成函数,求得两个方程的解的个数.

7.8 证明 $P(N-m, m)$ 表示把 $N-m$ 剖分成小于等于 m

的正整数的方法数,对于任意一个这样的剖分方案

$$N-m = r_1 + r_2 + \cdots + r_s, \quad 1 \leqslant r_t \leqslant m, \quad t = 1, 2, \cdots s.$$

两边加上 m 就得到把 N 剖分成不大于 m 的正整数且至少有一个正整数等于 m 的方案. 所以 $P(N-m, m)$ 就是把 N 剖分成不大于 m 的正整数且至少有一个正整数等于 m 的方案数. 另一方面,$P(N, m-1)$ 是把 N 剖分成小于 m 的正整数的方法数. 由加法法则,$P(N-m, m) + P(N, m-1)$ 就是把 N 剖分成不大于 m 的正整数的方法数.

7.10 解 方法一 设三个孩子得到的苹果数分别为 x_1, x_2, x_3,则

$$x_1 + x_2 + x_3 = 2n + 1$$
$$x_1, x_2, x_3 > 0$$
$$x_1 + x_2 > x_3, \quad x_1 + x_3 > x_2, \quad x_2 + x_3 > x_1$$

以上条件等价于 $x_1, x_2, x_3 < n+1$.

设 N_1 是所有可能的方法数,N_2 是一个孩子的苹果数超过 n 的方法数. 考虑不加限制条件的所有正整数解的序列所对应的生成函数 $A(y)$,

$$A(y) = (1 + y + y^2 + \cdots)^3 = \frac{1}{(1-y)^3}$$
$$= \sum_{k=0}^{\infty} \binom{k+3-1}{k} y^k = \sum_{k=0}^{\infty} \binom{k+2}{2} y^k.$$

展开式中 y^{2n+1} 的系数是 $N_1 = (2n+3)(n+1)$.

如果一个孩子的苹果数超过 n,这种分法数 N_2 相当于方程 $x_1 + x_2 + x_3 = n$ 的非负整数解的个数,这个数是 $N_2 = \frac{1}{2}(n+2)(n+1)$. 由于三个孩子的苹果总数等于 $2n+1$,不可能有两个孩子的苹果数同时超过 n,于是所求的方法数

$$N = N_1 - 3N_2 = (2n+3)(n+1) - \frac{3}{2}(n+2)(n+1) = \frac{1}{2}(n+1)n.$$

方法二 根据题意写出生成函数如下

$$A(y) = (1+y+y^2+\cdots+y^n)^3 = \frac{(1-y^{n+1})^3}{(1-y)^3}$$

$$= (1-3y^{n+1}+3y^{2n+2}-y^{3n+3})\sum_{n=0}^{\infty}\binom{n+2}{2}y^n$$

上述展开式中 y^{2n+1} 项的系数为

$$N = \binom{2n+1+2}{2} - 3\binom{n+2}{2} = \frac{(n+1)n}{2}.$$

7.11 解 每个孩子至少得到一个苹果的分法数是方程 $x_1+x_2+x_3=n-3$ 的非负整数解的个数,其生成函数为

$$A(y) = (1+y+y^2+\cdots)^3 = \frac{1}{(1-y)^3}$$

上述展开式中 y^{n-3} 项的系数为 $\frac{(n-1)(n-2)}{2}$.

前两个孩子苹果数相等的分法数为方程 $2x_1+x_3=n-3$ 的非负整数解个数. 当 n 为奇数时, x_3 为偶数, 有 $\frac{n-1}{2}$ 种取法, 于是

$$N = \frac{(n-1)(n-2)}{2} - \frac{n-1}{2} = \frac{(n-1)(n-3)}{2}.$$

7.12 解 整点个数为以下方程非负整数解的个数 a_r,

$$x+2y=r, \quad r=0,1,\cdots,n$$

设关于 $\{a_r\}$ 的生成函数为

$$A(z) = \frac{1}{(1-z)(1-z^2)} = \frac{1}{4}\frac{1}{1+z} + \left(-\frac{z}{4}+\frac{3}{4}\right)\frac{1}{(1-z)^2}$$

$$= \frac{1}{4}\sum_{r=0}^{\infty}(-1)^r z^r - \frac{z}{4}\sum_{r=0}^{\infty}(1+r)z^r + \frac{3}{4}\sum_{r=0}^{\infty}(1+r)z^r$$

于是

$$a_r = \frac{r}{2} + \frac{3}{4} + \frac{1}{4}(-1)^r$$

$$N = \sum_{r=0}^{n}a_r = \sum_{r=0}^{n}\left[\frac{r}{2} + \frac{3}{4} + \frac{1}{4}(-1)^r\right]$$

$$= \frac{1}{4}(n+1)(n+3) + \frac{1}{8}[1+(-1)^n]$$

$$= \begin{cases} \frac{1}{4}(n+2)^2 & n \text{ 为偶数} \\ \frac{1}{4}(n+1)(n+3) & n \text{ 为奇数} \end{cases}.$$

7.13 解 考虑字符 $1,2,\cdots,n$,当某个字符 X 进栈时记录一个左括号(,当 X 出栈时记录一个右括号),在这两个括弧中间的括号表示对 X 之后进栈且在 X 之前出栈的字符所做的操作. 每个输出序列对应于 n 对括号的合理配对的方法数. 设 n 对括号的配对方法数是 $T(n)$,考虑与最左边的左括号配对的右括号的位置,在这对括号中间有 k 对其它括号,这 k 对括号有 $T(k)$ 种配对方法;而在这对括号的后面有 $n-1-k$ 对括号,这些括号的配对方法数是 $T(n-1-k)$. 因此,对于给定的 k,构成输出序列的方法数是 $T(k)T(n-1-k)$. 由于 k 可能的取值是 $0,1,2,\cdots,n-1$,根据加法法则,可以得到如下递推关系:

$$\begin{cases} T(n) = \sum_{k=0}^{n-1} T(k)T(n-1-k) \\ T(0) = 1 \end{cases}.$$

设序列 $\{T(n)\}$ 的生成函数是 $T(x)$,那么有 $T(x) = \sum_{n=0}^{\infty} T(n)x^n$,从而得到

$$T^2(x) = \left(\sum_{k=0}^{\infty} T(k)x^k\right)\left(\sum_{l=0}^{\infty} T(l)x^l\right)$$

$$= \sum_{n=1}^{\infty} x^{n-1} \left(\sum_{k=0}^{n-1} T(k)T(n-1-k)\right)$$

$$= \sum_{n=1}^{\infty} T(n)x^{n-1} = \frac{T(x)-1}{x}$$

求解关于 $T(x)$ 的一元二次方程,得到 $2xT(x) = -1 \pm \sqrt{1-4x}$.

由于 x 趋于 0 时，$T(x)$ 趋于 1，取根为 $T(x) = \dfrac{-1+\sqrt{1-4x}}{2x}$，展开成幂级数得

$$T(x) = \sum_{n=0}^{\infty} \frac{1}{n+1}\binom{2n}{n}x^n$$

因此，不同的输出个数为 $\dfrac{1}{n+1}\dbinom{2n}{n}$。

7.14 解 设所求的 k 位字符串的个数为 a_k，$\{a_k\}$ 的指数生成函数为

$$\begin{aligned}G_e(x) &= (e^x-1)^2 e^{(n-2)x} = (e^{2x}-2e^x+1)e^{(n-2)x} \\ &= e^{nx} - 2e^{(n-1)x} + e^{(n-2)x} \\ &= \sum_{k=0}^{\infty}\frac{n^k}{k!}x^k - 2\sum_{k=0}^{\infty}\frac{(n-1)^k}{k!}x^k + \sum_{k=0}^{\infty}\frac{(n-2)^k}{k!}x^k\end{aligned}$$

x^k 的系数为

$$\frac{a_k}{k!} = \frac{1}{k!}[n^k - 2(n-1)^k + (n-2)^k]$$

因此所求字符串的个数为 $a_k = n^k - 2(n-1)^k + (n-2)^k$。

7.15 1) $\dfrac{1}{1-x}$; 2) $\dfrac{1}{1-2x}$; 3) e^{-x}。

*7.16 1) 用归纳法，当 $m=0$ 时有

$$\begin{aligned}\sum_{k=0}^{n}(-1)^k\binom{n}{k}\frac{1}{k+1} &= \frac{1}{n+1}\sum_{k=0}^{n}(-1)^k\binom{n+1}{k+1} \\ &= \frac{1}{n+1}\binom{n+1}{0} = \frac{1}{n+1} = \frac{n!0!}{(n+1)!},\end{aligned}$$

假设

$$\sum_{k=0}^{n}(-1)^k\binom{n}{k}\frac{1}{m+k+1} = \frac{n!m!}{(n+m+1)!}$$

成立，则有

$$\sum_{k=0}^{n}\binom{n}{k}(-1)^k\frac{1}{(m+1)+k+1}$$

$$= \sum_{k=0}^{n}\left[\binom{n+1}{k+1}-\binom{n}{k+1}\right](-1)^{k}\frac{1}{(m+1)+k+1}$$

$$= \left[\frac{1}{m+1}\binom{n}{0}-\frac{1}{m+1}\binom{n+1}{0}\right]+\sum_{k=0}^{n}\frac{1}{m+k+2}(-1)^{k}\binom{n+1}{k+1}$$

$$-\sum_{k=0}^{n}\frac{1}{m+k+2}(-1)^{k}\binom{n}{k+1}$$

$$= \frac{1}{m+1}\binom{n}{0}+\sum_{k=1}^{n}\frac{1}{m+k+1}(-1)^{k}\binom{n}{k}-\frac{1}{m+1}\binom{n+1}{0}$$

$$+\sum_{k=1}^{n+1}\frac{1}{m+k+1}(-1)^{k+1}\binom{n+1}{k}$$

$$= \sum_{k=0}^{n}\frac{1}{m+k+1}(-1)^{k}\binom{n}{k}-\sum_{k=0}^{n+1}\frac{1}{m+k+1}(-1)^{k}\binom{n+1}{k}$$

$$= \frac{n!m!}{(n+m+1)!}-\frac{(n+1)!m!}{(n+1+m+1)!}=\frac{n!(m+1)!}{(n+m+2)!}.$$

由归纳法等式得证.

2) 令 $\frac{1}{m+k+1}=a_k, b_n=\sum_{k=0}^{n}(-1)^{k}\binom{n}{k}a_k$, 则有

$$b_n=\sum_{k=0}^{n}(-1)^{k}\binom{n}{k}\frac{1}{m+k+1}=\frac{n!m!}{(n+m+1)!}$$

$$=\binom{m+n}{m}^{-1}\cdot\frac{1}{n+m+1}.$$

由组合互逆变换公式得

$$a_n=\sum_{k=0}^{n}(-1)^{k}\binom{n}{k}\binom{m+k}{m}^{-1}\frac{1}{m+k+1},$$

即

$$\sum_{k=0}^{n}(-1)^{k}\binom{n}{k}\binom{m+k}{m}^{-1}\frac{1}{m+k+1}=\frac{1}{m+n+1}.$$

7.17 不同的四位数有 71 个, 其中偶数有 20 个.

7.18 解 设配对方法数为 h_n, 如图 5 所示, 取定点 0, 另一端取值为 $k=2t-1, t=1,2,\cdots,n$. 弦 $\{0,k\}$ 将圆划分成两个区域, 每个区域内的点的配对方法数分别为 h_k 和 $h_{n-k}, k=0,1,\cdots,n-$

1,且 $h_0=1$. 从而得到递推关系 $h_n=\sum_{k=0}^{n-1}h_k h_{n-k}$. 利用生成函数求解这个递推关系

$$H(x)=\sum_{k=0}^{\infty}h_k x^k \Rightarrow xH^2(x)-H(x)+1=0$$

$$\Rightarrow H(x)=\frac{1-\sqrt{1-4x}}{2x}=\sum_{n=1}^{\infty}\frac{1}{n}\binom{2n-2}{n-1}x^{n-1}$$

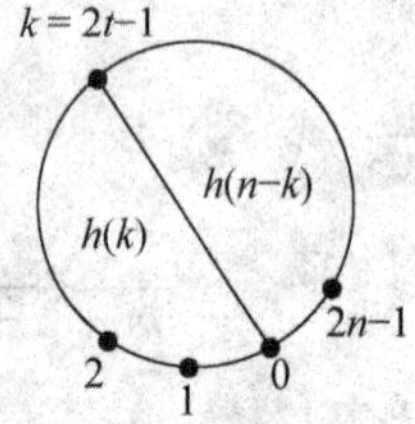

图 5

h_n 恰为第 $n+1$ 个 Catalan 数.

7.19 **提示** 在 $x(x-1)\cdots(x-n+1)$ 的展开式中令 $x=n$ 即可.

7.22 **解** **方法一** 先不考虑颜色的编号,那么这个问题相当于将 n 个带编号的球恰好放到 k 个相同的盒子里且不允许两个相邻编号的球放入同一个盒子的放球问题. 先选定一个球,比如说是 a_1,对于以上的一个放球方案,如果 a_1 自己在一个盒子里,就把这个盒子拿走,得到了 $n-1$ 个带编号的球恰好放到 $k-1$ 个相同的盒子里的一种放法,在这种放法中没有两个相邻编号的球放入同一个盒子;如果与 a_1 在同一个盒子里的球是 $a_{i_1},a_{i_2},\cdots,a_{i_t}$,则将 a_{i_1} 放到球 a_{i_1-1} 所在的盒子里,将 a_{i_2} 放到球 a_{i_2-1} 所在的盒子里, $\cdots$,将 a_{i_t} 放到球 a_{i_t-1} 所在的盒子里,然后拿走 a_1 和盒子,那么就得到 $n-1$ 个带编号的球恰好放到 $k-1$ 个盒子里且至少有两个相邻编号的球放入同一个盒子的一种方案. 例如把 5 个球放入 3 个盒子且没有两个相邻编号的球在同一个盒子里的一种方案是

$$\{a_1,a_3\},\ \{a_2,a_4\},\ \{a_5\},$$

根据上述的对应法则可以得到 4 个球恰好放入 2 个盒子的一种方案
$$\{a_2,a_3,a_4\},\{a_5\}.$$
不难看出,这是一一对应,所以 n 个带编号的球恰好放入 k 个相同的盒子且不允许两个相邻编号的球在同一盒子里的方法数是 $\begin{Bmatrix} n-1 \\ k-1 \end{Bmatrix}$. 然后再考虑到盒子的编号,方法数为 $k!$. 因此所求的旗子数为 $k! \begin{Bmatrix} n-1 \\ k-1 \end{Bmatrix}$.

方法二 **提示** 使用数学归纳法.

方法三 使用递推关系. 令 $n+1$ 个球恰好落入 $k+1$ 个相同盒子且球编号不相邻的方法数为 S_n^k,将这些方法分成两类:其中第 $n+1$ 个球独占一个盒子的方法数为 S_{n-1}^{k-1};第 $n+1$ 个球不独占一个盒子的方法数为 kS_{n-1}^k,因为将前 n 个球放入 $k+1$ 个盒子有 S_{n-1}^k 种方法,再加入第 $n+1$ 个球,恰有 k 种方式(第 $n+1$ 个球与第 n 个球不能在同一个盒子里). 使用加法法则,得到下述递推方程
$$\begin{cases} S_n^k = S_{n-1}^{k-1} + kS_{n-1}^k \\ S_1^1 = 1 \end{cases}$$
这个方程恰好与第二类 Stirling 数的递推方程一样,初值也一样,因此 $S_n^k = \begin{Bmatrix} n \\ k \end{Bmatrix}$. 考虑盒子的编号,于是得到 $n+1$ 个球恰好落入 $k+1$ 个不同的盒子,且球的编号不相邻的方法数为 $N = (k+1)! S_n^k = (k+1)! \begin{Bmatrix} n \\ k \end{Bmatrix}$,那么所求的方法数 $N = k! \begin{Bmatrix} n-1 \\ k-1 \end{Bmatrix}$.

7.24 1) **提示** 任取元素 a_1,然后把 n 元集的划分按 a_1 所在的划分块为单元集,2 元子集,$\cdots$,n 元子集进行分类.

7.25 **证** 将 n 个不同的球放到 x 个不同的盒子,允许空盒方法为 x^n 个. 将这些方法按照含有球的盒子数进行分类. 只放入 k 个盒子的方法可以如下构成:先从 x 个盒子中选出 k 个盒子,然后将 n 个不同的球放入这 k 个不同的盒子. 这种方法数是

$$\binom{x}{k} k! \begin{Bmatrix} n \\ k \end{Bmatrix} = P(x,k) \begin{Bmatrix} n \\ k \end{Bmatrix}$$
$$= \begin{Bmatrix} n \\ k \end{Bmatrix} x(x-1)\cdots(x-k+1), \ k=1,2,\cdots,n$$

对 k 求和就计数了所有的方法.

7.26 解 把工作分配看作从 5 个工作的集合到 4 个雇员的集合的函数. 每个雇员至少得到 1 项工作的分配方案对应于从工作集合到雇员集合的一个满射函数. 因此,由第二类 Stirling 数的计算公式得到

$$4! \begin{Bmatrix} 5 \\ 4 \end{Bmatrix} = \binom{4}{4} 4^5 - \binom{4}{3} 3^5 + \binom{4}{2} 2^5 - \binom{4}{1} 1^5$$
$$= 4^5 - C(4,1) 3^5 + C(4,2) 2^5 - C(4,3) \cdot 1^5$$
$$= 1024 - 972 + 192 - 4 = 240.$$

因此存在 240 种方式来分配工作.

习 题 八

8.2 提示 任何 m 阶轮换都可以表成 $m-1$ 个对换之积.

8.4 1) 证明 设 S_n 中含有 k 个不相交的轮换的置换有 $\left\langle \begin{matrix} n \\ k \end{matrix} \right\rangle$ 个. 我们可以从 S_{n-1} 中的含有 $k-1$ 个或 k 个不相交轮换的置换来构成所需要的 S_n 中的置换. 如果 S_{n-1} 中的置换含有 $k-1$ 个轮换,那么加入 (n) 以后就得到 S_n 中恰含有 k 个不相交的轮换的置换. 如果 S_{n-1} 中的置换含有 k 个不相交的轮换,我们必须把 n 加入到某个轮换之中,加入的方法为 $n-1$ 种,因此得到以下的递推关系

$$\begin{cases} \left\langle \begin{matrix} n \\ k \end{matrix} \right\rangle = \left\langle \begin{matrix} n-1 \\ k-1 \end{matrix} \right\rangle + (n-1) \left\langle \begin{matrix} n-1 \\ k \end{matrix} \right\rangle, \\ \left\langle \begin{matrix} n \\ 0 \end{matrix} \right\rangle = 0, \left\langle \begin{matrix} n \\ 1 \end{matrix} \right\rangle = (n-1)!. \end{cases}$$

这正好与第一类 Stirling 数的递推关系一样,所以 $\left\langle \begin{matrix} n \\ k \end{matrix} \right\rangle = \begin{bmatrix} n \\ k \end{bmatrix}$.

2) 提示 利用 1) 的结果.

8.8 m^n.

8.9 $\binom{n+m-1}{n}$.

8.10 23.

8.12 42.

*8.13 1) 2; 2) 2; 3) 10.

*8.14 **提示** 使用递推关系的方法可求得当没有置换群作用的时候着色方案数是 $m(m-1)^{n-1}$,其中 m 表示颜色数, n 表示被着色的段数.考虑到棍子的对称性,相当于具有两个置换的群的作用.而只有恒等置换才能使着色方案不变,因此所求的方法数是 $\frac{1}{2}m(m-1)^7$.

习 题 九

9.1 当 $x_1=1, x_2=3, x_3=3$ 时 z 有极大值 46.

9.2 1) $v_1-v_3-v_5-v_9-v_{10}$,长为 101;

2) $v_1-v_2-v_5-v_8-v_{11}$,长为 40.

9.3 $v_1-v_3-v_4-v_2-v_1$,长为 23.

9.4 $x_1=0, x_2=0, x_3=0, x_4=1, x_5=0, x_6=3, x_7=0$,背包重量为 100,价值为 190.

*9.5 1) 总代价为 61,最优字母树给在图 5.

2) 总代价为 91,最优字母树给在图 6.

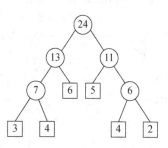

图 5 最优字母树

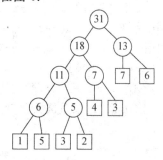

图 6 最优字母树

习 题 十

10.1 方程的解(x_1,x_2,x_3)是：
$(0,2,2)$, $(0,5,0)$, $(1,0,3)$ $(1,3,1)$, $(2,1,2)$,
$(2,4,0)$, $(3,2,1)$, $(4,0,2)$ $(4,3,0)$, $(5,1,1)$.

10.2 提示 有 24 个解.

10.4 解 采用分支与界的方法求解这个问题,具体做法如下：

我们如果对原来的距离矩阵的每一行(或每一行)都减去这一行(或这一列)中最小的正整数,则得到的关于新的距离矩阵的最短哈密尔顿回路与原图中的最短哈密尔顿回路的路径一样,只是长度相差一个正整数.

按照这个办法,我们先对原来的矩阵进行化简,使得矩阵的每一行和每一列都至少存在一个 0. 总共减去的数值是 45,把它记作这个矩阵所对应的最短哈密尔顿回路的下界.

从 v_1 出发,如果我们选择某一条边,(距离为 0),比如说 $v_1 \to v_4$,那么在回路中既要排除从 v_1 出发到其它结点的边,也要排除从其它结点到 v_4 的边,还要排除 $v_4 \to v_1$ 边. 为此,在矩阵中令 $d_{41} = \infty$,并且去掉第一行和第四列的所有元素,得到一个新的矩阵. 如果不选 $v_1 \to v_4$,则令 $d_{14} = \infty$ 就可以了,从而也得到一个新的矩阵. 对于新的矩阵我们还可以化简,并且把这次减去的数与原来的下界之和作为新的下界.

按照这种方法,我们得到由一系列矩阵构成的树,结果给在图 7 中. 由取 $v_1 \to v_4, v_2 \to v_5, v_3 \to v_1, v_4 \to v_2, v_5 \to v_3$ 得到一条哈密尔顿回路 $v_4 — v_2 — v_5 — v_3 — v_1 — v_4$, 长为 48. 这就是第一个界. 在以后的分析中,如果界大于 48,则不再分支.

*10.5 A 赢 1 分；游戏树如图 8 所示.

*10.7 结果是极大化者赢 3 分.

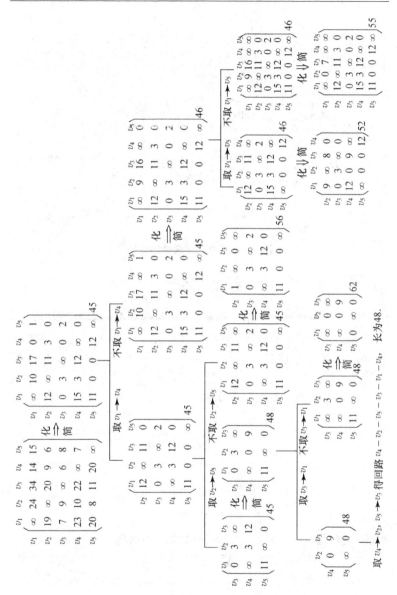

图 7　用分支与界方法求解巡回售货员问题

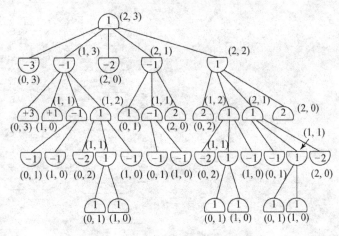

图 8 两堆火柴问题的游戏树

习 题 十 一

11.1 当使用 1,4,7 零钱时,对任何钱数都可得到最优解,而对于 1,4,7,9 的零钱系统,不一定对所有的钱数 y 都可得到最优解. 对于 1,5,14,18 的零钱系统也不一定对所有的钱数 y 得到最优解.

11.3 $L=(0.6,0.5,0.3,0.2,0.2,0.2)$.

*11.4 设 $n=30$,令
$$L = (\underbrace{\frac{1}{2}+\varepsilon,\cdots,\frac{1}{2}+\varepsilon}_{6\text{个}}, \underbrace{\frac{1}{4}+2\varepsilon,\cdots,\frac{1}{4}+2\varepsilon}_{6\text{个}}, \underbrace{\frac{1}{4}+\varepsilon,\cdots,\frac{1}{4}+\varepsilon}_{6\text{个}},$$
$$\underbrace{\frac{1}{4}-2\varepsilon,\cdots,\frac{1}{4}-2\varepsilon}_{12\text{个}}),$$

则最优算法用的箱子数 $L^*=9$,而 FFD 算法用的箱子数 $FFD(L)=11$.

11.5 约束图如图 9 所示:

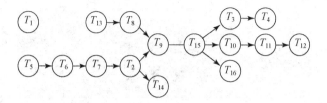

图 9 工作计划

参 考 书 目

[1] R. A. Brualdi, Introductory Combinatorics, Elsevier NorthHolland, Inc., 1977.
[2] D. I. A. Cohen, Basic Techniques of Combinatorial Theory, John Wiley & Sons, 1978.
[3] T. C. Hu, Combinatorial Algorithms, Addison-wesley Publishing Company, Inc., 1982.
[4] E. M. Reingold, J. Nievergelt, N. Deo, Combinatorial Algorithms: Theory and Practice, Prentice-Hall, Inc., 1977.
[5] C. L. Liu, Introduction to Combinatorial Mathematics, Mc Craw-Hill Book Company, 1968.
[6] C. L. Liu, Elements of Discrete Mathematics, McCraw-Hill Book Company, 1968.
[7] 卢开澄,组合数学算法与分析,清华大学出版社,1983.